# 军马卫生防病手册

主编 谢鹏 李亚品

U0200062

学苑出版社

# 图书在版编目（CIP）数据

军马卫生防病手册：谢 鹏，李亚品 主编 . —— 北京：学苑出版社，2023.9

ISBN 978-7-5077-6800-8

Ⅰ . ①军… Ⅱ . ①谢… ②李… Ⅲ . ①军马－马病－防治－手册 Ⅳ . ① S858.21-62

中国国家版本馆 CIP 数据核字 (2023) 第 203914 号

**责任编辑**：战葆红
**出版发行**：学苑出版社
**社　　址**：北京市丰台区南方庄 2 号院 1 号楼
**邮政编码**：100079
**网　　址**：www.book001.com
**电子邮箱**：xueyuanpress@163.com
**联系电话**：010-67601101（销售部）　　010-67603091（总编室）
**印 刷 厂**：北京联合互通彩色印刷有限公司
**开本尺寸**：700 mm×1000 mm　1 / 16
**印　　张**：26
**字　　数**：230 千字
**版　　次**：2023 年 9 月第 1 版
**印　　次**：2023 年 9 月第 1 次印刷
**定　　价**：128.00 元

# 编　委　会

策　划：王　勇　　郑龙庆

主　编：谢　鹏　李亚品

副主编：宋文静　　李青凤　　张海洋

编写者（按姓氏笔画排序）：

孔雪梅　华　敏　李　宏　李　越

李亚品　李青凤　宋文静　杨会锁

张海洋　郭雨辰　谢　鹏

审定者：李平岁　中国畜牧兽医学会马学分会

王景林　军事医学研究院微生物流行病研究所

田宇飞　军事医学研究院军事兽医研究所

刘成功　中国人民武装警察部队军犬基地

邓　兵　中部战区疾病预防控制中心

王　征　中部战区疾病预防控制中心

# 前　言

军马是部队战斗力的组成部分，是我军现行装备之一。军马目前主要承担的任务是，在沼泽、湖区、山区、丘陵、森林、高山、沙漠、草原等地域担负巡逻执勤、坑道坚守、物资运送、维稳处突，以及协作追捕逃犯和不法分子等军事政治任务。军马以其机动灵活、能驮、善走、耐力强的优势，成为机动力量的重要补充，是驻扎边防、草原部队，森林、边防警察部队，特殊地域人民武装部完成任务的重要依托。

我军骑兵最早于1928年4月在西北组建，由刘志丹领导的陕西华县高塘镇起义队伍中的骑兵队组成。1933年，红四方面军建立了第一个骑兵团。1936年7月，我军又在甘孜地区组编了第一个骑兵师。1935年12月，红一方面军在陕北第十五军团第78师编设骑兵团。至1949年底，我军共有12个骑兵师。20世纪80年代中期，我军由摩托化和机械化代替了骡马化，军马在军事上存在的价值降低。在1985年"百万大裁军"中，我军骑兵作为一个兵种被取消。全军仅在内蒙古阴山脚下、锡林郭勒草原、青藏高原和边防部队保留了部分骑兵，以适应特殊自然环境的戍边需要。

军马卫生工作是军队卫生工作的组成部分，主要工作内容是负责平战时军马卫生勤务保障，以及兽医药品、器材的采购、管理和使用。工作中，应贯彻军队军马卫生工作方针，执行部队军马卫生工作规定，落实军马卫生工作制度；积极开展军马卫生防疫、医疗救治和装护蹄工作，以及军马卫生人员的专业训练；加强军马饲养、管理、训练和使役过程中的卫生检查指导；组织实施军马重大疫病的防控工作。

本书编委会

2022年11月

# 编写说明

根据中央军事委员会后勤保障部卫生局的工作安排，按照《中国人民解放军军事训练大纲》的要求，由中部战区疾病预防控制中心组织编写了《军马卫生防病手册》。本手册可供卫生部门培训军马卫生员时使用，也可作为兵文（人力资源）、卫生、军事设施建设等部门指导军马工作的参考。

在本手册的编写过程中，坚持"针对性、科学性、实战性"要求，注重新标准、新技术的应用，结合多年培训军马卫生员的教学经验，广泛征求了军事科学院军事兽医研究所军事兽医专家、疾控中心防疫专家以及部队基层军马卫生人员的意见，科学设计手册的结构，精心编写手册内容，力争满足军马卫生工作实际需求，贴近实训实战要求。本手册系统地介绍了军马常见病防治知识，饲养管训卫生防护，军马疫病防控、诊疗技术，相关法律法规，重点介绍了军马兽医卫生防疫保障工作和军马训练伤病救治。本手册由中央军事委员会后勤保障部卫生局组织进行了审定。在此，对提出宝贵建议的各位专家表示衷心感谢！

由于编者学识有限，书中难免出现错误或不当之处，真诚希望读者批评指正。

本书编委会

2022 年 11 月

# 目　录

## 第一篇　常见疾病

1

# 第三篇 疫病防控

第一篇

★

常见疾病

# 第一章　外科病

## 一、炎症

对各种致炎因素的损伤作用所发生的以防御为主的局部组织反应。包括局部组织细胞的变质、渗出和增生过程。局部症状表现为红、肿、热、痛和机能障碍。

### （一）炎症的分类

按临床经过分为急性炎症、亚急性炎症、慢性炎症。急性炎症由强烈的刺激所引起，发病快，病程短，病变重剧，以渗出过程为主，并出现显著的临床症状，局部症状明显，如治疗不及时可发展为亚急性炎症和慢性炎症。

按渗出物的性质分为浆液性炎症、纤维素性炎症、化脓性炎症。发生在不同的组织和不同的部位，其症状也各不相同。临床经过不同，其症状各异。

### （二）炎症的治疗

炎症的治疗原则为及时消除致炎因子、改善机体内部平衡、调节机体局部反应、控制炎症发展、促进机能恢复。除常规抗菌消炎药物疗法和手术疗法外，在此介绍几种容易开展并有利于增强炎症治疗效果的手段和方法。

#### 1. 冷却疗法

以低于皮温的冷刺激作为基本的作用因子，并辅以轻微的机械性刺激对炎症进行治疗和预防的一种方法。可用于一切急性无菌性炎症。禁用于化脓性炎症和慢性炎症。

**冷敷法**　将毛巾或脱脂棉浸入 5℃～10℃的冷水或冷药液中，取出后贴于发炎患部，并以绷带固定。其后，不待冷敷料变热，不断进行交换或浇注冷敷液。每日数次，每次 0.5 小时。为了避免患部皮肤遭受浸渍，可采用干冷法即将装有冷水、冰块或雪的胶袋，先以毛巾包裹后，用绷带固定在患部。

**冷蹄浴法** 应用于蹄、指（趾）部或屈腱部的急性炎症。先将冷水注入蹄浴桶内（或帆布水桶、胶皮水桶），后将彻底洗净的患蹄置于桶内进行冷浴，一般应持续 0.5 ～ 1.5 小时。为了保持桶内的水持续处于冷的状态，可经常换水或连续不断注入冷水。也可将患马牵到砂石底的小河沟内，使其站在流水中。

**冷粘土疗法** 用冷水将没有砂、石的软黏土调制成黏糊状，涂敷于患部达到冷疗目的。为了增强其冷却作用，可向每 500 克水中添加食醋一食匙。

### 2. 温热疗法

用 40℃～ 50℃（特殊的疗法如石蜡疗法温度还可高些）敷料或水或酒精等刺激局部，达到治疗炎症目的的一种方法。适用于各种急性炎症的后期以及亚急性和慢性炎症。禁用于急性无菌性炎症的初期、组织内有出血倾向、炎性肿胀剧烈、急性化脓坏死及恶性肿瘤等。另外有伤口的炎症禁用水和酒精温敷。

**热敷法** 敷料由四层组成。第一层是直接被覆于患部的湿润层，常用二层毛巾或四层布片或脱脂棉等材料，比患部稍大。第二层是隔离层，一般用塑料布制成，稍大于第一层。第三层是保温层，用普通棉花做成棉垫或毡垫，与第二层同样大。第四层是固定层，用普通绷带制成，将前三层固定于患部。

热敷时，先将患部洗净擦干，然后将湿润层浸渍热水（以不烫手为度）适当拧挤后，覆于患部，再按上述四层顺序加以包扎固定；也可将加热的麸皮、酒精或砂子装到布袋里，或把热水装入热水袋中置于患部热敷。为加强热敷效果，普通热水可换成加温后的复方醋酸铅液或 10% 硫酸镁溶液或食醋等。每天三次，每次 30 ～ 60 分钟，热敷后可包扎保温绷带以保证热敷效果。

**热蹄浴法** 先将热水（42℃左右）倒入蹄浴桶内，然后将洗净的患蹄放入桶中热浴 0.5 ～ 1.5 小时。其间保持水温并根据需要加入适量的高锰酸钾、来苏儿、碘酊或食盐等。

**酒精热绷带疗法** 方法与热敷法相同，但以酒精代替水。常用 95%、75% 酒精或普通白酒热敷 4 ～ 6 小时，解除酒精绷带后应包扎保温绷带。

**石蜡热敷法**　患部剪毛、洗净、擦干。包裹 1～2 层纱布，防止交换绷带时拔毛。再用毛刷或排笔蘸 65℃ 的熔化石蜡围绕患部涂布 2～3 层，以形成"防烫层"。在防烫层上迅速涂布 1～1.5 厘米厚的蜡层。外包胶布或塑料布，再加保温层，最后用绷带固定。

### 3. 烧烙疗法

用加热的烙铁对患部皮肤或骨烧烙的一种强刺激疗法。主要用于慢性关节、筋腱疾病。烧烙时，患部剪毛，消毒，用普鲁卡因液局部浸润麻醉或神经干传导麻醉，准确确定患部烧烙的部位和界限，合理安排各烧烙点线的具体位置，必要时在皮肤上做出标记。将烙铁用炉火加热到黑红色或赤红色（不可烧成白红色）后即可烧烙。根据被烧烙的深浅，分为浅层、深层和穿刺烧烙。

**浅层烧烙**　用加热到黑红色的烙铁，将皮肤浅层烧成黄褐色干痂，不出现渗出物。

**深层烧烙**　用加热到赤红色的烙铁，将皮肤层（真皮的大部分）烧成黑褐色，表面出现渗出物。

**穿刺烧烙**　用赤红色锥状或针状烙铁，穿刺皮肤全层直达骨赘部位。

需要注意的是，烧烙后，术部应涂布碘酊，装着保护绷带，停止使役，保持术部清洁干燥，每日早晚牵行运动一小时，一周后即可拆除绷带，如烧烙后患部急性炎症剧烈时，可适当加以外科处理，如冷敷、普鲁卡因封闭疗法等。一般经过 3～4 周烧烙部即愈合。

### 4. 按摩疗法

用手施展各种手法或用器具作用于体表，以达到治疗疾病或增强机体生理作用的目的。适用于肌炎、黏液囊炎、腱鞘炎等。禁用于按摩部皮肤有破损、皮肤病、淋巴管炎，以及有化脓性过程、疼痛、血栓性静脉炎、瘤及高温者。按摩时局部先刷拭干净，术者手保持干爽，必要时可擦滑石粉。按摩可每天进行 1～2 次，每次 10～15 分钟。按摩天数及手法轻重应根据疾病的性质和病程来决定。一般为 10 天，慢性病也可达 30 天或更长。

**按抚法**　按抚时要有节奏，并渐次施加压力。按抚先从病部周围健康部位开始，后转移到患部，按抚终了再于健康部位结束。

**摩擦法** 用拳、掌或指回转地摩擦皮肤及深在组织，可向任何方向进行。

**揉捏法** 将组织推移或稍稍捏起，然后再挤压组织。

### 5. 光疗法

**红外线疗法** 适用于各种亚急性与慢性炎症。禁用于急性炎症、恶性肿瘤、急性血栓性静脉炎。采用红外线灯距离马体 60 ～ 80 厘米，每日照射 1 ～ 3 次，每次 30 分钟左右；或采用人工太阳灯距离马体 50 厘米左右进行照射，每日 1 ～ 3 次，每次 30 分钟。

**紫外线疗法** 适用于皮肤炎、神经炎等。禁用于恶性肿瘤、出血性疾病、心脏代偿机能减退等。常用的紫外线灯有水银石英灯和氩气水银石英灯两种。用前要测定生物剂量。人医的一个生物剂量，即紫外线灯管与皮肤保持一定距离时，照射皮肤引起最弱红斑所需的时间。兽医常测定肿胀剂量，一个肿胀剂量大约等于两个红斑剂量。治疗时，每天施行 1 次，每次 1 ～ 2 个肿胀剂量，最高可用 4 个肿胀剂量。治疗前照射部位应事先清除油脂、污物、痂皮和脓汁。照射马头部时，应将其眼用有色眼罩遮上，以防损伤眼部。医疗人员必须穿着防护服装及戴上防护眼镜。治疗室必须通风良好。

### 6. 普鲁卡因封闭疗法

使用不同浓度与剂量的盐酸普鲁卡因溶液注入机体内治疗疾病的一种病因疗法。对各种炎症的治疗，都有较好的效果。适用于所有的炎症。但禁用于全身感染性疾病、机体重要器官已经发生坏死性病变、化脓坏死性静脉炎以及有骨裂可疑时。

**四肢环状封闭法** 在四肢病变部上方剪毛消毒，分 2 ～ 3 点与皮肤成 45 度角或垂直刺入针头直达骨面，然后连接注射器，边注射药液边向外拔针，直至注完所需剂量。必要时，可向普鲁卡因溶液内加入适量的青霉素。根据部位不同，每次注射总剂量为 50 ～ 200 毫升的 0.25% ～ 0.5% 盐酸普鲁卡因液，隔 1 ～ 2 天进行 1 次。

**病灶周围封闭法** 将 0.25% ～ 0.5% 盐酸普鲁卡因液注射于病灶周围及其基部的健康组织内，根据病灶的大小，分数点进行皮下、肌肉和病灶基底注射。若向药液内加入 20 万 ～ 40 万单位青霉素效果更好。

### 7. 刺激剂疗法

由一种或几种对组织有刺激性甚至腐蚀性的药品，按不同浓度或不同比例配合制成的制剂直接涂擦在患部皮肤上，用以治疗某些疾病。适用于非开放性亚急性和慢性炎症。禁用于急性炎症和创面。

**常用的药剂** 按刺激性由弱到强的顺序依次为：10% 樟脑酒精；四三一合剂（樟脑精 4、氨擦剂 3、松节油 1）；10% ～ 30% 鱼石脂软膏；强发泡膏（斑蝥 10、橄榄油 90、黄蜡 70、松节油 30）；10% ～ 15% 升汞酒精。

**操作方法** 先在患部剪毛，如涂软膏，先用酒精脱脂，脱去皮肤上脂肪与皮垢，然后以软膏篦将软膏涂布到患部，并连续涂擦 5 ～ 10 分钟，最后用绷带保护。其后，根据病情与经过，必要时可再进行同样处置，如不见效，即可停用。对不能用绷带保护的部位，软膏涂擦的时间应长一些，并将皮肤上的多余软膏刮去。应用挥发性刺激剂时，可用毛刷或其他物品蘸刺激剂直接进行反复涂擦 5 ～ 10 分钟，然后缠敷绷带。

**刺激剂的选择** 原则上炎症越趋慢性，刺激剂的强度要求越大，但应适当控制。

**注意事项** 涂擦刺激剂时，不要使药液流向健康部位；涂擦的时间，以达到刺激目的为度，尤其是强刺激剂不能涂敷时间太长，涂敷后应严禁马啃咬。

## 二、损伤

损伤是由外界因素作用于机体，引起机体组织器官结构破坏或生理机能紊乱，并伴有局部或全身反应的病理现象。按损伤组织和器官的性质分为软组织和硬组织损伤，软组织损伤又分开放性和非开放性损伤；按病因分为机械性、物理性、化学性和生物学性损伤，机械性损伤又分为闭合性和开放性损伤。

### （一）创伤

创伤是因锐性外力或强烈的钝性外力作用于机体组织或器官使受伤部皮肤或黏膜出现伤口及深在组织与外界相通的机械性损伤。若仅皮肤的表皮完整性遭到破坏时，则称为擦伤。一般由创围、创缘、创壁、创底、创腔、创口组成，见图 1-1-1。创围是指围绕伤口周围的皮肤或黏膜及其下的疏松结缔组织；创壁由受伤的肌肉、筋膜及位于其间的疏松结缔组织构成；创底是创伤的最深部位，根据创伤的

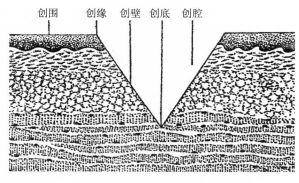

创围　创缘　创壁　创底　创腔

图 1-1-1　创伤各部名称

深浅和局部解剖特点，创底可由各种组织构成；创缘之间的间隙称为创口；创腔是创壁之间的间隙；当创腔呈管状时，称为创道；当创底浅在，露于空间的伤面称为创面。创伤的一般症状为出血及组织液外流，创口裂开和创伤疼痛。严重者，可呈现较明显的机能障碍和全身反应。

**1. 创伤的分类**

按致伤物的性状分为切创、砍创、刺创、挫创、裂创、压创、咬创、毒创、复合创、火器创。按伤后经过的时间分为新鲜创、陈旧创。按创伤有无感染分为无菌创、污染创、感染创及保菌创。

**2. 各类创伤的特征**

**切创**　特征是创缘及创壁比较平整，组织挫灭轻微，创口裂开明显，出血量多，疼痛较轻，污染较少。

**砍创**　创口裂开大，组织损伤严重，出血较切创少，而疼痛剧烈。

**刺创**　创口裂开小，有时创缘相互接触而封闭；创道狭窄而较深，一般是直的，有的弯曲；外出血少，发生在胸、腹部有时造成内出血。当致伤物体的尖端破折，残留于创内时，容易形成化脓性窦道。当刺创与某一解剖腔相通时，称为透创。如果致伤物体贯通组织并在对侧面有刺出时，称为贯通创。

**挫创**　创形不整，创缘不齐，呈锯齿状；创面组织挫灭严重，存有许多失去活力的组织，凸凹不平，有时形成创囊或凹壁；创内充以血凝块、泥沙、被毛和粪土等异物，污染严重，极易感染；出血少；疼痛较明显。

**裂创** 组织发生撕裂或剥离，创缘呈不整锯齿状，有时形成游离的皮瓣，创壁凸凹不平，通常创口裂开很宽，疼痛显著而出血少。

**压创** 创形不整，创缘不平，稍向外翻，创内组织受到严重的挫灭，甚至发生粉碎性骨折；一般出血少；疼痛不甚剧烈；创伤污染严重，极易引起化脓性感染。

**咬创** 咬伤的形状复杂，或呈管状创，或近似裂创，或其一部被咬掉而成为组织缺损伤。通常出血少，但创内常存有一些断裂及挫灭的组织，易被口腔细菌所污染。

**毒创** 毒蛇及某些昆虫所致，大多患部疼痛剧烈，肿胀迅速，以后出现组织坏死和分解；毒素引起全身性反应迅速而严重，如不及时抢救，可引起死亡。

**复合创** 凡具备上述两种以上创伤的特征者，均称为复合创。

**火器创** 组织损伤范围广，污染严重，感染率高。

**新鲜创** 伤后经过时间较短的创伤。表面尚有血液流出或附有凝血块，且可识别出创内各种组织的轮廓。有的虽被严重污染，但尚未出现创伤感染症状。

**陈旧创** 经过时间较长的创伤。表面已出现，并附有脓汁或形成结痂。

**无菌创** 主要指手术创，特征如切创，但出血少，疼痛较轻，无污染。

**污染创** 创伤被泥沙、被毛和粪土等污染，但创内细菌尚未繁殖呈现致病作用。

**感染创** 创内细菌大量繁殖对机体呈现不同程度的炎症反应或全身反应。

**保菌创** 陈旧化脓创，肉芽组织增生良好，停留在创面或坏死组织内的细菌毒力下降，没有向健康组织蔓延的趋势。

### 3. 创伤检查

**一般检查** 了解创伤发生的时间、致伤物的性状，发病情况及病马表现等。测体温、脉搏、呼吸，观察可视黏膜颜色和病马精神状态。必要时对全身各系统进行检查。

**创伤外部检查** 按由外向内的顺序，先视诊创伤部位、大小、形状、方向、性质，伤口裂开程度，有无出血，创围组织状态和被毛情况，有无感染。再观察创缘、创壁是否整齐、平滑，有无肿胀及血液浸润，有无挫灭组织及异物。然后对创围进行柔和细致的触诊，以确定局部温度高低、疼痛情况、组织硬度、皮肤弹性及移动性等。

**创伤内部检查** 先创围剪毛、消毒。检查创壁时，注意组织的受伤、肿胀、出血及污染情况。对创底，注意有无异物、血凝块及创囊存在。必要时可用消毒的探针、硬质胶管或用戴消毒乳胶手套的手指进行创底探查。有分泌物的创伤，注意分泌物的颜色、气味、黏稠度、数量和排出情况等。出现肉芽组织的创伤，注意肉芽组织的数量、颜色和生长情况。

### 4. 创伤的治疗

治疗的一般原则是积极抢救，防止休克、防止感染、纠正水与电解质失衡、消除影响创伤愈合的因素和加强饲养管理。

**创围清洁法** 先用数层灭菌纱布块覆盖创面，防止异物落入创内，然后将距创缘周围 10 厘米左右的被毛剪去。创围如有血液或分泌物黏着被毛，可用 3% 过氧化氢和氨水（200∶4）混合液将其除去，再用 75% 酒精棉球反复擦拭靠近创缘的皮肤，直到清洁干净为止。离创缘较远的皮肤可用肥皂水和消毒液洗刷干净，防止洗液流入创内。最后用 5% 碘酊以 5 分钟的间隔，两次涂擦创围，顺序为从创缘向外周画圈。

**创面清洗法** 揭去纱布块，用灭菌生理盐水冲洗创面，持消毒镊子除去创面上的异物、血凝块或脓痂。再用灭菌生理盐水或防腐液反复清洗创内直至确认冲洗干净为止。清洗创腔后，用灭菌纱布块吸去创内残存液体。

**清创手术** 用手术方法将创内失活组织切除，除去可见的异物、血凝块，消灭创囊、凹壁、扩大创口（或做辅助切口）、保证排液通畅，力求使新鲜污染创变为近似手术创，争取创伤的第一期愈合。

**创伤用药** 用药的目的在于防止创伤感染，加速炎性净化，促进肉芽组织和上皮新生。药物的选择和应用决定于创伤的性状、感染的性质、创伤愈合过程的阶段等。

**创伤缝合法** 根据创伤情况可分为初期缝合、延期缝合和肉芽创缝合。初期缝合是对受伤后数小时的清洁创或经彻底外科处理的新鲜污染创的缝合。先用药物治疗 3～5 天，无感染后，再施行缝合，称为延期缝合。肉芽创缝合又叫二次缝合，适合于肉芽创，创内无坏死组织，肉芽组织表面呈红色平整颗粒状，且被覆的少量脓汁内无厌氧菌存在。

**创伤引流法**　当创腔深、创道长、创内有坏死组织或创底有渗出物时，用引流法使创内炎性渗出物流出创外。常将适当长、宽的纱布条浸以药液（青霉素溶液、中性盐类高渗溶液等），用长镊子将引流纱布条的两端分别夹住，先将一端疏松地导入创底，另一端游离于创口下角。换引流物的时间，决定于炎性渗出的数量，当渗出物很少，停用引流物。

**创伤包扎法**　根据创伤具体情况而定。一般经外科处理后的新鲜创都要包扎，包扎法见第四篇第二章相关内容。创内有大量脓汁、厌氧性及腐败性感染及炎性净化后出现良好肉芽组织的创伤，采取开放疗法。

**全身性疗法**　组织损伤轻微、无创伤感染及全身症状，不进行全身性治疗。当出现体温升高、精神沉郁、食欲减退等全身症状时，则施行必要的全身性治疗，防止病情恶化。

### 5. 创伤的愈合

**第一期愈合**　创缘和创壁整齐，密闭吻合，炎性反应轻微，愈后无机能障碍及外貌的损征。第一期愈合的条件：创缘及创壁整齐且能彼此紧密连接，组织具有生活能力，创内无异物、无坏死组织及无细菌感染。

**第二期愈合**　创伤发生感染化脓与坏死组织的脱落，创腔被肉芽填充，并覆盖周围新生上皮形成的疤痕而治愈。炎症反应明显，愈合时间较长。

**痂皮下愈合**　表皮损伤，伤面浅在并有少量出血，以后血液或渗的浆液逐渐干燥而结成痂皮，覆盖在受伤部位的表面，痂皮下损伤的边缘再生表皮而愈合。若感染细菌时，于痂皮下化脓，转为第二期愈合。

### （二）烧伤

由于高温、火焰、热液、蒸汽作用于组织，且超过细胞所耐受的温度，使细胞内的蛋白质（包括酶）发生变化而引起的热损伤（热液所引起的，又称为烫伤）。

**1. 烧伤的分类**

**一度烧伤** 皮肤表皮层被损伤，被毛烧焦，留有短毛，动脉性充血，毛细血管扩张，有局限性轻微的热、痛、肿，呈浆液性炎症变化。

**二度烧伤** 皮肤表皮层及真皮的一部分或大部分被损伤。伤部被毛烧光或被毛烧焦，留有短毛，拔毛时能连表皮一起拔下（浅二度）或只被毛易拔掉（深二度）。

**三度烧伤** 皮肤全层或深层组织（筋膜、肌肉和骨）被损伤。此时，组织蛋白凝固，血管栓塞，形成焦痂，呈深褐色干性坏死状态，有时出现皱褶。

**2. 烧伤面积的计算**

计算烧伤面积一般采用烧伤部位占体表总面积的百分比来表示。十分法所划分的体表各部面积见图 1-1-2，部位界线清楚，都是 10% 或其倍数，能较迅速、准确地估计烧伤面积。

**3. 烧伤程度的判定**

烧伤程度决定于烧伤面积、烧伤深度、烧伤部位和并发症。烧伤程度的判定见表 1-1-1。

表 1-1-1 烧伤程度判定表

| 烧伤程度 | I°II°面积 | III°面积 | 总面积 | 其他 |
|---|---|---|---|---|
| 轻度烧伤 | 10% 以内 | 3% 以内 | 10% 以内，其中III°不超过 2% | – |
| 中度烧伤 | 11% ~ 30% | 4% ~ 5% | 11% ~ 20%，其中III°不超过 4% | – |
| 重度烧伤 | 31% ~ 50% | 6% ~ 10% | 21% ~ 50%，其中III°不超过 6% | 头部、鞍部和四肢的关节部为III°者，呼吸道烧伤、重度休克及其他并发症者 |
| 特重烧伤 | – | 10% 以上 | 50% 以上 | – |

**4. 急救与治疗**

**现场急救**　主要是灭火和清除马体上的致伤物质，保护伤面，抢救窒息病马。

**防治休克**　中度以上的烧伤，病马都有发生休克的可能，应及早防治。使病马安静，注意保温，肌肉注射氯丙嗪，皮下注射哌替啶（杜冷丁）、吗啡，静脉内注射 0.25% 盐酸普鲁卡因液 200 ～ 300 毫升。为了维护心脏，可静脉内注射樟脑磺酸钠等。通过饮水或经静脉补充大剂量的液体。有酸中毒倾向时，可静脉内注射 5% 碳酸氢钠溶液。

**伤面处理**　抗休克后及时处理伤面。首先剪除烧伤部周围的被毛，用温水洗去沾染的泥土，继续用温肥皂水或 0.5% 氨水洗涤伤部（头部烧伤不可使用氨水），再用生理盐水洗涤、拭干，最后用 70% 酒精消毒伤部及周围皮肤。眼部宜用 2% ～ 3% 硼酸溶液冲洗。一度烧伤伤面经清洗后，不必用药，保持干燥，可自行痊愈。二度烧伤伤面可用 5% ～ 10% 高锰酸钾液连续涂布 3 ～ 4 次，使伤面形成痂皮，也可用 5% 鞣酸或 3% 龙胆紫液等涂布，隔 1 ～ 2 天换药一次，如无感染可持续应用，直至治愈。用药后，一般进行开放疗法，对四肢下部的伤面可用绷带包扎。

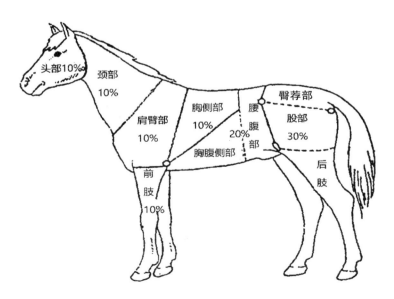

图 1-1-2　马体表各部分及面积百分比

### （三）冻伤

在一定条件下由于低温引起的组织损伤。

### 1. 症状

一度冻伤时发生皮肤及皮下组织的疼痛性水肿；二度冻伤时皮肤和皮下组织呈弥漫性水肿，并扩延周围组织，有时在患部出现水泡，其中充满乳光带血样液体。水泡自溃后，形成愈合迟缓的溃疡；三度冻伤以血液循环障碍引起的不同深度与距离的组织干性坏死为特征。

### 2. 急救

重点在于消除寒冷作用，使冻伤组织复温，并采取预防感染措施。用肥皂水洗净患部，然后进行复温治疗。开始用 18 ～ 20℃的水进行温水浴，在 25 分钟内不断向其中加热水，使水温逐渐达到 38℃，如在水中加入高锰酸钾（1：500），并对皮肤无破损的伤部进行按摩更为适宜。在不便于温水浴复温的部位，可用热敷复温，其温度与温水浴时相同。复温后用肥皂水轻洗患部，用 75% 酒精涂擦，然后进行保暖绷带包扎和覆盖。

### 3. 治疗

一度冻伤先用樟脑酒精涂擦患部，然后涂布碘甘油或樟脑油，或用按摩疗法和紫外线照射，以改善血液循环和促进水肿消散吸收；二度冻伤早期应用抗生素疗法，预防和消除感染，促进炎性肿胀的消散，提高组织的修复能力。局部可用 5% 龙胆紫溶液或 5% 碘酊涂擦露出的皮肤乳头层，并装以酒精绷带或行开放疗法；三度冻伤主要是预防发生湿性坏疽，早期注射破伤风类毒素或抗毒素，并实行对症疗法。全身疗法应根据具体情况，及时采取强心补液，解毒，改善微循环及抗感染等措施。

### （四）损伤并发症

### 1. 坏死与坏疽

**坏死** 活体内局部组织、细胞的病理性死亡称为坏死。分为凝固性坏死和液化性坏死。凝固性坏死是指以蛋白质凝固过程占优势的坏死。坏死组织常呈灰白色或灰黄色，干燥硬固而无光泽，多见于烧伤及强酸和甲醛所引起的化学性损伤之后。液化性坏死是指以组织液化过程占优势的坏死。特征为坏死组织呈液状。

**坏疽**　是组织坏死后受到外界环境影响不同程度的腐败感染而产生的形态学变化。一般都呈黑色。分干性坏疽和湿性坏疽两种。干性坏疽常发生于机体水分少或水分易于蒸发的体表部分或无发炎肿胀的组织。坏疽的皮肤干燥，硬固失去弹性，缺乏知觉，变成黑色。经 3～4 天，健康组织与坏死组织之间出现反应性炎症分界线。治疗要采取一切措施防止干性坏疽转为湿性坏疽。可用 3% 的龙胆紫、3% 的煌绿、5% 的高锰酸钾等溶液涂擦患部。不要破坏坏疽组织与活组织之间的分界线。当分界线形成后，可用手术方法切除坏疽组织。禁止使用温敷及湿性绷带以防发生湿性坏疽。湿性坏疽多发生于肺、子宫等与外界相通的器官。症状为首先局部组织出现瘀血、水肿，触诊、冷感无知觉。继而由于腐败分解而溶解液化，并向健康组织扩散。湿性坏疽时局部呈污灰色、污绿色或污黑色。治疗应采取一切可能的措施制止湿性坏疽的发展，并使其尽快地转为干性坏疽。可早期进行手术切除。全身应用大量的抗菌素，保护心脏并进行对症治疗。

**2. 溃疡**

皮肤或黏膜坏死组织腐离后形成的较深的缺损。

**单纯性溃疡**　表面被覆蔷薇红色、颗粒均匀的健康肉芽。肉芽表面有少量黏稠黄白色的脓性分泌物，干涸后则形成痂皮。周围皮肤及皮下组织肿胀。缺乏疼痛感。治疗时要精心地保护肉芽，防止其损伤，促进其正常发育和上皮形成，禁止使用对细胞有强烈破坏作用的防腐剂，可使用加 2%～4% 水杨酸的锌软膏、鱼肝油软膏等。

**炎症性溃疡**　呈明显的炎性浸润。肉芽组织呈鲜红色，有时呈微黄色。表面被覆大量脓性分泌物，周围肿胀，触诊疼痛。治疗时首先除去病因，局部禁止使用有刺激性的防腐剂，有脓汁潴留时切开创囊排净脓汁，溃疡周围可用青霉素盐酸普鲁卡因溶液封闭，为了防止从溃疡面吸收毒素亦可用浸有 20% 硫酸镁或硫酸钠溶液的纱布覆于创面。

**坏疽性溃疡**　见于冻伤、湿性坏疽及不正确的烧烙之后，组织的进行性坏死和很快形成溃疡是坏疽性溃疡的特征。表面被覆软化污秽无构造的组织分解物，并有腐败性液体浸润。常伴发明显的全身症状。治疗时应采取全身和局部并重的综合治疗措施。

**水肿性溃疡** 肉芽苍白脆弱呈淡灰白色，且有明显的水肿。周围组织水肿，无上皮形成。治疗主要是消除病因。局部可涂鱼肝油、植物油或包扎鱼肝油绷带等。禁止使用刺激性强的防腐剂。应用强心剂调节心脏机能并改善马的饲养管理。

**蕈状溃疡** 常发生于四肢末端有活动肌腱通过部位的创伤。其特征是局部出现高出于皮肤表面、大小不同、凸凹不平的蕈状突起，故称蕈状溃疡。肉芽常呈紫红色，被覆少量脓性分泌物且容易出血。治疗时，如赘生的蕈状肉芽组织超出皮肤表面很高，可剪除或切除的，亦可充分搔刮后进行烧烙止血；亦可用硝酸银棒、苛性钾、苛性钠、20% 硝酸银溶液烧灼腐蚀。

**褥疮** 是局部受到长时间的压迫后所引起的因血液循环障碍而发生的皮肤坏疽。常见于马体的突出部位。已形成褥疮时，可每日涂擦 3% ～ 5% 龙胆紫酒精。夏天应当多晒太阳，应用紫外线和红外线照射可大大缩短治愈的时间。

### 3. 窦道和瘘

**窦道** 见于臀部、鬐甲部、颈部、股部、胫部、肩胛和前臂部等，常为后天性的，也有因疖、脓肿、蜂窝织炎自溃或切开后形成的窦道，从体表的窦道口不断地排出脓汁或渗出物。检查时，除对窦道口的状态、排脓的特点及脓汁的性状进行细致的检查外，还要对窦道的方向、深度、有无异物等进行探诊。探诊时可用灭菌金属探针、硬质胶管，有时可用消毒过的手指进行。治疗主要是消除病因和病理性管壁，通畅引流以利愈合。可灌注 10% 碘仿醚、3% 过氧化氢等以减少脓汁的分泌和促进组织再生。

**瘘** 分为排泄性瘘和分泌性瘘。排泄性瘘是经过瘘的管道向外排泄空腔器官的内容物（尿、饲料、食糜及粪等），如肠瘘、胃瘘、食道瘘、尿道瘘。分泌性瘘是经过瘘的管道分泌腺体器官的分泌物（唾液、乳汁等），如腮腺瘘部及乳房瘘。排泄性瘘管必须采用手术疗法治疗。分泌性瘘，可灌注 20% 碘酊、10% 硝酸银溶液等治疗。

## 三、外科感染

需要手术治疗的感染和术后创口的感染，称为外科感染。是动物机体与侵入体内的致病微生物相互作用所产生的局部和全身反应。

### （一）概述

#### 1. 外科感染的分类

按致病菌的种类和病程的演变分为非特异性感染和特异性感染。

根据病原菌感染的途径分为外源性感染和内源性感染。

根据感染是由致病菌的种类数而引起的可分为单一感染和混合感染。

按感染的先后分为原发性感染、继发性感染和再感染。

#### 2. 外科感染的治疗

**局部治疗** 是局部涂擦刺激剂或应用温热疗法，以利于炎症的吸收。当化脓性炎症反应强烈时，不可应用温热疗法。手术时必须细致，动作要轻，既要防止感染扩散，又要畅通引流。

**全身治疗** 是以控制病原为目的，可选用对致病菌敏感的抗生素和磺胺制剂。对症治疗，可应用强心剂、利尿剂等。

### （二）外科局部感染

#### 1. 脓皮病

脓皮病是由于化脓菌引起皮肤感染的总称。

**病因** 葡萄球菌和链球菌感染是引起脓皮病的主要原因。

**症状** 初期在毛的周围形成圆锥形隆起的硬结，皮肤肿胀，无色素沉着的皮肤上常呈红色，数日后在硬结的中央部，毛囊及皮脂腺有灰白色—黄色的脓栓形成，脓栓周围硬结，随后自溃排脓。排脓后形成痂皮，经3～4天痂皮即可脱落。

**治疗** 首先是要除去病因。患部剪毛，用新洁尔灭溶液洗涤，除去脓痂，避免强烈刺激，全身可应用抗生素。

#### 2. 疖

疖是细菌经毛囊和汗腺侵入引起的单个毛囊及其所属的皮脂腺的急性化脓性感染。若仅限于毛囊的感染称毛囊炎；同时或连续发生在患畜全身各部位的疖称为疖病。

**病因** 致病菌常为金黄色葡萄球菌或白色葡萄球菌。

**症状** 常发生于皮肤薄的部位，最初可见到温热而又剧烈疼痛的圆形小硬结节，顶端形成小脓疱，中心部有被毛竖立。以后于其周围出现明显的炎性肿胀。肿胀坚硬，触诊有剧痛，很快即在炎性病灶的中央出现波动明显的小脓肿。在皮肤厚的部位，首先在毛囊周围组织中迅速地发生浸润。最初不大，触诊有剧痛；以后则逐渐增大，不突出于皮肤表面，很快形成小脓肿。经若干天后，脓肿可自溃流出少量乳汁样微黄白色脓汁。局部则形成一个小溃疡面。表面被覆肉芽组织和脓性痂皮，最后可形成一个小的瘢痕而治愈。

**治疗** 必须局部和全身疗法并重，消除引起新疖发生的诸种因素，防止致病菌的自由扩散。进行局部疗时，病初可用青霉素、盐酸普鲁卡因溶液注射于病灶的周围。如局部有剧痛可用红外线照射，亦可应用酒精热敷。对浸润期的疖，每日可涂新配制的 5% 高锰酸钾溶液 2～3 次，亦可局部涂擦厚层鱼石脂或 20% 以上鱼石脂软膏、5% 碘软膏等。当形成疖性脓肿时，立即切开。不论自溃或手术切开的疖性脓肿均进行开放疗法。

### 3. 痈

痈是多个相邻的毛囊及其周围组织的化脓性炎症。痈有的是从一个疖发展而来，也有的是由多数疖汇合而成，它是疖和疖病的扩大，其病变可扩及深筋膜而使其受到侵害。

**病因** 致病菌主要是葡萄球菌，其次是链球菌，有时是葡萄球菌和链球菌的混合感染。

**症状** 在无色素沉着的皮肤上该炎性浸润的周围发红并出现组织紧张。如果炎症不局限化则出现剧烈的疼痛和明显的全身症状。在炎性浸润的中央部形成许多脓塞和混有血液的脓性渗出液的坏死病灶。同时有些区域的皮肤也发生坏死。以后痈的整个中央都坏死，在它自行破溃或手术切开后就形成很大的腔，腔内含有脓性坏死物。

**治疗** 初期应用青霉素、红霉素或选用磺胺甲噁唑加甲氧嘧啶。配合使用病灶周围普鲁卡因封闭疗法有较好的疗效。局部水肿的范围很大，并出现全身症状的可十字切开。切开时一定要切到健康组织。必要时亦可双十字切开。术后应用开放疗法。

### 4. 脓肿

组织或器官内形成外有脓肿膜包裹，内有脓汁潴留的局限性脓腔称为脓肿。

**病因** 致病菌（葡萄球菌、化脓性链球菌、大肠杆菌、绿脓杆菌和腐败性细菌）、静脉内注射时刺激性强的化学药品误注或漏注到静脉外、肌肉注射时缺乏无菌观念均可引起。

**分类及症状** 浅在性脓肿常发生于皮下结缔组织、筋膜下及表层肌肉组织内。初期局部肿胀无明显的界限而稍高出于皮肤表面，患部坚实、温度增高、疼痛反应明显。以后肿胀界限清晰并开始软化出现波动。脓肿可自溃排脓，但溃口过小，排脓不畅不尽；深在性脓肿常发生于深层肌肉、肌间、骨膜下、腹膜下及内脏器官。皮肤及皮下结缔组织常出现炎性水肿，触诊有指压痕且疼痛反应明显。如脓肿未及时切开，其脓肿膜易变性坏死，脓肿自行破溃，病马吸收大量的有毒分解产物而出现明显的全身症状。

**诊断** 浅在性脓肿可根据症状确诊，深在性脓肿可进行穿刺确诊。穿刺时抽出脓汁或针孔内有干涸黏稠的脓汁或脓块附着。须与血肿、淋巴外渗、挫伤和某些疝进行鉴别诊断。

**治疗** 消炎、止痛用冷疗法或局部涂擦樟脑软膏，促进炎症产物消散吸收用温热疗法。并根据病马的情况配合应用抗生素、磺胺类药物、对症疗法。可用鱼石脂软膏、鱼石脂樟脑软膏、温热疗法促进脓肿成熟后立即进行手术治疗。

手术疗法常用的有：

①脓汁抽出法：用于关节部脓肿和脓肿膜形成良好的小脓肿。方法是用注射器将脓肿腔内的脓汁抽出，然后用灭菌生理盐水反复冲洗脓腔，抽净腔中的液体，最后灌注混有青霉素的溶液。

②脓肿切开法：脓肿成熟后应立即切开。切口选择波动最明显且容易排脓的部位。按手术常规对局部处理。切开后创口可按化脓创进行外科处理。

③脓肿摘除法：用以治疗脓肿膜完整的浅在性小脓肿。注意别刺破脓肿膜。

**5. 蜂窝织炎**

**病因及分类** 发生在疏松结缔组织的弥漫性化脓性炎症称为蜂窝织炎。致病菌是金黄色葡萄球菌和链球菌等化脓性球菌。误注或漏入刺激性强的化学制剂。按发生部位的深浅可分为浅在性蜂窝织炎和深在性蜂窝织炎；按渗出液的性状和组织的病理学变化可分为浆液性蜂窝织炎、化脓性蜂窝织炎、厌氧性蜂窝织炎和腐败性蜂窝织炎；按发生的部位可分为关节周围蜂窝织炎、食管周围蜂窝织炎、股部蜂窝织炎等。

**症状** 局部大面积肿胀，局温增高，疼痛剧烈和机能障碍。病马精神沉郁，体温可达39～40℃，食欲不振并出现各系统的机能紊乱。

**治疗** 采取局部和全身疗法并举的原则。

①局部疗法 减少炎性渗出可用冷敷，涂敷复方醋酸铅散。为防止炎症扩散，可用0.5%盐酸普鲁卡因青霉素溶液做病灶周围封闭。炎性渗出已基本平息可用湿敷，常用50%硫酸镁湿敷，或20%鱼石脂软膏外敷，有条件的可用超短波、微波、红外线等理疗。冷敷后炎性渗出不见减轻，组织出现增进性肿胀，体温升高、症状明显恶化的趋向时，立即进行手术切开。局限性蜂窝织炎性脓肿时可待脓肿成熟后再切开。伤口止血后可用中性盐类高渗溶液做引流液以利于组织内渗出液的外流。创口按化脓创处理。

②全身疗法 早期可应用抗生素疗法、磺胺疗法及盐酸普鲁卡因封闭疗法。

**（三）全身化脓性感染**

有机体从败血病灶吸收致病菌及其产物和组织分解产物所引起的全身性病理过程。

**1. 分类**

根据致病菌的性质分为链球菌性、葡萄球菌性、厌氧菌性和腐败菌性全身化脓性感染；根据发病原因分为创伤性、炎症性和术后全身化脓性感染；根据临床症状和特点分为败血症、脓血症和脓毒败血症。败血症是指致病菌侵入血液循环，持续存在，迅速繁殖，产生大量毒素及组织分解产物而引起的严重的全身性感染。脓血症指细菌栓子或感染的血栓间歇地进入血液循环，并在全身其他组织或器官形成转移性脓肿。在临床上，有时难以区分，多呈混合型，败血症和脓血症同时存在则称为脓毒败血症。根据感染病灶有无转移，分为转移的全身化脓性感染和无转移的全身化脓性感染两种。

### 2. 症状

**脓血症** 败血病灶内出现明显的感染症状，创伤性全身化脓性感染时，首先在创伤的周围发生严重的水肿、疼痛剧烈，组织发生坏死。肉芽组织肿胀、发绀，发生坏死。脓汁初呈微黄色黏稠，后变稀薄并有恶臭。病灶内常存有脓窦、血栓性脉管炎及组织溶解。病马精神沉郁，恶寒战栗，食欲废绝，但喜饮水，呼吸加速，脉弱而频，出汗。体温高达 40℃以上，有的呈典型的弛张热型，有些则呈间歇热型或类似间歇热型。在体温显著升高前常发生战栗，体温下降后则出汗。

**转移性脓肿** 在肝脏时眼结膜出现高度黄染；在肠壁时出现剧烈的腹泻；在肺内时呼气带有腐臭味并有大量脓性鼻漏；在脑组织内时出现痉挛。

**败血症：** 马常躺卧，起立困难，步态蹒跚，体温明显增高，可达40℃以上。肌肉剧烈颤抖，有时出汗，食欲废绝，呼吸困难，脉弱而快。结膜黄染，有时有出血点。有时见到中毒性腹泻或出现疝痛症状。

### 3. 治疗

**局部疗法：** 彻底清除坏死组织，切开患部，摘除异物，排除脓汁，冲洗病灶，畅通引流。然后局部按化脓性感染创进行处理。创围用混有青霉素的盐酸普鲁卡因溶液封闭。

**全身疗法：** 根据病马情况使用大剂量青霉素、链霉素；用增效磺胺嘧啶注射液或增效磺胺甲氧嗪注射液或增效磺胺对甲氧嘧啶（磺胺 -5- 甲氧嘧啶）注射液，与三甲氧苄氨嘧啶联合肌肉注射或稀释后静脉内注射。静脉内注射 5% 碳酸氢钠液防酸中毒。

**对症疗法：** 心脏衰弱时用强心剂。肾机能紊乱时用乌洛托品。败血性腹泻时静注氯化钙。防治酸中毒用碳酸氢钠疗法并补水和补维生素。保肝解毒、增强抗病能力输注葡萄糖和血液。

### （四）厌气性感染

#### 1. 分类及症状

分为厌气性脓肿、厌气性（气性）坏疽、厌气性（气性）蜂窝织炎、恶性水肿及厌气性败血症。厌气性坏疽及厌气性蜂窝织炎常见。厌气性感染主要是出现炎症反应。

**厌气性（气性）坏疽** 初期局部出现疼痛性肿胀，并迅速扩散，以后触诊出现气性捻发音。从创口流出少量红褐色或不洁带黄灰色的液体。肌肉呈煮肉样，失去其固有结构，最后因坏死溶解而呈黑褐色。

**厌气性蜂窝织炎** 肿胀为急剧增进性、有弹性、初期有热痛，以后变凉，疼痛减轻，触诊有气性捻发音，叩诊呈鼓音，从创口流出混有气泡、浑浊、稀薄的脓液。全身症状重剧。

#### 2. 治疗

手术治疗是最基本的治疗方法。确诊后，应立即切开患部，深达健康组织。切除坏死组织，除去异物，消除脓窦，切开筋膜及腱膜。用大量的 3% 过氧化氢溶液、0.5% 高锰酸钾溶液等氧化剂、中性盐类高渗溶液及酸性防腐液冲洗创口。创口不缝合，进行开放疗法。应用大量的抗生素、磺胺类药物、抗菌增效剂及防治败血症疗法和对症疗法。

### （五）腐败性感染

局部坏死，发生腐败性分解，组织变成黏泥样无构造的恶臭物。表面浸润浆液性血样污秽物（有时呈褐绿色），并流出初呈灰红色后变为巧克力色恶臭的腐败性渗出物。

#### 1. 症状

初期，创伤周围出现水肿和剧痛。创伤表面分泌液呈红褐色，具有坏疽恶臭。创内的坏死组织变为灰绿色或黑褐色，肉芽组织发绀且不平整。接触肉芽组织时，容易出血。病马体温升高、全身症状重剧。

#### 2. 治疗

病灶切开，切除坏死组织，用氧化剂、氯制剂及酸性防腐液处理感染病灶。

# 四、休克

机体受到各种有害因子侵袭时发生的，以血压降低和血流动力学紊乱为主要表现，以微循环灌注不足和器官功能障碍为特征的急性综合征。主要原因是失血与失液、创伤、烧伤、感染、心泵功能障碍、过敏、强烈的神经刺激及损伤。

## （一）外科性休克

### 1. 分类

外科性休克是指外科疾病引起的休克，按发生原因分为失血失液性、损伤性、感染性，其中损伤性休克包括创伤性和烧伤性；按发病机理分为低血容量性、心源性、血管源性和神经性休克；按休克程度分为代偿性和失代偿性休克。

### 2. 症状

**兴奋期（休克初期）** 病马呈兴奋状态，血压无变化或稍高，脉搏快而充实，呼吸增加，皮温降低，黏膜发绀，无意识排尿、排粪。这个过程短则数秒，长则不过一小时，往往会被忽视。

**沉郁期（休克中期）** 病马精神沉郁，皮肤感觉迟钝、温度降低；肌肉张力极度下降，反射微弱或消失，心率加快，脉搏细而间歇，呼吸浅表，快而不规则，对痛觉、视觉、听觉等刺激全无反应，甚至昏睡。

**麻痹期（休克晚期）** 黏膜苍白、四肢厥冷、瞳孔散大、血压急剧下降，脉细弱不感于手。此时如不抢救，能导致死亡。

### 3. 治疗

**消除病因** 出血性休克，重点在于止血，迅速补充血容量；心源性休克则以增强心肌收缩力防治心律紊乱为主；感染性休克，处理原发病灶并及时应用抗菌素或磺胺类药物；过敏性休克，用盐酸苯海拉明或盐酸异丙嗪。对马的急腹症，休克可能由强烈疼痛引起，也可能是继发于中毒性休克，先调整水电解质平衡，补充血容量，改善心脏机能。

**补充血容量** 在失血和贫血时，输入全血是必要的，根据需要补充血浆、生理盐水或右旋糖酐等。对丧失血浆为主的烧伤、腹膜炎和出血，补充血浆是较好的清蛋白来源。低分子右旋糖酐主要用于治疗中毒性休克，可改善微循环和组织灌注量，但尿少时应慎用。早期休克用复方氯化钠、乳酸钠电解质溶液为首选，休克严重时慎用。用 5% 葡萄糖盐水提供能量，少用单纯葡萄糖溶液，避免水肿。

**血管收缩剂的应用** 心功能不全时，用 β 受体兴奋剂如异丙肾上腺素和多巴胺。可用最小剂量、最低浓度的肾上腺素或去甲肾上腺素混入 5% 糖盐水中静脉输注。

**血管扩张剂的应用** 用氯丙嗪混入 5% 葡萄糖盐水中静脉输注；或苯苄胺混入 5% 糖盐水内静脉输注，治疗顽固性休克。给药 1～2 小时后发挥最大效能并维持 24～36 小时。按 1 毫克 / 千克体重用阿托品改善微循环，如注射后血压回升，四肢转暖，可适当减少用量。山莨菪碱与阿托品作用相似，但毒性比阿托品低。

**改善心功能** 洋地黄制剂可增加心肌收缩力，减缓心率，用 1.6～3.2 毫克，混于 10～20 倍的 5% 葡萄糖氯化钠内缓慢静脉注射。急性心肌炎和心内膜炎时禁用此药，同时注意有无中毒反应。大剂量的皮质类固醇能促进心肌收缩，降低周围血管阻力，改善微循环。异丙肾上腺素和多巴胺，能增强心肌收缩，缺点是加快心率。

**调节代谢障碍** 纠正酸中毒，轻度酸中毒用等渗盐水或复方氯化钠注射液；中度酸中毒用碱性药物，如碳酸氢钠、乳酸钠；但严重酸中毒或肝脏损害时，不能使用乳酸钠。补钾应根据血清钾的测定值，并结合临床表现，病马休克未解除同时少尿的多数钾偏高。发生高钾血症时，急性期可立即静脉注射葡萄糖酸钙 20～60 克。

**4. 护理**

病马应指定专人护理，病马保持安静，注意保温，保持通风，给予充足饮水，输液液体温度与体温相近。

**（二）失血性休克**

快速、大量失血（超过总血容量 20%～30%）时，失血得不到及时补充，呈现出汗或虚弱，机体出现代偿或轻度休克；而快速失血达 40% 以上时，则出现明显的休克症状。

治疗时重点是补充血容量和止血。补充血容量可根据伤马的可视黏膜、血压和脉搏的变化，估算其失血量。轻度休克时，从静脉补充适量的复方氯化钠液即可；较重者，以输血为主，输液为辅。严重者，输血、补液的量越多，速度也应越快。止血应与补充血容量同时进行。

### （三）损伤性休克

包括创伤性休克和烧伤性休克。创伤性休克是创伤严重或面积较大时，因失血的疼痛而引发的休克。烧伤性休克是大面积烧伤伴有大量血浆渗出引起的休克。急救措施包括止血、包扎、固定和镇痛。注意补充血容量和纠正酸碱平衡失调，合理利用升压药、血管扩张剂和抗菌药等。

### （四）感染性休克

是由于病毒、细菌等病原微生物的严重感染及其毒素的作用而引起的休克。急救措施包括以下几个方案。

**1. 控制感染**

处理原发病灶；大剂量应用抗菌类药物和增强机体的抵抗力。

**2. 补充血容量**

首先要输血、补液以恢复血容量。感染时，应用血管扩张剂。

**3. 纠正酸中毒**

在补充血容量同时，应根据病马情况静脉输注 5% 碳酸氢钠液。

**4. 强心和扩张血管药物的应用**

毒血症时，用强心药。在补足血容量、纠正酸中毒、除去病因后，休克仍未好转时，用异丙肾上腺素等血管扩张药物治疗。

**5. 其他药物的应用**

大剂量应用皮质类固醇治疗感染性休克有显著的效果，同时配合抗感染措施，加大抗生素用量；增强机体解毒和抗感染能力，可给予大量的维生素 C。

## 五、骨折

由于外力作用，骨组织的完整性或连续性遭到破坏的现象称为骨折。骨折常伴有软组织的损伤。多数是偶发的损伤，主要与使役、饲养管理和保定不当等有关。包括外伤和病理两大因素。

## （一）分类

1. 按骨折病因分为外伤性骨折和病理性骨折。

2. 按皮肤是否破损可分为闭合性骨折（骨折部皮肤或黏膜无创伤，骨断端与外界不相通）和开放性骨折（骨折伴有皮肤或黏膜破裂，骨断端与外界相通）。

3. 按有无合并损伤分为单纯性骨折（骨折部不伴有主要神经、血管、关节或器官的损伤）和复杂性骨折（骨折时并发邻近重要神经、血管、关节或器官的损伤）。

4. 按骨折发生的部位可分为骨干骨折（发生于骨干部的骨折）和骨骺骨折（多指幼龄动物骨骺的骨折）。

5. 按骨损伤的程度和骨折形态可分为不全骨折（骨的完整性或连续性仅有部分中断）和全骨折（骨的完整性或连续性完全被破坏，骨折处形成骨折线）。

## （二）症状

局部症状表现为肢体变形，活动异常，有骨摩擦音，患部出血与肿胀、疼痛剧烈，功能障碍。轻度骨折一般全身症状不明显。严重的骨折伴有骨出血；内脏损伤时，可并发急性大失血和休克等一系列综合症状。

## （三）愈合

骨组织破坏后修复的过程，可分为三个阶段，即血肿机化演进期、原始骨痂形成期和骨痂改造塑型期。

## （四）治疗

1. 对于四肢上部骨折，一般取静养。吊于柱栏内，喂给石粉，注射维生素 $D_2$。对粉碎性骨折，若感染化脓时，应切开取出碎骨片，然后按化脓创治疗。

2. 对前臂骨和胫骨以下各部骨折，采用石膏绷带加固定治疗。其步骤是，首先处理患部剪毛消毒，然后进行整复，牵引固定。在治疗中根据各自的条件，也可应用竹帘绷带、胶绷带、铁制支持固定器等对患部进行固定。对开放性骨折，应用抗生素 7 ～ 10 天。

3. 对症治疗。疼痛严重的，用安痛定等镇痛剂；感染时用抗生素，并给予钙剂及维生素等。

4. 对开放性骨折，每天要进行全身和局部诊查。绷带完全浸润时及时更换。

5. 一般经过50天左右，根据患肢负重状态，结合X光片骨化程度，短时间合理牵遛运动，恢复功能，锻炼10天左右可拆除绷带。

（本章编者：李宏 谢鹏）

# 第二章　内科病

## 一、急性心力衰竭

急性心力衰竭是心肌收缩力突然减弱或衰弱，不能将回流的静脉血液等量地泵入动脉，心输出量减少到不能满足组织器官需要，呈现全身血液循环障碍的一种综合征。临床上以第一心音增强，第二心音与脉搏减弱，黏膜发绀，跌倒抽搐为特征。

### （一）病因

过役，如长途奔袭，连续剧役；其他疾病的继发症，如胃肠炎、血孢子虫病、传染性贫血等；输液速度过快、量过大，心脏一时负荷过重；心肌突然受剧烈刺激，如触电、静脉注射强烈刺激心肌的药物速度过快；大动脉血压增高，心室射血阻抗增加，如主动脉血压升高。

### （二）症状

病马精神沉郁，痉挛抽搐。饮、食欲减损或废绝。呼吸加快，黏膜瘀血，静脉怒张，结膜呈蓝紫色。心搏动增强，往往振动胸壁或全身，第一心音增强，常带金属音调，第二心音减弱或极弱。心率增数，每分钟 60 ～ 80 次，乃至百次以上。心律整齐或失常，常出现房性或室性期前收缩，严重的可出现室性阵发性心动过速、心室震颤或心室纤维性颤动。左心衰竭时，很快发生肺水肿，呼吸极度困难，两侧鼻腔流多量白色细小泡沫状鼻液，胸部广范围听见水泡音，胸部叩诊呈浊鼓音或浊音。严重的急性心力衰竭，血压降低，常在 70 毫米汞柱以下。

### （三）诊断

有诱发急性心力衰竭的病因存在，具有上述临床症状，综合分析，确定诊断。需与中暑、肺充血及肺水肿鉴别。

### （四）治疗

基本原则是加强护理，减轻心脏负担，缓解呼吸困难和增强心肌收缩力。

**1. 护理**

病马休息，专人护理。尚能采食的病马，应少量多次喂给柔软易消化的草料。

**2. 缓解呼吸困难**

可立即进行氧气吸入。

**3. 增强心肌收缩力**

**急救** 用速效、高效的强心剂，如静脉注射地高辛，经 2.5～4 小时后剂量减半注射第二次，以后每 24 小时按第二次量维持。也可用心肌能源物质，如葡萄糖—胰岛素—氯化钾液（25% 葡萄糖液 500 毫升内加胰岛素 100 单位、10% 氯化钾液 30 毫升）静脉滴注；能源合剂：ATP 300～500 毫克，辅酶 A 500 毫克，细胞色素 C（要做过敏试验）300 毫克，维生素 $B_6$ 1 克，混合加入 25% 葡萄糖液 500 毫升内静脉滴注，每日 1 次。心脏机能仍不好转者，可用 0.1% 肾上腺素液 3～5 毫升皮下注射或加入 25%～50% 葡萄糖液 500 毫升内静脉滴注，但要注意，肾上腺素注射的同时，皮下注射 0.2%～0.3% 硝酸士的宁液 5～10 毫升，防止心跳骤停而死亡。

**发生肺水肿时** 用 0.1% 异丙肾上腺素液 1～3 毫升加入 25% 葡萄糖液 100 毫升内，静脉滴注。但要注意，异丙肾上腺素有使心率加快的副作用。

**心率过快时（每分钟 120 次以上）** 肌肉注射复方奎宁注射液 10～20 毫升，每日 2～3 次，配合洋地黄制剂静脉注射，效果更好。

**4. 减轻心脏负荷**

对出现心性浮肿，水、钠潴留的病马，要适当限制饮水和补盐量，选用适当的利尿剂。对静脉瘀血严重，前负荷增重的病马，应用扩张小静脉为主的药物，如硝酸甘油。对微循环高度障碍，后负荷增重的病马，应用扩张小动脉为主的药物，如肼苯达嗪。对前、后负荷均增重的病马，应用同时减轻前、后负荷的药物，如哌唑嗪。

## 二、消化障碍性疾病

### （一）口炎

口炎是口腔黏膜或深层组织的炎症，临床上以流涎及口腔黏膜潮红、肿胀为特征。据炎症的性质分为卡他性、水泡性和溃疡性口炎，以卡他性口炎较多见。因机械性刺激损伤口腔黏膜，或误食误饮误服食物药物，或继发于某些传染病而引起本病。

**1. 症状**

病马采食小心，拒食粗饲。口腔湿润，唾液量大呈白色泡沫状附于口唇边缘或呈牵丝状流出。口腔黏膜潮红、肿胀，舌面被覆舌苔，有恶臭或腐败臭味，口腔有损伤或烂斑。水泡性口炎时，口腔黏膜上有大小不等的水泡，内含透明或黄色浆液性液体。溃疡性口炎时，口腔黏膜糜烂、坏死或溃疡，流出灰色不洁且有恶臭味的唾液。

**2. 治疗**

**除去病因**　除去异物，修整锐牙等。

**加强护理**　喂给柔软易消化的饲料，饮清洁水，饲后用清水冲洗口腔。

**药物疗法**　药液冲洗口腔，可用 1% 食盐水，或 2%～3% 硼酸液，或 2%～3% 碳酸氢钠液；口腔恶臭时，用 0.1% 高锰酸钾液；口腔内分泌物过多时，用 1%～2% 明矾或鞣酸液；口腔黏膜或舌面发生烂斑或溃疡时，在口腔洗涤后，用碘甘油，或 2% 龙胆紫液，或 1% 磺胺甘油乳剂涂布创面。

### （二）消化不良

消化不良是胃肠黏膜因轻度炎症或功能障碍所致的消化机能障碍的统称，临床上以口腔变化，粪便异常为主要症状。是马的常见多发病。

**1. 病因**

**饲养失宜**　草料质量不良，如饲料粗硬、腐败、生霉、虫蛀、有泥沙或霜冻等；草料加工调制不当，如饲草过长或过短，粒料不粉碎，硬料未泡软，粒料与粉料搭配不匀，调制不合理等；饮喂失宜，如饮水不足，水温不适，水质不良，暴饮，饲料长期单一，饲喂不当，伴发异嗜。

**管理不当** 劳逸不均，如长期休闲，运动不足。或长期服剧役，过度劳累；役饲失调，如饲喂后立即服重役或重役后立即饲喂；继发于胃肠道寄生虫病、牙齿病、过劳、纤维性骨营养不良等病的经过中。

### 2. 症状

**共同症状** 病马食欲减退，或只吃草，或只吃料，或出现异嗜现象。口腔干燥或湿润，口色或红黄或青白，舌体皱缩，有舌苔，口腔有臭味。粪便或干燥或稀软，夹杂有消化不全的粗纤维及谷粒，放臭味。全身症状不明显。

**以胃机能障碍为主的急性消化不良** 病马精神沉郁，常打哈欠和"謇唇似笑"。食欲减损，有异嗜现象。口腔变化明显，多干燥，放甘臭或恶臭，多量舌苔。可视黏膜黄染明显。初期，粪球干小而色暗，被覆黏液。病程稍长的，发生腹泻。

**以肠机能障碍为主的急性消化不良** 病马口腔湿润，结膜轻微黄染，呈不同程度的腹泻，甚至排粪失禁。

**慢性消化不良的症状** 病马食欲不定，往往发生异嗜，有时便秘，有时腹泻，粪便干稀交替。病马消瘦，并出现贫血等症状。

### 3. 治疗

**精心护理** 查清病因并及时除去，晒太阳，结合运动；保护胃肠黏膜，要尽量喂给柔软易消化的草料，如青草、青干草、麦麸粥，但量不要过多，次数不宜过频。消化功能高度障碍而食欲废绝的病马，不宜灌服淀粉浆等谷物营养品，以免增加胃肠负担，使病情加重。恢复期间，应逐步过渡到正常饲养，防止复发。复发性消化不良，一般疗程较长，必须引起注意。

**清肠制酵** 对排粪迟滞的，胃肠道积滞较多量消化不全产物的病马，必须清理胃肠，制止发酵。常用的清肠制酵剂有硫酸钠或食盐。

**调整胃肠机能** 清理胃肠后，可应用各种健胃剂。病马口腔干燥，排粪迟滞，粪球干小的，可应用苦味健胃剂，如龙胆酊或苦味酊。病马口腔湿润，腹泻的，可用人工盐或碳酸氢钠或健胃散内服，每日1～2次。应用健胃剂的同时，配合应用一些消化酶类，如胃蛋白酶、胰蛋白酶，效果更好。病马水泻不止，粪便无明显臭味时，可内服磺胺脒、碳酸氢钠、乳酸钙各 40 ～ 60 克，加淀粉适量，做成丸剂，每日 3 次分服，连服 2 ～ 3 日。

**中药疗法**

胃火（胃热不食）征病马（耳鼻温热，口腔干燥，口色鲜红，有黄苔，粪干尿少，脉洪数等里实热象），用黄芩散清胃泻火，滋阴生津。处方：黄芩 35 克、当归 50 克、生地 50 克、丹皮 40 克、升麻 30 克、生石膏 100 克。共为细末，开水冲，温服。

胃寒（胃寒不食）征病马（鼻寒耳冷，口腔湿滑，口色青白，舌苔薄白，粪软或稀，尿清量多，脉沉迟等里寒象），用理中汤温中散寒，温补脾阳。处方：党参 50 克、白术 125 克、干姜 75 克、炙草 50 克。共为细末，开水冲，温服。

寒湿（冷肠唧泻）征病马（身寒肢冷，耳鼻发凉，肠鸣如雷，唧泻如水，口色青黄，脉沉迟等寒湿象），用猪苓散温脾暖胃，渗湿利水。处方：猪苓、泽泻各 25 克，木通、瞿麦、茵陈、当归、青皮、厚朴、枳壳、苍术、木香、藿香各 20 克。共为细末，开水冲，温服。

脾虚（脾虚泄泻）征病马（久泻不止，出现四肢浮肿，逐渐消瘦，脉迟细，口色白或带黄等虚象），用健脾散补中益气，燥脾渗湿。处方：当归、白术各 50 克，青皮、陈皮、厚朴、甘草、茯苓、五味子各 20 克。共为细末，开水冲，温服。

## （三）胃肠炎

胃肠炎是胃肠黏膜及黏膜下深层组织的重剧炎症过程。临床上以经过短急，胃肠机能障碍和自体中毒症状重剧为特征。继发于消化不良、便秘和肠变位等疾病。

**1. 症状**

病初，呈现消化不良的症状，以后呈现胃肠炎的症状。病马精神沉郁，食欲废绝，饮欲增进。结膜暗红黄染。皮温不整，耳和四肢末端发凉。口腔干燥，口色色重，舌面皱缩，被覆多量舌苔。腹痛或轻微或剧烈。重症病马，脱水症状明显。

持续重剧腹泻，是胃肠炎的主要症状。不断排稀软或水样恶臭或腥臭粪，粪内夹杂数量不等的黏液、血液或坏死组织片。肛门松弛，排粪失禁，有的病马不断努责而无粪便排出。但在炎症主要侵害胃和小肠时，肠音往往减弱或消失，多数病马排粪迟滞，粪球干小而硬，色暗，表面被覆大量胶冻样黏液，后期可能出现腹泻。小肠炎，往往继发胃扩张。

自体中毒明显，全身症状重剧，体温突然升高至40℃以上（个别病马例外）。脉搏增到每分钟百次以上，初尚充实有力，以后很快减弱，甚至不感于手。随着疾病的发展，全身症状很快增重，病马极度衰弱，全身肌肉震颤，出汗，甚至出现兴奋、痉挛或昏睡等神经症状。

血、尿变化比较明显，白细胞总数增多。血液浓稠，红细胞压容值和血红蛋白量均增多。尿呈酸性反应，尿中出现蛋白质或血液，尿沉渣内可能有数量不等的肾上皮细胞、白细胞，严重的病例，可出现管型。

霉性胃肠炎的特点是，有喂发霉草料的生活史，同厩或同槽的马同时或相继发病。病初呈现急性消化不良的症状，常不易发现。病至后期和严重的病例，神经症状比较明显。体温一般在39℃以上。呼吸加快，脉搏增数。往往排污泥样恶臭粪便，也有不断排淡红色腥臭水样粪便的。

**2. 诊断**

根据重剧的腹泻，体温升高，心率增数等迅速增重的全身症状，白细胞数增多及核型左移等炎性反应，较易诊断。胃肠炎的早期变化：精神正常的马，突然变为沉郁，食欲大减或废绝，口腔干燥，舌苔厚，口腔臭味大，心力急剧衰竭，白细胞在12000个/立方毫米以上，核型左移，而其他系统又无相应炎性变化的；粪球干小恶臭，有多量黏液，甚至粪球表面被包一层黏液膜，或粪便稀软，臭味大，镜检粪内有较多的白细胞或脓细胞，而其他系统还无明显症状的；便秘马结粪排出后，精神不见好转，仍不吃不喝，继续有轻度腹痛或隐痛，或剧泻不止，或便秘马体温升高的；消化不良的病马，无其他原因而体温明显升高的。

霉性胃肠炎的诊断要点，有喂发霉草料史、群发或在短时间内相继发病，且更换优质草、料后发病即停止；病马排恶臭稀粪而神经症状比较明显；草料经霉菌鉴定及毒力试验确定为有毒霉菌等。

诊断胃肠炎，须注意不要与下列疾病混同。

**马沙门氏菌病** 急性型，虽体温升高，腹泻，腹痛，于 8～12 或 36 小时内死亡，但根据细菌学检查且应用氯霉素效果良好。

**马出血性败血症** 呈现急性胃肠炎症状，在其他脏器内可检出巴氏杆菌。

**马肠型炭疽** 体温升高，腹痛剧烈，排血样粪，但在濒死前 8 小时左右或死后，血液内可检出炭疽杆菌，炭疽沉降反应呈阳性。

**马结肠炎** 多在应激状态下发病，且起病突然，经过短急，微循环障碍等全身症状迅速增重；白细胞急剧减少，多在 5000 个 / 立方毫米以下。

### 3. 治疗

应当抓住一个根本消炎，掌握两个时机——缓泻或止泻，贯彻三早原则——早发现、早确诊、早治疗，把好四个关口——护理、补液、解毒和强心。

**护理** 病马安静休息，防止褥疮。病马饮欲增进时，勤饮含盐（1% 左右）饮水，但在肠管吸收机能高度减退，肠腔内大量积液，而病马贪饮不止时，宜适当限制饮水量，以免陡然增加胃肠负担。病马食欲废绝，须人工维持营养时，以静脉注射葡萄糖液为宜。病愈恢复期，则宜逐渐恢复正常饲养，以免复发。

**抑菌消炎** 制止炎症发展，是治疗胃肠炎的根本措施，适用于各种病型，应贯穿于整个病程。消炎剂，可内服 0.4% 高锰酸钾溶液，1 次 3000～5000 毫升，每日 1～2 次，或诺氟沙星（每千克体重 10 毫克）或呋喃唑酮（每千克体重 8～12 毫克），或磺胺脒（每千克体重用量 0.1～0.3 克）2～3 次分服，或新霉素（每千克体重日量 4000～8000 单位）2～4 次分服，或链霉素（1 次 3～5 克），每日 2～3 次，或痢特灵（每千克体重日量 0.005～0.01 克）2～3 次分服，或穿心莲全草或其叶 0.5～1 千克，水煎服，每日 1 次。可肌肉注射庆大霉素（每千克体重 1500～3000U）或环丙沙星（每千克体重 2.5～5 毫克）。

**缓泻或止泻** 是治疗胃肠炎的两种重要措施。用药应适时，排粪迟滞时不宜缓泻，刚腹泻时不宜止泻，反之，肠内积粪已基本上排除，且泻粪的臭味已不太大而仍剧泻不止时应止泻。缓泻，在病的早期，可用硫酸钠或人工盐或食盐 300～400 克，鱼石脂 10～30 克，酒精 50 毫升，加水适量内服。晚期，以液状石蜡 500～1000 毫升，鱼石脂 10～30 克，酒精 50 毫升，内服为宜。止泻，常用吸附剂，如木炭末，1 次 200～300 克，加水 1000～2000 毫升，配成悬浮液内服。也可应用收敛剂，如鞣酸蛋白 20 克，加水适量，1 次内服。

胃肠炎病马虽已大量腹泻，但泻粪仍具恶臭味或夹杂多量脓血等异物的，不可再用泻剂，也不能急于止泻，首要的治疗措施在于消除胃肠炎症，应用消炎剂。炎症消除后，腹泻自止。

**补液、解毒、强心**　三者相辅相成，而以补液为主，补足有效循环血容量，是抢救因高度脱水而微循环障碍病马的基础。实施补液时，应注意以下几个问题。

药液选择，胃肠炎经过中，脱水近于等渗性脱水，以输注复方氯化钠液或生理盐水或 2/3 等渗盐液加 1/3 液体为宜。输注 5% 葡萄糖生理盐水，兼有补液、解毒和营养的作用。微循环障碍时，加输一定量的 10% 低分子右旋糖酐液，兼有扩充血容量和疏通微循环的作用。

补液速度，视脱水程度和心、肾机能状态而定，脱水严重而微循环障碍重剧时，初起，可按每千克体重每分钟 0.5 毫升的速度，快速输液，2～3 小时后减半速输液。如心脏不能承受，又要及时补足体液容量时，可用 5% 葡萄糖生理盐水或复方氯化钠液实施腹腔输液。或在肠管吸收机能改善后，以 1% 温盐水内服或灌肠，每次 3000～4000 毫升，每 4～6 小时 1 次。

补液数量，补液量计算公式为：

需补液体量（L）＝［测定红细胞压积容量－正常红细胞压积容量（32）］×［0.05×体重（kg）/ 32］

需补 5% 碳酸氢钠（mL）＝（50－测定血浆二氧化碳结合力）×0.5×体重（kg）

从静脉补充 KCl 时，可按 KCl 0.75 克 / 升的浓度适时补钾，至血钾水平矫正为止。

强心，为了维护心脏机能，在补充液体的基础上，可适当选用速效强心剂，参见急性心力衰竭的治疗。

**对症处置** 腹痛明显的，应用镇静剂，如 30% 安乃近液 20 毫升，1 次肌肉注射。胃肠道出血严重的，用 10% 氯化钙液 100 毫升，1 次静脉注射。病马恢复期，可选用适当的健胃剂，参见消化不良的治疗。

## （四）便秘

便秘是因肠运动与分泌机能紊乱，内容物停滞，而使某段或几段肠管发生完全或不完全阻塞的一种腹痛病，中兽医称结症。约占腹痛病的 61.3%。

### 1. 共同症状

**腹痛** 完全阻塞的便秘，多为剧烈或中等的腹痛，不完全阻塞的便秘，多呈轻度腹痛。

**排粪排尿变化** 初期排粪减少，呈零星排出。粪球干小或松散，多被覆有黏液。以后则排粪停止。排尿减少或停止，且腹痛越剧烈排尿越减少。

**肠音变化** 初期肠音不整，以后逐渐减弱或消失。

**口腔变化** 初期口腔稍干燥，以后越来越干燥，并出现舌苔，有臭味。

**全身状态** 食欲减少或废绝，结膜潮红或暗红。体温、脉搏、呼吸初期无明显改变。中、后期，脉搏增数，并逐渐变为细弱；继发胃扩张时，呼吸促迫；继发肠臌胀时，腹围膨大；继发胃肠炎、腹膜炎时，体温升高，腹壁紧张。

**直肠检查** 可摸到一定形状、大小和有不同硬度结粪阻塞的肠段。

**血液学变化** 血清钾、血液 pH 值、血浆二氧化碳结合力及血沉等随着便秘病程的延长而降低；血清总蛋白、红细胞压积、红细胞数、血清钠及血清氯随着病程的延长而增加；白细胞数，重症期显著增加，但危症期则减少至正常值以下。

### 2. 诊断

如病马表现出精神不好，吃草、喝水减少；粪球干硬，大小不均，覆有黏液，或者粪便稀软、松散，含有未消化的饲草和谷粒；采食中突然退槽，翻举上唇，表现不安，回头看腹，前蹄刨地等，就应怀疑患有便秘。根据口腔干燥，不同程度的腹痛，排粪减少或停止，肠音减弱或消失，可作出初步诊断。通过直肠检查，摸到秘结的粪块便可确诊。

若发病较急，口腔干燥，腹痛较剧烈，排粪很快停止，肠音迅速消失，病后 12 ～ 24 小时内全身症状明显或重剧，继发肠臌胀或胃扩张的，通常是完全阻塞的便秘，便秘部位可能在小肠、骨盆曲或小结肠。如很快继发胃扩张，往往是小肠便秘；如继发肠臌胀，往往是小结肠、骨盆曲便秘或左上大结肠便秘。

若发病比较缓慢，腹痛轻微，病后 1 天以上还能排出少量粪便，全身症状不明显，不继发肠臌胀的，则通常是不完全阻塞的便秘。

### 3. 治疗

依据病情，灵活运用通（疏通）、静（镇静）、减（减压）、补（补液和强心）、护（护理）的综合性治疗原则，解决肠腔阻塞、腹痛、胃肠臌胀、脱水、自体中毒和心力衰竭等变化。

**疏通**　即排除结粪，疏通肠管，是治疗便秘的根本措施，促使肠管由阻塞转化为疏通的条件是恢复肠管的蠕动和软化秘结的粪块。应掌握的疏通方法有内服泻剂、深部灌肠。内服泻剂，常用硫酸钠、食盐、液状石蜡等，硫酸钠适用于早、中期大肠便秘，通常在灌药后 4 小时左右排粪；液状石蜡或植物油适用于小肠便秘。灌药前应导胃。深部灌肠，即经直肠灌入大量（15000 ～ 30000 毫升）微温水（按 1% 的比例加入食盐，效果更好）。此法适用于大肠便秘，通常在灌肠后 2 ～ 6 小时开始排粪。

**镇静**　用 30% 安乃近液 20 ～ 30 毫升注射；或 5% 水合氯醛酒精注射液 200 ～ 300 毫升，静脉注射。但禁用吗啡。

**减压**　当继发胃扩张时应及时导胃，当继发肠臌胀时可反复穿肠。

**补液强心**　主要用于重症便秘或便秘的后期，维护心肺机能，缓解脱水和自体中毒。通常以复方氯化钠液或 5% 葡萄糖盐水 2000 ～ 3000 毫升，加 20% 安钠咖液 10 ～ 20 毫升静脉注射；或 6% 低分子右旋糖酐液 1000 ～ 2000 毫升静脉注射。根据病马的脱水程度和心脏机能，可多次进行输液。

**护理** 病马应专人护理，腹痛时要防止滚转，以免摔伤、继发肠变位或肠破裂；肠管疏通后，禁食1～2顿，逐渐恢复正常饲养，以防便秘复发或继发肠炎等。

### 4. 各部便秘的治疗要点

**小肠便秘** 以疏通减压为主，再配合镇痛和补液强心。一般先导胃、镇痛制酵，然后再疏通。但禁用大容量泻剂和碳酸钠，并应反复导胃和补液强心。如灌药后6～10小时仍未疏通，全身症状逐渐加剧时，就应开腹按压。

**小结肠便秘和骨盆曲便秘** 早期，采取一般疏通措施。中期，主要用直肠按压、捶结术或食盐方。腹围显著膨大时，应减压、补液强心。如小结肠有多个结粪可行反复调压灌肠。如秘结部在小结肠前端，或秘结肠段前移下沉，可行前高后低横卧保定，进行直肠按压或捶结，如未见效，应立即开腹按压。

**盲肠便秘** 早期，内服食盐方或硫酸钠方或猪胰子方或干燥碳酸钠方。中、后期，可向盲肠内注入5%～7%碳酸氢钠液2000～3000毫升，并配合应用直肠按压和静脉注射10%食盐水200～300毫升，如积粪开始软化，但仍停滞，次日可再内服1%温盐水10000～15000毫升，同时皮下注射3%盐酸毛果芸香碱液3～6毫升或皮下少量多次注射甲基硫酸新斯的明注射液。对病程较长的，应注射抗生素，注意补钾、钙。

盲肠便秘马的护理，头2～3天不喂草料，但应勤饮温盐水。为维持营养，可静脉注射25%葡萄糖液500～1000毫升，每日2～3次。之后可喂给容易消化的饲料，适当牵遛。积粪排出后，为防止复发，应逐渐恢复正常饲喂，或灌服健康马新鲜粪便的混悬液（取健康马新鲜粪便约1000克，加水3000毫升左右，搅拌后，用纱布过滤，取混悬液投服）。

**胃状膨大部便秘** 可应用治疗盲肠便秘的各种方法，但应镇痛和减压。

**直肠便秘** 早期施行直肠掏结可治愈。如直肠黏膜发炎水肿，可用5%～10%硫酸镁液300～500毫升，反复灌肠，并以0.25%普鲁卡因液 100～150 毫升，加青霉素 80 万单位，作后海穴封闭。如掏结困难，应开腹按压，或切开肠管取出粪块。

**全大结肠便秘** 以兴奋肠蠕动、解除肠弛缓为主，积极配合补液、强心和解毒措施。可用干燥碳酸钠方或猪胰子方，并反复灌肠及注射小剂量神经性泻剂，必要时开腹按压。

**5. 预防**

给予充足的饮水和适当运动，为增进饮欲，应补喂食盐；对过度饥饿或好抢食的马，应先喂些干草，约半饱之后，逐渐添喂精料；切勿长期大量地饲喂粉状或粗硬的饲料。

## 三、腹痛病

### （一）急性胃扩张

急性胃扩张是由于马采食过多或胃内容物后送机能障碍所引起胃急性膨胀或持久性胃容积增大引起的一种急性腹痛症，中兽医称大肚结。临床上以采食后突然发病，呈中等或剧烈的腹痛，腹围变化不大而呼吸促迫，以及导胃可排出大量气体、食糜或液体为特征。

**1. 症状**

原发性急性胃扩张，在采食后 1～2 小时内发病，临床特点有以下几个方面。

**腹痛剧烈** 病初呈中等度的间歇性腹痛，但很快变成持续性剧烈腹痛，病马不断倒地滚转，急起急卧，快步急走，向前猛冲，或呈犬坐姿势。

**全身症状** 结膜潮红或暗红，脉搏增数，呼吸促迫，呼吸每分钟可达 20～50 次，多汗，甚至全身出汗，腹围变化不大。

**消化系统** 饮食欲废绝，口腔湿润或黏滑，并有酸臭味，肠音减弱或消失，排粪减少或停止。病马出现嗳气，嗳气时可在左侧颈静脉沟部看到食管的逆蠕动波，并能听到含漱样的蠕动音。个别重症病马发生呕吐，呕吐时由口腔或鼻孔流出酸臭食糜。

**胃管插入** 胃管插入时，感到食管松弛，阻力小而容易推进。气性胃扩张，可排出大量酸臭气体和少量粥样食糜；食滞性胃扩张，仅排出少量气体，内容物不易导出；液性胃扩张，则排出多量液状胃内容物。随着气体、液体和胃内容物的排出，腹痛立即减轻或消失，呼吸也平稳下来。

**直肠检查** 病马脾脏后移，如感到胃壁紧张、光滑、有弹性，是气胀性胃扩张的特征；如有黏硬感，则是食滞性胃扩张的特征。

继发性胃扩张，先有原发病的表现，以后才出现胃扩张的症状。全身症状较重。插入胃管时，立即喷出大量黄绿色的酸臭液体。液体排出后，病马腹痛暂时缓解，若原发病不除，则腹痛还会出现。

**2. 诊断**

有嗳气，腹围不大而呼吸促迫的剧烈腹痛病马，应考虑可能是胃扩张。如看到食管的逆蠕波和听到胃蠕动音，就可初步诊断。胃管插入，如自动排出多量气体及一定食糜，胃排空机能有障碍，就可确诊。气性和食滞性胃扩张一般为原发性，液性胃扩张多为继发性。

**3. 治疗**

**制酵减压** 应抓紧时间进行导胃，然后灌服适量的制酵剂。但食滞性胃扩张，在导胃后，应反复进行洗胃，洗胃时，每次灌水以1000～2000毫升为宜。

**镇痛解痉** 用腹痛合剂（水合氯醛100克，樟脑20克，95%酒精120毫升，乳酸60毫升，松节油240毫升，用时充分震荡）80～120毫升，加水适量内服；或水合氯醛25～35克，酒精30～40毫升，福尔马林15～20毫升，温水500毫升，1次内服；或乳酸10～20毫升或醋酸30～60毫升，加水500毫升，1次内服；或醋姜盐合剂（醋250毫升，姜丁100克，食盐50克，同调）内服；或普鲁卡因粉3～4克，稀盐酸溶液15～20毫升，石蜡油500～1000毫升，常水500毫升，混合，1次灌服。或0.5%普鲁卡因溶液200毫升，10%氯化钠溶液300毫升，20%安钠咖溶液20毫升，1次静脉注射。

**强心补液** 重症胃扩张或病的后期，用等渗溶液进行强心补液，详见胃肠炎的治疗。

继发性急性胃扩张，根本措施在于治疗原发病，解除肠阻塞。

**4. 预防**

加强饲养管理，少喂勤添，避免采食过急；舍饲和放牧转换时应逐渐过渡，避免贪食过多；加强管理，防止马偷吃大量精料。

### （二）肠痉挛

肠痉挛是肠管平滑肌受到异常刺激而发生痉挛性收缩所致的一种腹痛症，又称卡他性肠痉挛，中兽医称冷痛或伤水起卧。临床上以肠音增强及间歇性腹痛为特征。约占腹痛病的 27.61%。

**1. 症状**

**腹痛表现** 中等度或剧烈的间歇性发作持续 5～10 分钟。间歇期，病马似健康马，照常饮食，但经过 15～30 分钟，腹痛又发作。一般情况腹痛会越来越轻，间歇期会越来越长，有的病马不治而愈。

**排粪变化** 次数增多，粪便松散、稀软、有酸臭味、有黏液、含粗纤维及未消化谷粒。

**肠音变化** 肠音高朗，连绵不断，往往在数步之外即可听到，有时出现金属性肠音。

**全身变化** 病马口腔湿润，耳、鼻发凉，全身状态变化不大。

**2. 诊断**

本病根据病因、症状可作出诊断。但本病后期与便秘初期鉴别为：肠痉挛后期，结膜色泽正常或稍淡，腹痛逐渐减轻。直肠检查，肛门紧缩，直肠内蓄积稀粪，肠壁紧压手臂。便秘初期，结膜潮红，腹痛逐渐增重。直肠检查可发现结粪块。

**3. 治疗**

解除肠管痉挛是本病的根本治疗措施，通常应用镇静药物。如 30% 安乃近液 20～40 毫升，1 次皮下或肌肉注射；或 0.5% 普鲁卡因注射液 50～150 毫升，或 5% 水合氯醛注射液 200～300 毫升，静脉注射；或水合氯醛 20～30 克，加淀粉浆 500～100 毫升内服。在腹痛消失后应针对原发病进行治疗。

### （三）肠臌胀

肠臌胀是由于采食大量易发酵的饲料，肠内产气过盛，而排气不畅，使肠管过度膨胀而引起的一种腹痛症，中兽医称胀肚。临床以经过短急，腹围急剧膨大，剧烈而持续的腹痛为特征。常与胃扩张并发。

**1. 症状**

**全身变化** 原发性肠臌胀，通常在采食后数小时内发病，腹围急剧膨大。结膜暗红，脉搏增数。呼吸困难，呼吸数可增加 2～3 倍。继发性肠臌胀，先有原发病（便秘、肠变位等）的症状，通常在 4～6 小时后，才逐渐出现肠臌胀症状。

**腹痛表现** 病初呈间歇性腹痛，但迅速转为剧烈而持续的腹痛。

**消化道变化** 病初口腔湿润，肠音增强，带金属音，频排少量稀软粪便，并不断排出少量气体。后期口腔干燥，肠音减弱或消失，排粪排气停止。直肠检查，除直肠和小结肠外，全部肠管均充满气体，位置发生改变。

### 2. 诊断

根据病因和症状便可作出诊断。经对症治疗或穿肠放气，臌胀即消失的，为原发性肠臌胀。反之则为继发性肠臌胀。

### 3. 治疗

原发性肠臌胀以排气减压、镇痛解痉和清肠制酵、对症处置为治疗原则。

**排气减压** 肠臌胀不严重时，针刺后海、气海俞、大肠俞等穴，15 分钟后开始不断排气，1～2 小时后痊愈。肠臌胀严重时应尽快穿肠放气。放气后，可由穿刺针头注入适量制酵剂，制止继续发酵。直肠检查时用检手轻轻晃动肠管，使肠管位置正常，肠内积气排出。

**镇痛解痉** 用水合氯醛 15～25 克，加淀粉浆 500 毫升，1 次灌服；或 30% 安乃近液 20～30 毫升，肌肉注射；或 0.5% 盐酸普鲁卡因液 100 毫升，10% 氯化钠溶液 200～300 毫升，20% 安钠咖溶液 20～40 毫升，1 次静脉注射。均有较好的镇痛效果。

**清肠制酵** 可清理胃肠和制止发酵同时进行，如人工盐 200～300 克，克辽林 15～20 毫升，水 5000～6000 毫升，1 次内服。也可先灌服制酵剂，待肠臌胀基本解除后，再灌服缓泻剂，以清理胃肠。制酵剂可用鱼石脂、克辽林或煤酚皂溶液 10～15 毫升，福尔马林 8～10 毫升，薄荷脑 0.2～1 克，加水适量，1 次内服；高原地区，可 1 次内服浓茶水 1000～1500 毫升，也有较好的效果。缓泻剂应用见胃肠炎。

**对症处置** 心力衰竭时，应用强心剂，并发或继发胃扩张时，排出胃内积气和内容物。

**护理** 专人守护，防止病马因滚转造成肠、膈破裂。治愈后 1～2 天应少饲，以后再逐渐转为正常饲养。继发性肠臌胀，在解除肠臌胀后，主要治疗原发病。

### 4. 预防

应注重饲养管理，不喂霉败饲料，初喂幼嫩青草时可少量多次给予，并应补喂干草，逐渐增加青草采食量。

## （四）肠变位

肠变位是肠管的自然位置发生改变，致使肠系膜受到挤压绞窄，肠壁局部血液循环受阻，肠腔发生闭塞的重剧性腹痛病。临床特征是腹痛剧烈，全身症状迅速增重，病程短急。肠变位包括肠扭转、肠缠结、肠箱闭、肠套叠等。

### 1. 症状

肠管完全闭塞的肠变位病马，初期，腹痛剧烈而持续，应用大剂量的镇痛剂，腹痛也不减轻。食欲废绝，口腔干燥，肠音减弱或消失，排粪停止，全身症状多在数小时内迅速增重。经常继发胃扩张和肠臌胀，若继发腹膜炎时，呈腹膜炎症状。肠腔未完全闭塞的肠变位病马，腹痛较轻。肠音不整或减弱，排恶臭稀粪，含多量的黏液或少量血液。

**腹腔穿刺** 发病 2～4 小时后腹腔液开始增多，初为浑浊的淡红黄色，后变为红色血水样。

**直肠检查** 直肠内空虚，有较多量的黏液或黏液块，阻力增大，常可摸到局限性气肠，肠系膜紧张如索状，并向一定的方向倾斜。肠管位置改变形式不同，摸到的结果也不同。

### 2. 治疗

治疗措施在于整复肠管，使其恢复自然位置。有效的整复方法是行剖腹术。术前可采取相应的对症疗法。有脱水及自体中毒时，静脉注射 5% 葡萄糖盐水，并应用强心剂；有继发性胃扩张时，要导胃减压；继发肠臌胀时，要穿肠放气。整复后为清除胃肠内容物可用缓泻剂。

**3. 预防**

饲喂要定时定量，防止过度饥饿或过饮凉水。对腹痛病马应防止反复滚转。

# 四、呼吸系统疾病

## （一）感冒

感冒是由于寒冷作用所引起的以上呼吸道黏膜炎症为主症的急性全身性疾病。临床特征是体温突然升高，咳嗽和流鼻液。本病无传染性，早春晚秋气候多变季节多发。

### 1. 症状

突然发病。病马精神沉郁，头低耳聋，眼半闭，食欲减退或废绝。耳尖、鼻端发凉，结膜潮红。体温升高到 39.5℃～ 40℃或 40℃以上。咳嗽，呼吸加快，流水样鼻液。胸部听诊，肺泡呼吸音增强，有的可听到水泡音。心音增强，心跳加快，脉搏增数。

### 2. 治疗

内服阿司匹林 10 ～ 25 克；或肌肉注射 30% 安乃近液 20 ～ 40 毫升，每日 1 次。为防止继发感染，适当配合应用抗生素或磺胺类药物。排粪迟滞时，配合缓泻剂。

### 3. 预防

加强耐寒锻炼，增强机体抵抗力；针对高寒地区或易突然受寒冷袭击地域要针对性配发马匹防护装具。

## （二）急性支气管炎

急性支气管炎是支气管黏膜的急性炎症，也称急性支气管卡他，特征是咳嗽、胸部听诊有罗音。

### 1. 症状

**急性大支气管炎** 咳嗽是主要症状，病初为带痛的短、干咳，流浆液性鼻液；以后随着渗出物的产生而变为湿咳，流黏液性或黏液脓性鼻液。胸部听诊，肺泡呼吸音增强，当支气管黏膜肿胀或分泌物黏稠时，为干罗音；渗出物量多且稀薄时，为湿罗音，一般为大、中水泡音。全身症状轻微。病程 1 ～ 2 周。

**急性细支气管炎** 多与大支气管炎并发。全身症状较重，呼气用力，呈冲突状呼吸，有弱痛咳。胸部听诊，可听到干罗音和小水泡音。继发肺气肿时，呈过清音，肺叩诊界扩大，预后慎重。

**腐败性支气管炎** 除具有急性支气管炎症状外，全身症状重剧。呼出气带恶臭味，两侧鼻孔流污秽不洁和带腐败臭味的鼻液。发展急剧，多因败血症而死亡。

### 2. 诊断

确诊主要依据是临床症状和 X 线检查时肺部有较粗纹理的支气管阴影而无病灶性阴影。全身症状较重，高度呼吸困难，易继发肺泡气肿者，为急性细支气管炎；而全身症状重剧，呼出气和鼻液带腐败臭味者，为腐败性支气管炎。本病应与支气管肺炎相鉴别。

### 3. 治疗

**护理** 除去病因，治疗原发病，增强马体抵抗力。

**祛痰止咳** 频咳且分泌物黏稠时，1 次内服或吸入溶解性祛痰剂：人工盐 20～30 克，茴香末 50～100 克，制成舔剂；或碳酸氢钠 15～30 克，远志酊 30～40 毫升，温水 500 毫升；或氯化铵 15 克，杏仁水 35 毫升，远志酊 30 毫升，温水 500 毫升。痛咳且分泌物不多时，内服镇痛止咳剂：磷酸可待因 0.2～2 克，每日 1～2 次；或水合氯醛 8～10 克，常水 500 毫升，加入淀粉浆 500 毫升，每日 1 次。

**消除炎症** 炎性渗出物的排除，用松节油、薄荷脑、麝香草酚等进行蒸气吸入。炎症的消散，以青霉素和链霉素各 100 万单位，溶于 15～20 毫升蒸馏水注入气管内，每日 1 次，连注 5～6 次；或 5% 薄荷脑液状石蜡（液状石蜡煮沸，放凉至 40℃左右，加入薄荷脑，溶化后密封）气管内注射，每次 10～15 毫升，第 1～2 日每日 1 次，以后隔日 1 次，4 次为 1 个疗程。

全身症状较重时，用抗生素或磺胺制剂。呼吸困难时，肌肉注射氨茶碱 1～2 克，每日 2 次；或皮下注射 5% 麻黄素液，每次 4～10 毫升。

**抗过敏疗法** 用盐酸异丙嗪 0.25～0.5 克；或扑尔敏 60～100 毫克，肌肉注射，1 日 1 次。

### （三）支气管肺炎

支气管肺炎是个别肺小叶或几个肺小叶的炎症，以肺泡内充满浆液性细胞性炎症渗出物为病理特征。也称卡他性或小叶性肺炎。病变呈散在的灶状分布，临床上以呈现弛张热型、叩诊呈局灶性浊音和听诊有捻发音为特征。一般病程为 2～3 周。化脓性肺炎或坏疽性肺炎，多死亡。慢性炎症，预后应慎重。

**1. 症状**

病初呈急性支气管炎的症状，但全身症状比较重剧；混合性呼吸困难；体温于病后 2～3 日内升至 40℃左右，并呈弛张热型。

**胸部听诊** 在病灶部位，病初肺泡呼吸音减弱，可听到捻发音，以后，肺泡呼吸音消失；如病灶互相融合，病变范围较大，且发炎部位支气管的管腔畅通时，可听到支气管呼吸音；因炎性渗出物的性状不同，随着气流的通过，还可听到干罗音或湿罗音。健康部位肺脏，因行代偿呼吸，肺泡呼吸音增强。

**胸部叩诊** 如炎灶在肺脏表面，又不融合，呈小片浊音；如炎灶互相融合，可能出现大片浊音；如炎灶在肺脏深部，叩诊变化不大；如一侧性肺脏发炎，对侧肺脏叩诊音高朗。

**2. 诊断**

依据临床症状可初诊。须注意与下列疾病鉴别。

**细支气管炎** 呼吸极度困难，呈冲击状呼吸，热型不定，胸部叩诊音高朗，听诊肺泡呼吸音增强并有各种罗音。继发肺气肿时，肺脏叩诊界扩大，呈过清音。

**纤维素性肺炎** 高热稽留，病情发展迅速，典型病例呈定型经过，铁锈色鼻液，胸部叩诊呈大片浊音区（肝变期），听诊于肝变区内有明显的支气管呼吸音。

**3. 治疗**

**护理** 同支气管炎护理。

**消除炎症** 常用青霉素、链霉素及广谱抗生素或磺胺二甲基嘧啶等磺胺制剂。青霉素 100 万～200 万单位，链霉素 200 万～300 万单位，每 8～12 小时肌肉注射 1 次。重症病例或对青霉素、链霉素产生耐药性时，应选用广谱抗生素或细菌敏感试验后再用药。如多杀性巴氏杆菌和大肠杆菌，每千克体重用新霉素 4 毫克，肌肉注射，每日 1 次，连用 7 日；巴氏杆菌，每天每千克体重用甲砜霉素 8 ～ 12 毫克，每日 3 次内服；肺炎球菌，每千克体重用红霉素 4 ～ 8 毫克，静脉缓慢注射或分点肌注，每 12 小时 1 次。

**祛痰止咳**　气管内注入抗生素，详见支气管炎的治疗。

**制止渗出和促进炎性渗出物吸收**　静脉注射 10% 氯化钙液 100 ～ 150 毫升，1 日 1 次；或静脉注射酒精葡萄糖钙液 100 ～ 150 毫升，兼有强心作用。亦可应用维生素 C 和利尿剂。

**对症处置**　呼吸困难时，肌肉注射氨茶碱，或氧气吸入；增强心脏机能，改善血液循环，用强心剂，如安钠咖液；防止自体中毒，可用糖皮质激素。

### （四）胸膜炎

胸膜炎是胸膜发生炎性渗出和纤维蛋白沉积的炎症过程。临床上以腹式呼吸，听胸膜摩擦音，胸部叩诊呈水平浊音为特征。渗出物过多、化脓腐败性及出血性胸膜炎，预后不良。

**1. 症状**

全身症状较重，热型不定，呼吸呈断续性呼吸和腹式呼吸，咳嗽短弱带痛。病初触压胸壁表现疼痛。马常取站立姿势，如果躺卧，则表示病情严重。

**胸部叩诊**　一侧或两侧呈水平浊音，上界可达肩关节水平线或更高。如渗出液被纤维素性包膜所包围或胸膜粘连时，浊音区上界不呈水平。

**胸部听诊**　病初，胸膜摩擦音明显。中期，胸膜摩擦音消失。后期，又可听到胸膜摩擦音。浊音区内肺泡呼吸音减弱或消失，浊音区外肺泡呼吸音、支气管呼吸音增强。在腐败性胸膜炎，可听到胸腔拍水音。

**胸腔穿刺**　穿刺液为多量黄色或红黄色易凝固的液体。出血性胸膜炎，穿刺液呈红色；化脓腐败性胸膜炎，穿刺液有多量脓汁或坏死组织片，并有腐败臭味。

**2. 治疗**

**护理** 基本同支气管炎护理。

**药物疗法** 参照支气管肺炎。促进渗出液吸收，可适当应用强心剂、利尿剂或缓泻剂。

**对症处置** 胸腔积液过多，呼吸高度困难时，可多次进行胸腔穿刺，排除积液。如为化脓性胸膜炎，可于排液后注入 0.01% ～ 0.02% 呋喃西林等消毒液冲洗胸腔，待冲洗液透明后，再注入青霉素 100 万～ 200 万单位，或链霉素 200 万～ 300 万单位。

## 五、中暑

中暑是由急性热应激引起的体温调节机能障碍的急性中枢神经系统疾病。又称日射病或热射病，临床上以体温显著升高，循环衰竭和一定的神经症状为主要特征。

### （一）症状

病初倦怠，四肢无力，运步缓慢，步样不稳，呼吸加快，全身大出汗，喜往树荫下走。以后病情迅速发展，体温升高可达 42℃ 或以上，汗液分泌减少或停止，皮温增高。眼结膜高度潮红，心搏动增强，脉搏急速，每分钟多达 100 次以上，呼吸高度困难，呼吸数每分钟亦在百次以上，肺泡呼吸音异常粗厉。口腔干燥，食欲废绝，饮欲增加。由于脑及脑膜充血和急性脑水肿，都具有明显的一般脑症状。结膜变蓝紫色，血液黏稠，呈暗赤色。濒死前，由于热调节中枢衰竭，体温可下降，多死于窒息或心脏麻痹。

### （二）治疗

**1. 护理**

病马立即移到荫凉树下或宽敞、荫凉、通风处休息，喂清凉饮水。

**2. 降温疗法**

物理降温，用冷水泼身、头颈部放置冰袋、冰盐水灌肠。药物降温，每千克体重用氯丙嗪 1 ～ 2 毫克，肌肉注射或混在生理盐水中静脉注射。但氯丙嗪会引起血压下降，使心率加快，对昏迷病马用之应慎重。降温疗法，一般在体温降至 39 ～ 40℃ 时，即可停止，以防体温过低，发生虚脱。

### 3. 维护心肺机能

对伴发肺充血及肺水肿的病马，在用强心剂后，立即静脉泻血 1000～2000 毫升。泻血后再静脉注射复方氯化钠液或生理盐水 2000～3000 毫升。

### 4. 纠正酸中毒

用 5% 碳酸氢钠液 500～1000 毫升或洛克氏液（氯化钠 8.5 克，氯化钙、氯化钾、碳酸氢钠各 0.2 克，葡萄糖 1 克，蒸馏水 1000 毫升）1000～2000 毫升，静脉注射。

### 5. 治疗脑水肿

有呼吸不规则，两侧瞳孔大小不等和颅内压增高的症状，用 20% 甘露醇液 500～1500 毫升，静脉注射；或 25%～50% 葡萄糖液 300～500 毫升，每隔 4～6 小时静脉注射 1 次。

### 6. 对症处置

狂暴不安的，用水合氯醛灌肠，亦可用氯丙嗪等；高钾血症的，用 10% 葡萄糖酸钙或乳酸钙液 200～300 毫升，静脉注射；恢复期病马，应逐渐恢复使役。

### （三）预防

夏季应早、晚作业，中午休息，并多休息勤饮水。山谷中行军，应拉开距离。运输军马要防拥挤，重通风。北马南调，应做好耐热锻炼。增加食盐喂量，经常刷拭水浴。

## 六、中毒

在一定条件下能对活的机体产生损害作用或使机体出现异常反应的外源化学物，称为毒物。动物因有害物质而引起的危害作用，甚至致死的现象，称为中毒。

### （一）一般诊断

### 1. 中毒具备的 5 个特点

**饲养管理相同** 在同一饲养管理条件下，多数马同时或相继发病。

**临床表现相同** 病马具有共同的临床表现和相似的剖检变化，以消化系统和神经系统的症状较为明显，平时健壮而食欲旺盛的，发病较多、较重。

**发病原因相同** 有相同的发病原因，去除病因后，发病随即停止。

**体温多不升高** 病马体温多不升高。

**病马无传染性** 病马与健康同圈马不发生传染。

**2. 确定中毒类型**

**病史调查** 了解草料质量、种类、保管和加工调制情况；附近是否堆放或使用过农药、化肥等；周围有无厂矿及水源情况；是放牧还是舍饲中发病；厩舍附近和牧地上有无可疑的包装物品或容器，以及有关的社会危害情况等。在放牧中发生中毒的，可能是误食了有毒植物，或采食了喷洒过农药的作物，或误饮了化工厂附近的废水等；在舍饲中发生中毒的，则可能是吃了霉败草料或加工调制不当的饲料，或吃了拌过农药的种子，或误用了配制农药的容器给军马饮水，或人为投毒等。一般说来，农药中毒多发生在播种季节和使用农药的时期，有毒植物中毒多发生在植物幼嫩的春季或开花结实的秋季，霉败饲料中毒多发生在阴雨潮湿的季节。

**临床检查** 应注意消化系统和神经系统的异常表现。如神经症状极为明显的，可能为有毒植物中毒；消化障碍十分重剧的，可能为矿物毒中毒；呼吸紊乱为主的，可能为氢氰酸中毒和亚硝酸盐中毒；皮肤症状为主的，可能为三叶草、荞麦、马铃薯中毒。

**尸体剖检** 消化道变化较为明显，胃肠黏膜充血、出血甚至坏死。肌肉和实质脏器常见变性。血液凝固不良或不凝固。

**毒物化验** 应取可疑饲料、胃肠内容物、血液、肝、肾及尿液等送检。送检材料应新鲜、量足、密封，附上临床病历摘要和剖检记录，并提出化验目的。

**动物试验** 用可疑染毒材料对实验动物或同种动物进行试验，看其是否发病，并观察其临床表现和剖检变化是否与自然病例大体一致。

**（二）一般急救措施**

**1. 加快毒物排除，减少毒物吸收**

主要采取洗胃或催吐，缓泻或灌肠，泻血或利尿等方法。

**2. 应用解毒剂**

毒物未明确之前，采用通用解毒剂。毒物已经或大体明确时，采用一般解毒剂和特效解毒剂。

### 3. 维护全身机能及对症治疗

主要是稀释毒物，加快毒物排除，增强肝脏解毒机能；强心、补液、镇静、兴奋呼吸。

### （三）常见中毒

### 1. 有机磷农药中毒

有机磷农药中毒是由于接触、吸入或误食某种有机磷农药所引起的中毒性疾病，以体内胆碱酯酶活性被钝化，乙酰胆碱蓄积，而出现胆碱能神经兴奋效应为其临床特征。

**症状** 除部分呈最急性或隐慢性经过外，大多取急性经过，于吸入、吃进或皮肤沾染后数小时内突然起病。

神经系统表现。病初精神兴奋、狂暴不安，以后高度沉郁，倒地昏睡。瞳孔缩小，严重的几乎成线状。肌肉痉挛是早期的突出症状，一般从眼睑、颜面部肌肉开始，很快扩延到颈部、躯干部乃至全身肌肉，轻则震颤，重则抽搐、角弓反张；四肢肌肉阵挛时，频频踏步（站立状态下）或做游泳样动作（横卧状态下）；头部肌肉阵挛时，舌频频伸缩、眼球震颤。

消化系统表现。口腔湿润或流涎、腹痛不安，肠音高朗连绵，排稀水样粪，或排粪失禁，有时粪中混有黏液或血液。重症后期，肠音减弱或消失，并伴发肠臌胀。

全身症状。首先在胸前、会阴部及阴囊周围发汗，以后全身汗液淋漓。体温升高，呼吸困难。严重的心跳急速，脉搏细弱，常伴发肺水肿。

血液中胆碱酯酶活力下降。一般降到 50% 以下，严重的中毒，则多降到 30% 以下。

**治疗** 原则是实施特效解毒，除去尚未吸收的毒物。

除去尚未吸收毒物。经皮肤沾染中毒的，用 5% 石灰水或 0.5% 氢氧化钠液或肥皂水洗刷皮肤；经消化道中毒的，用 2% ～ 3% 碳酸氢钠液或食盐水洗胃，并灌服活性炭。

实施特效解毒。用胆碱酯酶复活剂和乙酰胆碱对抗剂。轻度中毒可以任选其一，中度和重度中毒则以两者合用为好，可以互补不足，增强疗效。

胆碱酯酶复活剂，每千克体重用氯磷定 15～30 毫克，以生理盐水配成 2.5%～5% 溶液，缓慢静脉注射，以后每隔 2～3 小时注射 1 次，剂量减半，视症状缓解情况，可在 24～48 小时内重复注射；或双复磷，剂量为氯磷定的一半，用法相同，对中枢神经中毒症状的疗效更好。复活剂用得越早，效果越好。

乙酰胆碱对抗剂，每千克体重用硫酸阿托品 0.5～1 毫克，1 次皮下或肌肉注射。严重的，可用其 1/3 量混于葡萄糖盐水内缓慢静注，另 2/3 量作皮下注射或肌肉注射，经 1～2 小时后症状未见减轻的，可减量重复应用，直到出现阿托品化状态，此后，隔 3～4 小时再皮下或肌肉注射一般剂量阿托品，直至痊愈。阿托品化的标准是口腔干燥、出汗停止、瞳孔散大、心跳加快等。

### 2. 蓖麻籽中毒

误食蓖麻籽或饲喂大量未经处理的蓖麻籽饼而引起的中毒性疾病。临床上以伴有高热、膈痉挛的出血性胃肠炎、一定的神经症状为特征。死亡率较高（20%～100%）。

**症状** 误食后 3～20 小时突然发病。病马主要表现胃肠炎症状、神经系统症状和重剧的全身症状。病马精神沉郁，食欲废绝，口唇挛缩，头颈伸长，目光惊惧，结膜潮红或发绀，巩膜黄染。体温升高（39.5℃～41℃），脉搏细弱疾速，每分钟 80 次以上。口腔干燥、恶臭，流涎，腹痛不安。肠音减弱，排粪迟滞或腹泻，粪中混有黏液絮块及血液，肠痉挛数日不止。有的发生尿潴留。随着病程的进展，可能由精神沉郁转为兴奋不安，全身肌肉震颤，衰竭倒地，痉挛而死。

**治疗** 原则是排除体内毒物，维护心血管机能和对症处置。

排除胃肠毒物减缓吸收。用 3%～5% 碳酸氢钠液或 2% 碳酸钠液或 0.5%～1% 鞣酸液或 0.2% 高锰酸钾液，反复洗胃及灌肠，并用硫酸钠 300～500 克，活性炭 100～200 克，加水 6000～10000 毫升，1 次灌服。

稀释和排除血液内的毒物。先放血 1000～3000 毫升，随即静脉输注复方氯化钠液或葡萄糖盐水 3000～5000 毫升，并配合静脉注射 5% 碳酸氢钠液 300～800 毫升，或 40% 乌洛托品液 50 毫升。

维护心脏血管机能。皮下注射安钠咖，或静脉注射 10% 氯化钠液。

对症处置。兴奋不安或出现膈痉挛时，静脉注射 10% 氯化钙或葡萄糖氯化钠注射液 100 ～ 150 毫升；或皮下注射 2.5% 氯丙嗪液 10 ～ 20 毫升。

保护胃肠黏膜。可灌服适量的米汤等黏浆剂。

### 3. 醉马草中毒

醉马草在东北、西北、内蒙古草原均有生长，其有毒部位为颖片及芒。马采食体重 1% 量的青醉马草即可中毒。干醉马草毒性更大。

**症状** 采食醉马草后 0.5 ～ 1 小时突然起病。轻症的，只表现精神沉郁、食欲减退和口吐白沫；中等度的，头低耳聋，站立不稳，行走摇晃，有时阵发狂暴，知觉过敏，起卧不安，有时卧地不起，呈昏睡状态，可视黏膜潮红或呈蓝紫色，心跳加快，呼吸促迫；重症的，除上述表现外，还有嗳气、臌胀、腹痛、鼻出血和急性胃肠炎的症状。体温不高。颖片及芒刺伤角膜时，可失明；皮肤刺伤处，则有血斑、浮肿、硬结或形成溃疡。通常经 24 ～ 36 小时恢复，严重的可引起死亡。

**治疗** 一般中毒用醋酸 20 ～ 30 毫升或乳酸 10 ～ 15 毫升或稀盐酸 15 ～ 20 毫升，加水适量内服；也可灌服常醋或酸奶子 500 克，即可解毒。严重的，静脉注射 5% 葡萄糖盐水 1000 ～ 2000 毫升。兴奋不安的，可用镇静剂。

### 4. 蛇毒中毒

**症状** 常被咬伤面部、四肢的下端、飞节或球节等处。不同的蛇毒表现不同的症状。

蝗蛇、腹蛇、竹叶青等毒蛇。多属血循毒，局部症状突出。咬伤部剧痛，流血不止，肿胀迅速，发紫发黑，极度水肿，往往发生坏死。毒素吸收后，则呈现全身症状，包括血尿、血红蛋白尿、少尿、尿闭、肾功能衰竭及胸腹膜大量出血，最后导致心力衰竭或休克而死。

金环蛇、银环蛇。多属神经毒，咬伤后，局部症状轻微，但毒素吸收很快，通常在咬伤后数小时内出现急剧的全身症状。病马痛苦呻吟，兴奋不安，全身肌颤，吞咽困难，口吐白沫，瞳孔散大，血压下降，呼吸困难，脉律失常，最后四肢麻痹，卧地不起，因呼吸肌麻痹，窒息死亡。

眼镜蛇和眼镜王蛇。多属混合毒，咬伤后，局部症状明显。毒素吸收后，全身症状重剧而且具备神经毒和血循毒所致的各种临床表现。因窒息、心力衰竭引起休克而死亡。

**治疗** 原则是防止毒素的蔓延和吸收，排除已吸收的毒素以及维护循环和呼吸机能。

防止毒素的吸收和蔓延。立即于咬伤部的近心端进行绑扎，并每隔 15～20 分钟松绑 1～2 分钟，以免缺血而发生坏死。咬伤部用清水或氨水彻底冲洗，然后进行乱刺或扩创切开或施行烧烙，并敷以季德胜蛇药，或取独脚莲根、七叶一枝莲、白花蛇舌草等中草药，加醋和酒捣烂，涂于患部。咬伤部周围，注射 1%～2% 高锰酸钾液、双氧水或胃蛋白酶溶液，并用 0.25%～0.5% 普鲁卡因液 100～200 毫升封闭。

结合或破坏已吸收的毒素。可缓慢静注 2% 过锰酸钾液 50～100毫升。早期静脉注射单价或多价抗蛇毒血清；或静脉或皮下注射抗炭疽血清或抗出败血清 80～100 毫升。

维护呼吸和循环机能。用山梗菜碱、安钠咖、乌洛托品、葡萄糖等解毒、强心、兴奋呼吸的药物。

**5. 砷中毒**

由于采食了含砷农药的饲料、含砷的鼠毒饵或砷制剂药用法不当，有机砷或无机砷化合物进入机体后，通过对局部组织的刺激和抑制酶系统，引起的以消化功能紊乱及实质性脏器和神经系统损害为特征的中毒性疾病。

**症状** 急性中毒的表现，采食之后数小时突然起病，呈现重剧的胃肠炎症状，病马流涎，腹痛不安，胃肠臌胀，腹泻重剧，粪便恶臭，混有黏液、血液及伪膜，可视黏膜充血十分显著。病马全身症状重剧，在病后数小时内，全身抽搐而死亡。亚急性中毒的表现，病程可达 2～7 天，仍以胃肠炎为主。病马持续腹泻，可视黏膜潮红，巩膜黄染，食欲废绝，烦渴贪饮，周围循环衰竭明显。后期常伴有肌肉震颤、共济失调、抽搐等神经症状。最后多陷于昏迷状态而死亡。慢性中毒表现，病马消瘦衰竭，发育停滞，被毛粗刚逆立而容易脱落，呈恶病质状态。

**治疗** 原则是排除胃肠内毒物，并限制其吸收；应用特效解毒药；实施对症疗法。

排除胃肠内的毒物。先用温水或2%氧化镁液反复洗胃或口腔。再灌服牛乳，或10%鸡蛋清水1～2.5千克，或硫代硫酸钠25～50克。然后再灌服缓泻剂。

特效解毒。每千克体重肌肉注射二巯基丙醇注射液5毫克，以后每隔4小时注射1次，剂量减半，直到痊愈为止；或每千克体重肌肉或静脉注射二巯基丙磺酸钠注射液5～8毫克；或二巯基丁二酸钠用灭菌生理盐水稀释，现用现配，不得加热，缓缓静注，每千克体重20毫克，每日1～2次；或静脉注射10%～20%硫代硫酸钠液100～300毫升，每日3～4次。

对症疗法。实施补液、强心、保肝、利尿等。

（本章编者：李越）

# 第三章  传染病

## 一、炭疽

炭疽是由炭疽杆菌引起的家畜、野生动物和人的急性、热性、败血性烈性传染病。马炭疽病变特点是脾显著肿大，皮下及浆膜下结缔组织出血性浸润，血液凝固不良，呈煤焦油样，并引起败血症。炭疽多发生于炎热的夏季，在吸血昆虫多、雨水多、江河泛滥时容易发生传播，多为散发。

### （一）病原体

病原体为炭疽杆菌，本菌繁殖型是长而直的大杆菌，为革兰氏阳性菌，有荚膜，无鞭毛。在氧气充足的体外，温度适宜时，能形成中立椭圆形芽胞。本菌繁殖型抵抗力不大，加热 60℃以上或常用消毒液都可在短时间内将其杀死。但炭疽芽胞具有强大的抵抗力，在土壤中长期存活。常用 20%漂白粉液、0.1%碘溶液、0.5%过氧乙酸、1%活性氯胺液进行消毒。本菌对青霉素、四环素族、氯霉素及磺胺类药物敏感。

### （二）流行病学

#### 1. 传染源

本病的传染源主要是病畜。炭疽杆菌主要存在于病畜和尸体的各器官、组织及血液中，特别在临死前由天然孔流出的血液中含菌量较多。

#### 2. 传播途径

主要是经消化道传染，也可经吸血昆虫的叮咬经皮肤传染，或由呼吸道传染。

#### 3. 易感宿主

各种家畜、野生动物及人均有不同程度的感受性，马的感受性最强，骆驼次之，狗、猫较低。

## （三）症状

潜伏期一般为 1～3 天，最长的可达 14 天。马一般多取急性和亚急性经过。急性病初体温升高，呼吸困难，出汗，有剧烈腹痛，濒死期和死后可见天然孔流出血样泡沫。亚急性病马在咽喉部、颈、胸前、肩甲及下腹部等处常发生炭疽痈，一般多是出血性水肿。粪尿带血。死后多数病马天然孔出血，病程 3～12 小时，有时延至 3～8 天。

## （四）诊断

### 1. 临床综合诊断

对原因不明而死亡或临床上出现痈性肿胀、腹痛、高热，病情发展急剧，死后不易凝固的血样泡沫由天然孔流出的病马，应首先怀疑为炭疽。本地区近年来有无炭疽的发生情况、季节性、预防注射情况，可为诊断提供依据。

### 2. 鉴别诊断

必须注意与中暑、急性肠炎、马巴氏杆菌病、恶性水肿进行鉴别。

## （五）治疗

马炭疽病程短促，往往来不及治疗而死亡。病程较长者，可同时应用抗炭疽血清和抗生素。马抗炭疽血清剂量为 100～300 毫升，必要时可在 12 小时后重复应用 1 次。用异种动物的血清时，为了防止发生过敏症，应先注射 0.5～1.0 毫升脱敏，经半小时再注射其余量。抗生素可首选青霉素，其次四环素、氯霉素及磺胺类药物均有良效。

## （六）防疫措施

平时，在炭疽流行区、受威胁区应每年注射炭疽菌苗。注意保证牧场、饲料和水源的安全，不准从炭疽疫区购买饲料等。遇有原因不明突然死亡的马匹时，应经兽医诊断后再做处理。

发生炭疽后，应迅速查明疫情，立即报告上级，通知友邻单位，划定疫区，实行封锁、检疫、隔离、紧急预防接种、治疗及消毒等综合性防治措施。对同群马匹或与病马接触过的马匹，必须进行系统的临床检查和逐匹测温，如果发现可疑病马，应立即隔离治疗，其他马匹进行紧急预防注射，注射后应注意观察。疫区周围地区的马匹也要注射炭疽菌苗。

炭疽病马尸体及其分泌物、排泄物，应深埋或焚烧。被污染的场所、用具应彻底消毒。被污染的土地应铲除 15 厘米，并垫以新土。被污染的饲料应废弃并无害化处理。被污染的牧场、水源应更换。在封锁期间，严禁车、马出入。在最后一匹病马死亡或治愈后 15 天，再未发现新病马，经彻底消毒后，报请上级批准，解除封锁。

在运输途中发现病马应立即停运，报告当地政府处理。

本病为人兽共患病，在动物炭疽流行区或接触炭疽较多的工作人员，应接种人用炭疽活菌苗或炭疽吸附菌苗，保护有效期为 1 年。在处理病马及病尸时应在兽医指导下进行，严禁擅自解剖或诊疗。

## 二、马传染性贫血

马传染性贫血是由马传贫病毒引起的马属动物的一种慢性传染病，简称"马传贫"。特征是病毒的持续感染和临床反复发作，呈现发热（稽留热、间歇热）并出现贫血、出血、黄疸、心脏衰弱、浮肿和消瘦症状。在发热期症状明显，在间歇期则症状逐渐减轻或暂时消失。

### （一）病原体

马传贫病毒粒子呈球形，有囊膜，有 8 个血清型。它对外界的抵抗力较强，在粪便中能生存 2.5 个月。血清中的病毒在 60℃处理 30 分钟，可完全失去感染力。病毒在－20℃可保持毒力半年至两年，2%～4%氢氧化钠和 3%来苏儿等均能杀死病毒。

### （二）流行病学

**1. 传染源**

马传贫病马和带毒马是本病的传染源。特别是发热期的病马，其血液和脏器中含有大量病毒，并随同分泌物和排泄物排出体外而散播传染。慢性和隐性病马长期带毒，也是危险的传染源。

**2. 传播途径**

主要是通过吸血昆虫的叮咬皮肤而传染。吸血昆虫（蚊、虻、蠓等）是传播马传贫病的主要媒介。此外，也可经被马传贫病毒污染的器材散播传染。本病虽可经消化道传染，但其感染剂量要比经叮咬皮肤感染大得多。

**3. 易感动物**

只有马属动物对马传贫有易感性，马的易感性最强，骡、驴次之。各品种、年龄、性别的马、骡、驴均有易感性。但以进口马和改良马的易感性较强。

**4. 流行特征**

本病通常呈地方流行性或散发。有明显季节性，在吸血昆虫多的季节（7～9月）发生较多。在流行初期通常呈急性经过，致死率高，以后转为亚急性和慢性，最后则以慢性为主，致死率较低。因此新疫区多呈暴发，急性型多，老疫区则断断续续发生，多为慢性型。

**（三）症状**

马传贫的潜伏期长短不一，人工感染的病例最短的为5天，长的可达90天。由于病毒毒力的差异和机体抵抗力强弱不同，病马临床表现也不一致。临床上常将传贫马分为急性、亚急性、慢性和隐性型。急性、亚急性和慢性型的症状有同有异，隐性型无可见症状，实质上与带毒马没有区别。

**1. 急性、亚急性、慢性传贫病马的共同症状**

**发热** 热型为稽留热或间歇热，体温升高可达39℃。慢性病马还出现温差倒转现象（上午体温高，下午体温低）。

**贫血、黄疸及出血** 病初可视黏膜潮红、充血及黄染，贫血加重后变为黄白乃至苍白。舌下出现大小出血点。

**心脏机能紊乱** 心搏亢进，心音增强，心律不齐，脉搏增数或减弱。

**浮肿** 四肢下部、胸前、腹下、阴囊等处出现无热无痛面团样肿胀。

**全身状态衰弱** 精神沉郁，食欲减少，易疲劳。中、后期由于肌肉变性，病马后躯无力。

**红细胞数减少** 病程后期，红细胞数显著减少，常在500万以下，严重病例可减少到300万以下。

**血红蛋白含量降低** 常减少到40%（5.8克）以下。

**红细胞沉降速度加快** 无热期血沉显著加快是再度发热的预兆，有热期血沉显著加快是预后不良的表现。

**颈静脉血液中出现吞铁细胞** 发热期及退热后的最初几天内，血液中吞铁细胞较多容易检出。但血液中吞铁细胞并不是传贫病马特有的。

**2. 各型传贫病马的临床特点**

**急性型** 多见于新疫区的流行初期，或老疫区内突然暴发的病马，病程短，高热稽留，或在体温升高数日后，降至常温，以后又急剧升高，一直稽留至死亡，临床症状及血液学变化明显。

**亚急性型** 常见于流行中期。病程较长，1～2个月。主要呈现反复发作的间歇热，温差倒转现象较多。有热期临床症状和血液学变化明显，无热期临床症状及血液学变化减轻或消失，但心脏机能仍然不正常。

**慢性型** 是最多见的一种病型，常见于马传贫老疫区，病程更长，可达数月或数年。其特点与亚急性传贫基本相似，但发热程度不高，发热时间短，一般为2～3天，并且无热期长，可持续数周或数月，温差倒转现象更为多见。有热期的临床症状及血液变化都比亚急性病马较轻，尤其是无热期长的病马，临床症状更不明显。

## （四）诊断

马传贫的诊断有临床综合诊断、血清学诊断、病毒学诊断及动物接种试验等，目前常用的是临床综合诊断和血清学诊断，其中任何一种方法呈现阳性，都可判定为传贫病马。

**1. 临床综合诊断**

包括流行病学调查、临床症状及血液检查等，这些方法都是非特异性的，必须进行综合分析，才能进行诊断。在排除类症（梨形虫病、伊氏锥虫病、钩端螺旋体病及营养性贫血）的基础上，凡符合下列条件之一者，判为马传贫病马。

体温在39℃以上呈稽留热或间歇热，并有明显的临床和血液学变化者；

体温在38.6℃以上呈稽留热、间歇热或不规则热型，临床及血液学变化不够明显，但吞铁细胞万分之二以上；

病史中体温记载不全，但经系统检查，具有明显的临床及血液学变化，吞铁细胞万分之二以上；

可疑传贫马死亡后，根据生前诊断资料，结合尸体剖检，其病变符合传贫变化者。

**2. 血清学诊断**

有琼脂扩散试验（见图1-3-1）、补体结合试验、荧光抗体试验、中和试验及酶联免疫吸附试验等。马传贫琼脂扩散试验是目前最为常用的检测方法。琼脂扩散试验具有群特异性，在感染后1个月左右即可检出沉淀抗体，且抗体持续时间很长，检出率高达93.9%，方法简便。

图1-3-1　琼脂扩散试验结果图

**（五）防疫措施**

平时除加强饲养管理外，应严格执行检疫制度。新购入的、长期外出执勤归队的马匹及受疫点威胁的马群，应进行1个月的隔离检疫，在检疫期间应每天测温，或进行两次临床及血液学检查，同时做2次血清学试验（间隔1个月）。全部马匹每年春秋两季各进行1次血清学检测。

发生马传贫后，应采取检疫、隔离、封锁、消毒、扑杀病马等综合防制措施。检疫方法按疫点检疫规定对全厩或全群马匹进行普遍检疫，每天测温1次，间隔15～20天，普遍进行2次临床、血清学检查。对有变化的可疑病马，立即隔离，按临床综合诊断方法进行系统的检查，同时在检疫期间进行3次血清学检验，每次间隔1个月。检出的传贫病马应报兽医防疫部门扑杀处理。对被传贫马污染的马厩、系马场、诊疗场及用具等应每天消毒，同时用杀虫药喷洒马体及环境，消灭吸血昆虫。自疫点隔离检出最后一匹传贫病马之日起，经3个月检疫，再未发现病马时，可报请解除封锁。

# 三、鼻疽

鼻疽是由鼻疽杆菌引起的马、骡、驴多发的一种接触性传染病。

马通常取慢性经过，人也可感染。其特征是在鼻腔、喉头、气管黏膜或皮肤上形成鼻疽结节、溃疡或瘢痕，在肺脏、淋巴结或其他实质脏器形成特异性鼻疽性结节。

## （一）病原体

鼻疽杆菌是中等大的杆菌，呈颗粒状，不形成芽胞和荚膜，无鞭毛，革兰氏染色阴性。本菌对外界因素的抵抗力不强，在水中、鼻汁中及潮湿的厩床上可生存约 2 周。5%漂白粉、10%石灰乳、3%来苏儿及 1%氢氧化钠等消毒液，可迅速将其杀死。本菌对抗生素和磺胺类药物比较敏感，对金霉素最敏感。

## （二）流行病学

### 1. 传染源和传播途径

鼻疽病马尤其是开放性鼻疽病例是主要的传染源，大量鼻疽杆菌随着病马的鼻液和溃疡分泌物排出体外，污染厩舍、用具、饲料、饮水等而传播本病。病马与健马同槽饲喂、同桶饮水或互相啃咬，经消化道传染，也可经呼吸道和损伤的皮肤、黏膜而传染。人主要经损伤的皮肤和黏膜传染，也可经呼吸道和消化道传染。

### 2. 易感动物

动物中以驴最易感，骡次之，马又次之。除马属动物外，人对鼻疽很易感，多发生于与病马有密切接触的饲养员、屠宰工人、卫生员、兽医和鼻疽研究人员。

## （三）症状

自然感染的潜伏期约 4 周至数月。根据病程长短可分为急性鼻疽和慢性鼻疽。根据病变部位和临床症状可分肺鼻疽、鼻腔鼻疽和皮肤鼻疽。鼻腔鼻疽和皮肤鼻疽统称开放性鼻疽。慢性肺鼻疽一般称闭锁性鼻疽。

### 1. 急性鼻疽

常见于进口纯种马。病初体温升高，有的达 40℃，常呈弛张热，精神沉郁，食欲减退，逐渐消瘦，被毛失去光泽。可视黏膜在高热期发黄而后发绀。易于疲劳。病的末期，常于胸腹下、阴筒、四肢下部等处出现浮肿。病马红细胞数及血红蛋白含量减少，血沉加快，白细胞数显著增多。淋巴细胞相对减少、单核细胞略有增多。

### 2. 慢性鼻疽

我国本地马最常发生的一种静止型鼻疽，其病程较长，可持续数月、数年，病变仅局限于内脏，症状不明显或无任何症状。个别病马的鼻腔尚遗留鼻疽性疤痕或慢性溃疡，不断流出少量黏脓性鼻液。当机体抵抗力降低时，可使病情恶化再转化为急性鼻疽。见图1-3-2。

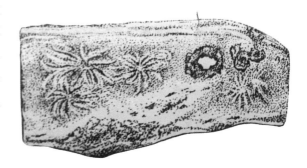

图 1-3-2　马鼻中隔星芒状瘢痕、穿孔及溃疡示意图

### （四）诊断

对鼻疽病马可用临床观察、变态反应实验、细菌学检查、血清学试验和病理解剖检验进行综合诊断。鼻疽检疫时，以变态反应为主，配合补体结合试验，对怀疑为开放性鼻疽的个别病马应进行临床检验。

### 1. 临床综合诊断

对开放性鼻疽马，当发现鼻腔或皮肤有鼻疽性结节或溃疡并用鼻疽菌素点眼，呈阳性反应时，可诊断为开放性鼻疽。急性鼻疽一般依据鼻疽菌素点眼反应和补体结合试验结果，结合症状进行诊断。慢性鼻疽无明显症状，主要依据鼻疽菌素点眼反应的结果来判定。

### 2. 变态反应诊断

马感染鼻疽后2～3周，可出现变态反应，并可保持较长时间，有的可达8～10年。但有的病马反应有波动或消失。变态反应诊断的方法有鼻疽菌素点眼反应（见图1-3-3）、皮下热反应、眼睑皮

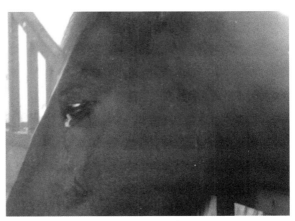

图 1-3-3　鼻疽菌素点眼反应

内反应、颈侧皮内反应，其中常用的是点眼反应。

### 3. 病理解剖学诊断

解剖时，必须做好人员防护工作，以防感染。主要根据各脏器、淋巴结、鼻腔黏膜及皮肤等的鼻疽结节、溃疡疤痕而进行诊断。但应注意与寄生虫性结节鉴别。

### （五）防疫措施

平时应加强饲养管理，认真执行兽医卫生制度，严格执行检疫制度，防止马鼻疽病的传入。检出病马后应严格按军马重大疫情进行处理，防止疫情扩散。

### 1. 严格检疫

做到定期检疫与临时检疫相结合。定期检疫每年春秋各进行 1 次，对新购入或征用或长期外出执勤归队的马匹，应进行临时检验。每次检疫都要进行临床检查、鼻疽菌素点眼，点眼反应阳性马要采血做补体结合试验。如果马群检出开放性鼻疽病马或点眼反应阳性马，应对非安全马群或非安全马厩连续进行多次检疫，直至检净为止。根据检疫结果，一般将鼻腔或皮肤有明显鼻疽症状，或虽无明显鼻疽症状但常有多量脓性鼻液，而且非常消瘦的病马，判为开放性鼻疽马。无特殊临床症状，但点眼反应和补体结合试验均为阳性的马匹，判为急性鼻疽马。无临床症状，点眼反应阳性而补体结合试验阴性的马匹，判为慢性鼻疽马。仅点眼反应阳性，未做补体结合试验的马匹，暂判为鼻疽菌素阳性马。

对新购入或征用的马匹必须来自非疫区，启运前必须有产地检疫合格证，到部队后必须隔离观察 30 天以上，经连续 2 次（间隔 5～6 天）鼻疽菌素试验检查，确认健康无病后方可混群饲养。

### 2. 病马处理

鼻疽病马危害极大，病马须在不放血条件下进行扑杀，尸体、排泄物等按照《病死及病害动物无害化处理技术规范》进行无害化处理，焚烧或深埋的地点和方法应符合《马鼻疽防治技术规范》要求。

### 3. 环境消毒

在检疫中发现马群有鼻疽马时，应立即进行彻底消毒，军马厩舍和系马场可选用 10% 石灰乳、2% 热火碱水、10%～20% 漂白粉等，饲槽、水桶、用具、物品可选用 3%来苏儿等。污染的垫料及粪便经发酵、高温等方法处理后方可使用。

## 四、破伤风

破伤风又名强直症、锁口风，是由破伤风梭菌经创伤感染后，产生外毒素而引起的一种急性中毒性人兽共患病。病的特征是神经反射兴奋性增高和骨骼肌持续性痉挛。被认为是一种危害中枢神经系统的疾病。

### （一）病原体

破伤风梭菌为两端钝圆、细长、正直或稍弯曲的大杆菌，有鞭毛，可形成芽胞。破伤风梭菌在体内或培养基内生长时能产生外毒素，此毒素分为痉挛毒素和溶血毒素，前者是作用于神经系统的一种神经毒，后者能溶解马的红细胞。毒素的毒性很强，特别是痉挛毒素，但不耐热，易被酸碱破坏，经甲醛处理后可脱毒变为类毒素。

### （二）流行病学

#### 1. 传染源及传播途径

破伤风梭菌广泛存在于自然界，特别是土壤内，但必须经创伤才能感染，动物之间或动物与人之间不能直接传播。

#### 2. 易感宿主

各种家畜都有易感性，马更易感。

#### 3. 流行特征

破伤风为散发，没有季节性，在易感动物中不分品种、年龄、性别均可发生。

### （三）症状

主症为骨骼肌强直性痉挛及反射兴奋性增高。症初咀嚼缓慢，运步强拘，不易发现。以后随病程发展，出现全身性强直痉挛，呈现破伤风综合症状。轻症病马开口困难，采食咽下有障碍。重症病马牙关紧闭，不能采食和饮水，流涎，粪球干硬，甚至便秘。鼻孔扩张呈喇叭状，两耳竖立，不能转动。眼结膜潮红，瞳孔散大，瞬膜突出。头颈伸直，不能灵活转动，甚至后弓反张或侧张。背腰肌肉硬如木板，肚腹卷缩，尾根高举，四肢站立如木马状，关节屈曲困难，转弯困难。病马反射兴奋性增高，遇到音响或光线刺激时，表现惊恐出汗，肌肉痉挛加剧。见图1-3-4。

### （四）诊断

一般根据病马的反射兴奋性增高，骨骼肌强直性痉挛，体温正常等而确诊。如果症状不典型，可从局部创伤采取病料进行细菌学诊断。常用的方法是镜检，必要时进行培养及动物试验。对经过缓慢的轻症病马，或病初症状不明显时，应注意与急性肌肉风湿症、脑炎、马钱子中毒疾病进行鉴别诊断。

图 1-3-4　破伤风马站立图

### （五）治疗

#### 1. 防止外伤感染

尽快查明感染的创伤和进行外科处理。消除创内的脓汁、异物、坏死组织及痂皮，对创伤、创口小的要扩创，以 5% ～ 10% 碘酊和 3%$H_2O_2$ 或 1% 高锰酸钾消毒，再撒以碘仿硼酸合剂，然后用青、链霉素作创周注射，同时用青、链霉素做全身治疗。

早期使用破伤风抗毒素疗效较好，剂量 20 万～ 80 万 IU，分 3 次注射，也可 1 次全剂量注入。临床实践上，也常同时应用 40% 乌洛托品 50 毫升。

#### 2. 对症治疗

当病马兴奋不安和强直痉挛时，可使用镇静解痉剂。一般多用氯丙嗪肌肉注射或静脉注射，每天早晚各 1 次。也可应用水合氯醛 (25 ～ 40 克与淀粉浆 500 ～ 1000 毫升混合灌肠 ) 或与氯丙嗪交替使用。可用 25% 硫酸镁肌肉注射或静脉注射，以解痉挛。咬肌痉挛、牙关紧闭者，可用 1% 普鲁卡因溶解于开关、锁口穴位注射，每天 1 次，直至开口为止。人的预防也以主动或被动免疫接种为主要措施。

### （六）防疫措施

预防军马破伤风，主要是做好预防注射和正确处理外伤。注射破伤风类毒素，免疫期达 1 年，如第 2 年再注射 1 次，免疫期可持续 4 年。马在参战前应注射 1 次。在发生外伤或做大手术有感染危险时，应按无菌操作处理，同时注射抗生素和抗破伤风血清。本病为人兽共患病，应注意个人防护。

## 五、马腺疫

马腺疫是由马腺疫链球菌引起的马属动物的一种急性接触性传染病。以发热、鼻和咽喉黏膜发炎以及局部淋巴结化脓为特征。

### （一）病原体

病原体是马腺疫链球菌。

### （二）流行病学

马腺疫链球菌存在于病马的鼻液及脓肿内，有时病马的扁桃体及上呼吸道黏膜也存在。可通过污染的饲料、饮水、用具等经消化道感染，也可通过飞沫经呼吸道感染，还可通过创伤及交配感染。带菌马在机体抵抗力下降时可发生内源传染。得过本病的马可获得坚强的免疫力。本病春秋季多发，呈地方流行性。1～4 岁马最易感，壮马次之，老马发病率最低。

### （三）症状

潜伏期 4～8 天，有的只 1～2 天。临床上可分为三种病型。

#### 1. 一过型腺疫

主要表现为鼻黏膜的卡他性炎症，鼻黏膜潮红，流出浆液性或黏液性鼻汁，体温轻度升高，颌下淋巴结轻度肿胀。

#### 2. 典型腺疫

病初精神沉郁，食欲减少，体温升高达 39～41℃，结膜稍潮红黄染，呼吸、脉搏增数，心跳加快。继而发生鼻卡他，当炎症波及咽喉时，则咽喉部感觉过敏，按压时有疼痛感。咳嗽，呼吸及咽下困难，同时颌下淋巴结肿胀如拳头大（见图 1-3-5）。血液的变化为白细胞增多红细胞减少，随淋巴结脓肿成熟后排脓或治愈而逐渐恢复正常。血小板一般也减少。病程约为2～3周。

**3.恶性腺疫**

如果病马抵抗力很弱，则马腺疫链球菌可由颌下淋巴结的化脓灶经淋巴或血液转移到其他淋巴结，甚至转移到肺和脑等器官，发生脓肿。此型病马的病程长短不定，体温多稽留不

图 1-3-5　颌下淋巴结肿胀

降，如治疗不及时，则逐渐消瘦贫血，黄染加重，常因极度衰弱或继发脓毒败血症而死亡。

## （四）诊断

**1.临床综合诊断**

**典型腺疫**　根据颌下淋巴结急性化脓性炎和鼻黏膜卡他性化脓性炎，结合流行情况，一般可以确诊。

**一过型腺疫**　要结合马群中典型腺疫和流行情况，才能确诊。

**恶性腺疫**　由于脓肿转移的部位不同，诊断有难有易。

**2.鉴别诊断**

临床诊断时应注意同鼻腔鼻疽、鼻炎、马传染性贫血鉴别。

## （五）治疗

在淋巴结轻度肿胀而未化脓时，局部涂擦轻刺激剂，同时应用磺胺类药物或青霉素，直至体温恢复正常后，再继续用药1～2天；如肿胀很大，而且硬固无波动，则于局部涂擦较强的刺激剂，脓肿成熟即可选择波动最明显的部位切开，充分排出脓汁，按一般化脓创处理；继发肺炎、腮腺炎，采取综合治疗，可结合注射抗生素药物，防止引起脓毒败血症和继发其他疾病，造成死亡。

用腺疫反毒素和抗腺疫血清进行特异性治疗。早期注射反毒素可阻止化脓，使淋巴结消肿；于化脓后注射，可缩短病程并退热，如有需要可在 5～6 天后再注射 1 次；抗腺疫血清对早期病例效果很好，也可用于紧急预防注射。

### （六）防疫措施

加强饲养管理。为防止扩大传播，在发病季节要勤检查，及早发现病马，立即隔离治疗。病马厩和用具要进行消毒。新补充的马应隔离观察两周，采用自家血预防。在流行马腺疫区，可用磺胺预防或接种马腺疫死菌苗，免疫期半年。

## 六、马流行性感冒

马流行性感冒简称马流感，是由甲型流感病毒引起的一种大范围马的急性呼吸道传染病。以发热和伴有急性呼吸道症状为特征。

### （一）流行病学

患病马是主要传染源，病毒随呼吸道分泌物排出体外，通过空气飞沫经呼吸道感染。各种年龄、性别和品种的马均易感。天气多变的阴冷季节多发，运输、拥挤和营养不良等因素也可诱发。多发生于秋末至春初季节。

### （二）症状

潜伏期 1～3 天，最短的半天，最长的为 7 天。发病突然，主要症状为发热，咳嗽，流水样鼻汁，喉头部敏感。病马在充分休息、精心护理、适当治疗的情况下，体温于 2～5 日内恢复正常，咳嗽逐渐减轻，经 2 周左右可以恢复健康。

病马如护理不当，发病后继续使役，或受恶劣气候影响，可促使病情恶化，继发支气管肺炎、肠炎及肺气肿等。如不及时治疗，往往可发展为败血症、自体中毒、心力衰竭而死亡。

### （三）诊断

#### 1. 临床综合诊断

马流感一旦发生，流行猛烈，传播迅速，几天之内可波及全厩或全群的马匹，发病率高，病死率低。症状比较一致，都出现咳嗽、流鼻汁、发热等症状。一般可以初步诊断。

**2. 实验室诊断**

包括呼吸道黏膜压片检查、病毒分离和血清学试验。

**3. 鉴别诊断**

马流感与马传染性鼻肺炎、病毒性动脉炎、马传染性支气管炎有相似之处，应注意鉴别。

### （四）治疗

轻症病马一般不需药物治疗，即可自然耐过。对重症病马要施行对症治疗，给予解热、止咳、通便等药物，必要时可应用抗生素或磺胺类药物，以防止并发症和继发症。有胃肠炎时，可用缓泻剂及胃肠消毒剂，结合补液、解毒等药物治疗。

治疗主要以对症治疗为主，注意清肺止咳并防止继发感染。

### （五）防疫措施

马流感的主要防疫措施是切断传播途径，严格隔离封锁，防止与病马接触。可采用建立健全疫情报告制度、加强地区间的联防措施进行预防。加强冬春季节马匹的饲养管理，同时做好防寒保暖、饮水清洁、圈舍消毒等工作。也可使用疫苗预防。

## 七、马传染性胸膜肺炎

马传染性胸膜肺炎又称马胸疫，是马属动物的一种急性、热性、接触性传染病。其特征是呈现纤维素性肺炎或纤维素性胸膜肺炎。

### （一）病原体

马胸疫的病原体尚无定论，主要存在于病马肺脏病变部、支气管及胸腔渗出液中，在后期常常继发马化脓链球菌、巴氏杆菌、绿脓杆菌、大肠杆菌及坏死梭杆菌等继发感染，使病理过程复杂化，病情加剧。

### （二）流行病学

本病的传染源是病马和带毒马。传播途径主要是由于病马与健康马直接接触，通过飞沫经呼吸道传染，也可通过污染的饲料、饮水等经消化道传染。本病仅感染马属动物，其中以 4～10 岁的壮龄马最易感。

本病一年四季均可发生，但以秋冬和早春较多见。长期舍饲的马匹，尤其是厩舍潮湿、寒冷、通风不良、阳光不足以及马匹拥挤时发病较多。马胸疫一般为散发。

### （三）症状

本病的潜伏期长短不一，一般为 10 ～ 60 天。根据症状可分为典型胸疫和非典型胸疫两型。典型胸疫比较少见，主要呈现纤维素性肺炎或纤维素性胸膜肺炎症状；非典型胸疫包括一过型胸疫和恶性胸疫。一过型胸疫比较多见，病马体温突然升高到 39 ～ 41℃，但全身症状比典型胸疫轻微。恶性胸疫比较少见，是由于发现太晚，治疗不当，护理不周而造成的。

### （四）诊断

**1. 临床综合诊断**

马胸疫流行缓慢，厩舍内呈跳跃式散发，多发生于秋冬和早春，临床表现和病理变化都呈现纤维素性肺炎或纤维素性胸膜肺炎为主的变化。

**2. 鉴别诊断**

一过型胸疫的症状与马流行性感冒和马传染性支气管炎有些相似，应注意区别。

### （五）治疗

早期发现，及时治疗，加强护理，大多数病马可以治愈。一般注射新胂凡纳明并配合应用抗生素和磺胺类药物可制止继发感染，提高疗效。对消化不良的病马，应清理胃肠，内服缓泻剂。对有渗出性胸膜炎的病马，应穿胸排液，同时向胸腔内注入青霉素和链霉素，适当应用利尿剂和钙剂。

### （六）防疫措施

发生马胸疫时，对病马和可疑病马应分别隔离治疗，与病马同厩的其他马匹应注射新胂凡纳明预防，并固定区域活动，不要与其他马厩的马匹接触。被污染的马厩、运动场及用具等应用热火碱水或其他消毒药消毒。病马治愈后，应继续隔离饲养 20 天以上，方可逐渐恢复使役。

（本章编者：李越 李亚品）

# 第四章 寄生虫病

## 一、马胃虫病

马胃虫病是由三种柔线虫（见图1-4-1 三种马胃虫头部）所引起。可致马匹全身性慢性中毒、慢性胃肠炎、营养不良及贫血。有时发生寄生性皮肤炎及肺炎。马、骡、驴均易感。三种胃虫均以蝇类为中间宿主。

左：大口胃虫　　　　中：绳胃虫　　　　右：小口胃虫

图 1-4-1　三种马胃虫头部

### （一）病原体

### 1. 大口胃虫

虫体白色线状，表皮有横纹，口孔周围有四个唇片，无齿。特征是咽呈漏斗状，唇部后方有明显的横沟与体部截然分开。寄生于胃腺部由虫体刺激而形成的瘤肿内。

### 2. 蝇胃虫

虫体呈浅黄白色，角皮有柔细的横纹，咽呈圆筒状，唇部与体部分界不明，有唇两片。每片再分三叶，无齿。在粪中常见已出壳的幼虫。

### 3. 小口胃虫

较少见，咽小呈圆柱状，口囊内有背齿和腹齿各一。

### （二）症状

胃虫病患马表现营养不良、贫血和胃肠炎症状。多数病例有定期的短时体温升高。粪便中有大量未消化的谷粒，胃肠能力减退，检查胃液初期酸度增多，有时有少量胆汁色素，以后胃酸正常或下降。

颗粒性皮炎是大口胃虫的幼虫在皮肤寄生所引起的皮肤病。常发于春末，夏季病势增进，秋季好转或治愈形成斑痕。常发于四肢、下腹部、颊部、背侧前胸、肘部及臀腰部、附关节等处。初期皮肤面出现针头大到粟粒大结节，不久结节破溃出血，形成肉芽性增生性创面，常因蹭痒、嘴咬引起新的出血破溃致创面扩大，周围皮肤硬结流出黏稠渗出液。可由病灶内检出长约 3 毫米的幼虫。

### （三）诊断

根据临床症状，可怀疑为本病。确诊要靠找到虫卵或幼虫，但虫卵少，易于漏检，抽取胃液离心后在沉渣中可以收集到蝇胃虫及小口胃虫成虫及虫卵。对皮肤胃虫症的确诊，可从创面采集病料观察有无幼虫，也可将刮屑或切下的小块病变皮肤放在 1：500 的盐酸中，5 分钟后检查液体中有无虫体。

### （四）治疗

阿苯达唑（丙硫咪唑），按每千克体重 10 ～ 20 毫克，混入饲料内一次喂服；伊维菌素，按每千克体重 0.3 毫克，一次皮下注射驱虫。对皮肤胃虫病可用九一四合剂涂于创面。

### （五）预防

秋冬季进行预防性驱虫，防止疾病发展并减少虫卵对外界的污染。改善厩舍卫生，防蝇、灭蝇，夏、秋季注意保护马体皮肤创伤。

## 二、马胃蝇蛆病

是由各种胃蝇幼虫寄生于马胃肠道内所引起的一种慢性寄生虫病。患马由于幼虫寄生，使胃的消化、吸收机能破坏，加之幼虫分泌的毒素作用，使宿主高度贫血、消瘦、中毒，使役能力降低，严重感染时可使马匹衰竭死亡。此病普遍存在于东北、西北、内蒙古等地，草原马感染率高达 100%。我国常见的马胃蝇有肠胃蝇、红尾胃蝇、兽胃蝇和鼻胃蝇四种，此外还发现有红小胃蝇及黑角胃蝇。

### （一）病原体

马胃蝇成虫全身密布绒毛，形似蜜蜂。口器退化，两眼小而远离，触角短小，陷入触角窝内，触角芒简单，翅透明或有褐色斑纹，或呈烟雾色。虫卵呈浅黄色或黑色，前端有一斜卵盖。成熟幼虫呈红色或黄色，分节明显，每节有 1～2 列刺，幼虫前端稍尖，有一对发达的口前钩，后端齐平，有一对后气孔。生活史见图 1-4-2。

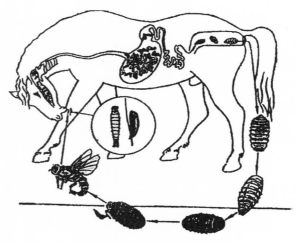

图 1-4-2　马胃蝇生活史

## （二）症状

病的轻重与马匹的体质和幼虫的数量以及虫体寄生部位有关。

由于初期幼虫口前钩损伤齿龈、舌、咽喉黏膜而引起这些部位的水肿、炎症，甚至溃疡。病马表现咀嚼吞咽困难，咳嗽、流涎、打喷嚏，有时饮水从鼻孔流出。幼虫移行到胃及十二指肠后，由于损伤胃肠黏膜，引起胃肠壁水肿、发炎和溃疡，表现为慢性胃肠炎、出血性胃肠炎，最后使胃的运动和分泌机能受碍。同时幼虫吸血和虫体毒素作用使动物出现营养障碍为主的症状，如食欲减退、消化不良、贫血、消瘦、腹痛等，甚至逐渐衰竭死亡。被幼虫叮着的部位呈火山口状，伴以周围组织的慢性炎症和嗜酸性细胞浸润，甚至造成胃穿孔和较大血管损伤以及缺损组织继发细菌感染。

## （三）诊断

因为本病无特殊症状，许多症状又与消化系统其他疾病相类似，所以在诊断本病时，主要从以下 6 个方面详细了解和检查以后再分析判断。①既往病史，马是否从流行地区引进的；②马体被毛上有无胃蝇卵；③夏秋季发现咀嚼、吞咽困难时，检查口腔、齿龈、舌、咽喉黏膜有无幼虫寄生；④春季注意观察马粪中有无幼虫，发现尾毛逆立，频频排粪的马匹，详细检查肛门和直肠上有无幼虫寄生；⑤必要时进行诊断性驱虫；⑥尸体剖检时，可在胃、十二指肠等部位找到幼虫。

### （四）治疗

虫卵可用热蜡洗刷或点着的酒精棉球烧燎。杀死体表一期幼虫可用 1%～2% 敌百虫水溶液喷洒或涂擦马体，每 6～10 天重复一次。口腔内幼虫可涂擦 5% 敌百虫豆油，涂 1～3 次即可。具体治疗方法如下：

兽用精制敌百虫，按每千克体重 30～40 毫克，配成 10%～20% 水溶液，一次投服，用药后 4 小时内禁饮；伊维菌素，按每千克体重 0.2 毫克，皮下注射，也有一定效果。

### （五）预防

最好的办法是连续多年有计划地驱虫。驱虫最合适的时机是以卵或幼虫全部进入马胃后不久为好，一般在秋、冬两季，驱虫后将马排出的粪便堆积发酵。

在胃蝇产卵季节，可用杀虫剂喷洒或涂抹马体，杀灭幼虫，隔几天用药一次，直至成蝇不再出现。为了清除马体被毛上的虫卵，可重复用热醋洗刷，使幼虫提早脱离卵壳，也可以用刀将被毛上的虫卵刮除，并将刮下的虫卵无害化处理。

为防止成蝇侵袭，在有条件的情况下，可采取夜间放牧，能防止成蝇侵袭和产卵。

## 三、马圆线虫病

马圆线虫病是指寄生于马盲肠和大结肠中所引起的一种感染率最高、分布最为广泛的肠道线虫病。本病引起成年马慢性肠卡他，导致使役能力降低，尤其是当幼虫移行时可引起动脉瘤，导致马匹死亡。虫卵对 0℃ 以下的低温、干燥环境抵抗力低，极易死亡。但发育到卵内形成幼虫，则抵抗力较强，可存活数周之久。感染性幼虫的抵抗力很强，在含水分 8%～12% 的马粪中能存活一年以上，在青饲料上能保持感染力达二年之久，但在直射阳光下容易死亡。马匹感染圆线虫病主要发生于放牧的马群，特别是阴雨、多雾和多露的天气。

### （一）病原体

种类很多，在马体内常混合寄生，可分为大型圆线虫和小型圆线虫两大类。大型圆线虫体形大，危害严重，主要有三种：马圆线虫、无齿圆线虫和普遍圆线虫。小型圆线虫种类繁多，体形小，包括圆形科和毛线科的许多种线虫。生活史见图1-4-3。

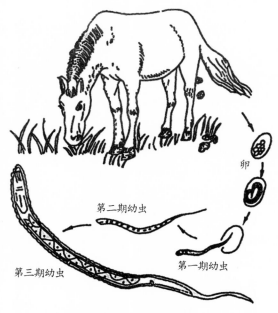

卵

第二期幼虫

第一期幼虫

第三期幼虫

图1-4-3　普通圆线虫生活史

## （二）症状

有成虫寄生引起的和幼虫移行引起的两种类型。

### 1. 成虫寄生于肠管引起的症状

多发生于夏末到秋季，常在冬季饲养条件变差时转为严重。虫体大量寄生时，可呈急性发作，表现为大肠炎和消瘦。开始时食欲不振，易疲倦，异嗜；数星期后出现带恶臭的下痢，腹痛，粪便中有虫体排出；后期消瘦，浮肿，最后陷于恶病质而死亡。少量寄生时呈慢性经过，食欲减退，下痢，轻度腹痛和贫血，如不治疗，可能逐渐加重。

### 2. 幼虫移行期所引起的症状

普通圆线虫在血管内膜下移行和在肠系膜根部驻留，以引起血栓性疝痛最为多见，且最为严重。常在不可被觉察原因情况下突然发作，持续时间不等，但经常复发，不发时，表现完全正常。疝痛轻型者开始时表现为不安，打滚，频频排粪，但脉搏与呼吸正常，数小时后症状自然消失。疝痛重型者疼痛剧烈，病马作犬坐或四足朝天仰卧，腹围增大，腹壁极度紧张，排粪频繁，呼吸加快，体温升高，在不加治疗的情况下多以死亡告终。

### （三）诊断

根据临床症状和流行病学资料，可以对马圆线虫作初步诊断。粪便虫卵检查可以证实成虫肠内寄生型圆线虫病。为了判断其致病程度，需先进行虫卵计数，确定感染强度，一般认为每克粪便中虫卵数在 1000 个以上时，即可看成必须治疗的圆线虫病。

幼虫寄生期的圆线虫诊断困难，只有依据症状来推测，如间歇性腹痛而粪中虫卵很多，有可能已发生了动脉瘤等，只有尸体剖检才足以证实此类可疑病例。

### （四）治疗

对于肠道内寄生的圆线虫成虫，阿苯达唑（丙硫咪唑），按每千克体重 5 ～ 10 毫克，混入饲料内一次喂服；伊维菌素，按每千克体重 0.3 毫克，一次喂服或皮下注射驱虫。对幼虫引起的疾病，特别是马的栓塞性疝痛，除采用一般的疝痛治疗方法外，尚可用 10% 樟脑或苯甲酸钠咖啡因 3.0 ～ 5.0 克以升高血压，促使侧支循环的形成。

### （五）预防

马圆线虫病的预防较困难。在加强饲养卫生管理的前提下，每年应定期驱虫，1 年至少 2 次，首选驱虫药为阿苯达唑（丙硫咪唑），对成虫驱虫率高，对第四期幼虫作用一般。也可用伊维菌素。此外，应搞好厩舍卫生，无害化处理粪便。

## 四、马驽巴贝斯虫病

是驽巴贝斯虫（旧名马焦虫）寄生于马的红细胞中，引起以高热、贫血、黄疸、出血和呼吸困难等急性症状为特征的血液原虫病。通过硬蜱传播，本病的流行具有一定的地区性和季节性。我国已查明草原革蜱、森林革蜱、银盾革蜱、中华革蜱是驽巴贝斯虫的传播者。其中草原革蜱和森林革蜱是东北及内蒙古驽巴贝斯虫的主要媒介。银盾革蜱仅见于新疆，是新疆驽巴贝斯虫的主要传播者。驽巴贝斯虫病一般从 2 月下旬开始出现，3、4 月份达到高潮，5 月下旬逐渐停止流行。疫区马匹常反复感染但症状轻微而耐过，耐过后带虫免疫可持续达 4 年，非疫区新入伍的马由于无这种免疫性而容易发病。

## （一）病原体

马驽巴贝斯虫为大型虫体，虫体长度大于红细胞半径。其形状为梨籽形（单个或成双）、椭圆形、环形等，偶尔也可见到变形虫样。典型的形状为成对的梨

图 1-4-4　红细胞内的马驽巴贝斯虫

籽形虫体以尖端联成锐角，在一个红细胞内通常只有 1～2 个虫体（见图 1-4-4），感染率为 0.5%～10%。

## （二）症状

病初体温稍升高，精神不振，食欲减退，结膜充血或稍黄染。随后体温逐渐升高呈稽留热型，呼吸、心跳加快，精神沉郁，低头耷耳，恶寒战栗，躯体末梢发凉，食欲大减，饮水量少，口腔干燥发臭、病情发展很快，各种症状迅速加重。最显著的症状是黄疸现象，结膜初潮红黄染，以后呈明显的黄疸。其他可视黏膜，尤其是唇、舌、直肠、阴道黏膜黄染更为明显。常因多日不食不饮而陷入脱水状态，肠音微弱，排粪迟滞，粪球小而干硬，表面附有多量黄色黏液。排尿淋漓，尿黄褐色、黏稠。心跳节律不齐，甚至出现杂音，脉搏细速。肺胞音粗厉，呼吸促迫，常流出黄色、浆液性鼻汁。后期病马显著消瘦，黏膜苍白黄染；步样不稳，躯体摇晃，最后昏迷卧地；呼吸极度困难，潮式呼吸，由鼻孔流出多量黄色带泡沫的液体。病程为 8～12 天。血液变化为红细胞急剧减少，血红蛋白量相应减少，白细胞数变化不大，往往见到单核细胞增多。

## （三）诊断

首先应详细了解当地是否发生过本病，有无传播本病的蜱等，而后再进行血液检查以发现虫体，根据虫体的典型形态确诊。虫体检查一般在病马发热时进行。一次血液检查未发现虫体，应反复检查或改

用集虫法检查。在没有条件进行血液检查时，可按梨形虫病进行诊断性治疗，如病情好转，可以确诊。若病马血液中确实发现了虫体，而应用特效药物治疗效果不明显时，就应考虑是否为马梨形虫病与传染性贫血或其他疾病混合感染，并相应采取传贫检疫或其他方法进行全面诊断。

### （四）治疗

咪唑苯脲，剂量按每千克体重2毫克，配成10%溶液，一次肌肉注射或间隔24小时再用一次。

三氮咪（贝尼尔），剂量按每千克体重3～4毫克，用注射用水配成5%溶液肌肉注射，可根据具体情况用1～3次，每次间隔24小时。有些病马注射后有时出现出汗、流涎、肌肉震颤、腹痛等副作用，可很快消失。

阿卡普林，剂量按每千克体重0.6～1毫克，配成5%溶液，皮下注射。有时注射后数分钟病马出现出汗、流涎、全身战栗、腹痛、心跳加快、呼吸困难等副作用，一般于1～3小时后自行消失。必要时可皮下注射阿托品，按每千克体重10毫克，能迅速解除副作用。

锥黄素，按每千克体重3～4毫克，配成0.5%～1%溶液静脉注射。症状未减轻时，24小时后再注射一次，一般不超过两次。病马在治疗后的数日内，须避免烈日照射。

对症治疗，大量输血以抗贫血，应用抗生素以防继发感染，补液预防严重脱水。

### （五）预防

可根据流行地区蜱的活动规律，有计划有组织地实施灭蜱；选择无蜱活动季节进行马匹调动，在调入、调出前，应做药物灭蜱处理；当马群中已出现临床病例或由安全区向疫区输入马匹时，可进行药物预防。

## 五、蜱病

蜱是专性吸血的体外寄生虫，俗称草爬子、草别子、牛虱、狗豆子、牛鳖子等。分布于森林、草原、荒漠、农耕地区，蛰伏在浅山丘陵的草丛、植物上，或寄宿于牲畜等动物皮毛间。不吸血时绿豆般大小，也有极细小如米粒的；吸饱血液后，有饱满的黄豆大小，大的可达指甲盖大。蜱不仅可吸食血液、叮伤皮肤，而且是多种自然疫源性疾病和人兽共患病的传播媒介和贮存宿主，是对马危害严重的梨形虫病、焦虫病、粒细胞无形体病的传播者。马匹被叮咬后表现骚动不安、伤口感染、消瘦、使役能力下降，大量寄生时，蜱分泌的毒素可引起急性上行性的肌萎缩性麻痹，造成蜱瘫。蜱发育包括4个阶段，即卵、幼蜱、若蜱和成蜱。成蜱在躯体背面有壳质化较强的盾板，通称为硬蜱，宿主主要为陆生哺乳类和人；无盾板者，通称为软蜱，宿主主要为鸟类、爬行类、两栖类和人。全世界已发现的蜱有800余种。

## （一）病原体

军马值勤、放牧时，蜱跳到马的身上，蜱吸血造成军马失血、消瘦。蜱的幼虫、若虫、雌雄成虫都吸血，硬蜱多在白天叮咬宿主，且吸血时间长，而软蜱多在夜间吸血，叮咬宿主吸血时间短，由1～2分钟至1小时左右，有些硬蜱日夜吸血。吸血时口器可牢牢地固定在宿主皮肤上，惊吓时也不离去，若强行拔除，易将假头断折于皮肤内。

蜱叮咬马匹时，口器刺入皮肤可造成局部损伤，组织发生水肿、出血、皮肤肥厚，甚至由此引起细菌感染化脓或弥漫性肿胀，产生皮下蜂窝织炎。当大量蜱侵袭幼马时，蜱的唾液进入血液后可破坏造血机能，溶解红细胞，形成恶性贫血，甚至幼马发生蜱唾液中毒，出现神经症状及麻痹。

蜱可传播马的病原体有梨形虫、焦虫、粒细胞无形体、森林脑炎病毒、布氏杆菌、立克氏体等。

## （二）症状

### 1. 局部症状

由于蜱叮咬时螯肢、口下板同时刺入马的皮肤，可造成局部充血、水肿、急性炎症反应，还可引起继发性感染，患马在体表各部位有大小不等数量不定蜱存在，患马在蜱叮咬部位常出现局部刺激，造成寄生部位痛痒、摩擦他物或啃咬。患马烦躁不安，并发皮炎或跛行，有的伴发肺水肿、脑脊膜充血、淋巴结肿大和脾萎缩。

### 2. 神经麻痹症状

有些硬蜱在叮刺吸血过程中唾液分泌的神经毒素可导致马运动性神经纤维的传导障碍，引起上行性肌肉麻痹现象，称为"蜱瘫痪"。表现为四肢无力，步态蹒跚，喜卧，触摸肌肉敏感。最后马精神沉郁，食欲废绝但可饮水，心跳缓慢，呼吸浅表，可视黏膜充血、发绀，不能站立，痛觉消失，严重时可导致呼吸衰竭和死亡。

### 3. 传染病症状

马被蜱叮咬后，如果感染蜱携带的梨形虫、焦虫、粒细胞无形体等病原体，会侵染马末梢血中性粒细胞，引起发热伴白细胞、血小板减少和多脏器功能损害为主的临床表现。大多起病急而重，主要症状为发热，伴不适、乏力、肌肉痛，以及厌食、萎靡、消瘦、贫血等，影响采食和休息，可导致幼马发育不良，还可引起怀孕母马的死胎和流产。

### （三）治疗

### 1. 局部处理

蜱咬伤出现的皮炎主要是消炎、止痒、止痛，同时给予对症处理。发现马体表被蜱叮咬皮肤时不可强行拔除，以免撕伤皮肤及防止口器折断在皮内。可用乙醚、氯仿、旱烟油涂在蜱的头部或在蜱旁点燃烟头、蚊香烤它，数分钟后蜱虫就自行松口，或用酒精、凡士林、液体石蜡涂在蜱虫的头部，使其麻痹或窒息，然后用镊子轻轻把蜱拉出。去除蜱后伤口要进行消毒处理，如发现蜱的口器断在皮内要手术切开取出。在伤口周围用 2% 盐酸利多卡因作局部封闭，亦有人用胰蛋白酶 2000u 加生理盐水 100 毫升湿敷伤口，能加速伤口的愈合。

### 2. 全身治疗

患马应安排休养，给予高热量、适量维生素、流食或半流食，多饮水，保持皮肤清洁。对病情较重患马，应补充足够的液体和电解质，以保持水、电解质和酸碱平衡；体弱或营养不良、低蛋白血症者可给予胃肠营养、新鲜血浆、白蛋白、丙种球蛋白等治疗，以改善全身机能状态、提高机体抵抗力。出现全身中毒症状要给予抗组胺药如扑尔敏、氯雷他定、盐酸左西替利嗪或皮质类固醇（如米乐松、强的松）等。出现蜱麻痹或蜱咬热要及时进行抢救。如创面有继发感染要进行抗炎治疗。有明确传染病病因诊断时，可以给予抗生素治疗，例如，梨形虫感染可使用咪唑苯脲、三氮脒等，锥虫感染使用萘磺苯酰脲、三氮脒等，粒细胞无形体感染可使用多西环素、四环素、利福平、左氧氟沙星等。

### 3. 隔离

马蜱病的诊断比较容易，重点是在隔离。对于已经感染的患马要尽快隔离治疗，对病马的血液、分泌物、排泄物及被其污染的物品、隔离厩舍环境，应进行消毒处理。对马进行药浴，杀死体表幼虫、若虫。

### （四）预防

#### 1. 预防蜱咬

我国马体表蜱出现最早的时间在 2 月下旬至 3 月初，消失时间在 11 月中下旬，马的蜱病发病时间主要集中在 3～10 月。该季节军马在进入林区或野外作业前，可以给马的皮肤表面涂擦防虫驱避剂药膏预防蜱虫叮咬，外出值勤、放牧、遛马归来时检查马的体表是否被蜱叮咬，防止把蜱带回。尽量不让马匹去草丛浓密的森林野地，以减少蜱的侵袭。

蜱的嗅觉极为敏感，15 米外能嗅到宿主的气味，10 米之处 50% 活动等候，5 米时 100% 活动等候，爬到 1 米高的树叶或草尖上等候觅食，当马经过时，伺机跳上马身吸血。感受的距离与风向有关，所以，军马值勤、放牧等活动应逆风向行进，降低马匹被咬机会。

#### 2. 环境防制

草原地带采用牧场轮换和牧场隔离办法灭蜱，结合捕杀啮齿动物、垦荒、清除灌木杂草、清理马厩舍、堵洞嵌缝等群防群治方式综合防制蜱类孳生。马厩舍要通风干燥，打扫干净，或用敌百虫、敌敌畏、马拉硫磷、杀螟硫磷等杀虫剂喷洒，以消灭蜱的孳生场所，春夏秋季每个星期用 0.04%～0.08% 高效氯氰菊酯对马舍和马活动场进行杀虫。长时间使用化学药物灭蜱，会使蜱虫产生抗药性，药剂应混合使用或者轮流使用。近些年来，已经开始采用遗传防治、生物防治、免疫预防灭蜱，遗传防治是采取辐射或者化学不育剂使雄性蜱虫失去生殖能力，使蜱虫种群能力不断衰减；生物防治是利用蜱虫的天敌来灭蜱，现已发现膜翅目跳小蜂科的一些寄生蜂，可以在一些若蜱体内产卵，成虫后才从若蜱体内逸出，寄生后不久若蜱就死了，还有猎蝽科的昆虫，也可导致蜱死亡；免疫预防是蜱重组亚单位疫苗进行的免疫接种，国外已有商业化的疫苗。

### 3. 人工捉蜱

在马的蜱病发病季节，每天在放牧、使役归来时检查马体，发现蜱时，将其摘掉，集中起来用火烧。摘蜱时应与马体皮肤垂直角度往外摘，否则蜱的假头容易断留在体内，引起局部发炎。

### 4. 体表喷涂或药浴

可选用精制马拉硫磷 0.2% ～ 0.3%、0.2% 辛硫磷、0.25% 倍硫磷等喷涂马体，按每匹马 600 毫升；也可选用 0.1% 辛硫磷、0.5% 溴氰菊酯或氯氰菊酯、0.04% ～ 0.08% 畏丙胺（赛福丁）、0.1% 马拉硫磷等进行药浴。每隔 3 周处理 1 次。

### 5. 开展专业人员培训

各有马部队应开展军马卫生人员和疫控人员的业务培训工作。提高其发现、识别粒细胞无形体病的能力，防止放牧、饲养、巡逻等从业人员感染其病；提高疫控人员的流行病学调查和疫情处置能力，控制疫情的蔓延和流行。

### 6. 检疫

军马补充入伍须经严格检疫，经过检疫合格的马方可进入军马群，禁止在疫源地采购军马。对于患病马需彻底治愈后方可混群。

### 7. 做好宣传教育

避免蜱叮咬是降低马蜱病感染风险的主要措施。军马卫生课应指导有马部队的指战员掌握蜱病有关理论知识，在军马作业、放牧过程中采取有效预防措施，尽量减少或避免马对蜱的暴露，有蜱叮咬史或野外活动史的马匹，一旦出现疑似症状或体征，应及早医治。

（本章编者：李亚品）

# 第五章　训战伤病

## 一、骨关节伤病

### （一）关节创伤

外界因素作用于关节囊导致关节囊的开放性损伤，称为关节创伤，有时并发软骨和骨的损伤，是马常发疾病，多发生于跗关节和腕关节，并多损伤关节的前面和外侧面，有时也发生于肩关节和膝关节。根据关节囊的穿透与否，分为关节透创和非透创。

### 1. 症状

**关节非透创**　轻者关节皮肤部破裂或缺损、出血、疼痛、轻度肿胀。重者皮肤伤口下方形成创囊，内含挫灭坏死组织和异物，容易引起感染。有时甚至关节囊的纤维层遭到损伤，同时损伤腱、腱鞘或黏液囊，并流出黏液。

**关节透创**　特点是从伤口流出黏稠透明、淡黄色的关节滑液，有时混有血液或由纤维素形成的絮状物。一般关节透创病初无明显跛行，严重创伤时跛行明显。

临床常见的关节创伤感染为化脓性关节炎和急性腐败性关节炎。

**急性化脓性关节炎**　关节及其周围组织广泛的肿胀疼痛、水肿，从伤口流出混有滑液的淡黄色脓性渗出物，触诊和被动运动时疼痛剧烈。站立时患肢轻轻负重，运动时跛行明显。病马精神沉郁，体温升高，严重时形成关节旁脓肿。有时并发化脓性腱炎和腱鞘炎。

**急性腐败性关节炎**　表现急剧的进行性浮肿性肿胀，从伤口流出混有气泡的污灰色带恶臭味稀薄渗出液，伤口组织进行性坏死变性，患肢不能活动，全身症状明显，精神沉郁，发热，无食欲。

### 2. 治疗

治疗的原则是防治感染，增强抗病能力，及时合理地处理伤口。

力争在关节腔未出现感染之前闭合关节囊的伤口。创伤周围皮肤剃毛，用消毒剂彻底消毒。

对新创彻底清理伤口，切除坏死组织和异物及游离软骨和骨片，排除伤口内盲囊，用防腐剂穿刺洗净关节创，由伤口的对侧向关节腔穿刺注入防腐剂，禁忌由伤口向关节腔冲洗，以防污染关节腔，最后涂碘酊，包扎伤口，对关节透创应包扎固定绷带。关节切创在清净关节腔后，可用肠线或丝线缝合关节囊，其他软组织可不缝合，然后包扎绷带，或包扎有窗石膏绷带。如伤口被凝血块堵塞，滑液停止流出，关节腔内尚无感染征兆时，此时不应除掉血凝块，注意全身疗法和抗生素疗法，慎重处理伤口。

对陈旧伤口，已发生感染化脓时，清净伤口，除去坏死组织，用防腐剂穿刺洗涤关节腔，清除异物、坏死组织和骨的游离块，用碘酊凡士林敷盖伤口，包扎绷带，此时不缝合伤口。如伤口炎症反应强烈时，可用青霉素溶液敷布，包扎保护绷带。

为了控制感染，从病初开始尽早地使用抗生素疗法、磺胺疗法、碳酸氢钠疗法、自家血液和输血疗法及钙疗法（处方：氯化钙 10 克、葡萄糖 30 克、苯甲酸钠咖啡因 1.5 克、0.9%氯化钠溶液 500 毫升，灭菌，一次注射）或氯化钙酒精疗法（处方：氯化钙 20 克、蒸馏酒精 40 毫升、0.9%氯化钠溶液 500 毫升，灭菌，一次静脉内注射）。

### （二）关节扭伤

关节在突然受到超出其承受能力的拉伸时，瞬时的过度伸展、屈曲或扭转导致关节损伤称为关节扭伤。是马常见和多发的关节病。最常发生于系关节和冠关节，其次是跗、膝关节。

**1. 症状**

关节扭伤在临床上表现有疼痛、跛行、肿胀、温热和骨质增生等症状。

**2. 治疗**

**治疗原则**　制止出血和炎症发展，促进吸收、镇痛消炎、预防组织增生，恢复关节机能。

**制止出血和渗出**　在伤后 1～2 天内，为了制止关节腔内的继续出血和渗出，应进行冷疗和包扎压迫绷带。症状严重时，可注射凝血剂，并使病马安静。

**促进吸收** 急性炎性渗出减轻后，应及时使用温热疗法。如关节内出血不能吸收时，可做关节穿刺排出，同时通过穿刺针向关节腔内注入 0.25% 盐酸普鲁卡因溶液。

**镇痛** 疼痛较重的患部或关节内注射 2.0% 盐酸普鲁卡因溶液，或涂擦轻刺激剂（10% 樟脑酒精）或注射醋酸氢化可的松。在用药的同时适当牵遛运动，加速促进炎性渗出物的吸收。

**装蹄疗法** 如肢势不良，蹄形不正时，在药物疗法的同时进行合理的削蹄或装蹄。

### （三）关节挫伤

关节挫伤是关节组织在钝性外力作用下引起的外开放性损伤。多发生于肘关节、腕关节和系关节，而其他缺乏肌肉覆盖的膝关节、跗关节也有发生。

#### 1. 轻度挫伤

皮肤脱毛，皮下出血，局部稍肿，随着炎症反应的发展，肿胀明显，有指压痛，动患关节有疼痛反应，轻度跛行。

#### 2. 重度挫伤

患部常有擦伤或明显伤痕，有热痛、肿胀，病后经 24 ~ 36 小时则肿胀达高峰。初期肿胀柔软，以后坚实。关节腔血肿时，关节囊紧张膨胀，有波动，穿刺可见血液。软骨或骨骺损伤时，症状加重，有轻度体温升高；病马站立时，以蹄尖轻轻支着地或不能负重。运动时出现中度或重度跛行。损伤黏液囊或腱鞘时，并发黏液囊炎或腱鞘炎。

治疗方法同关节扭伤。擦伤时，按创伤疗法处理。

### （四）关节脱位

关节骨端的正常位置关系受到外力等作用，失去原来状态的损伤，称为关节脱位。脱位关节往往伴发关节囊、关节韧带甚至关节骨的损伤。

#### 1. 症状

可见关节变形、异常固定、肢势改变、患肢延长或缩短和机能障碍。在复杂脱位时，除上述共同症状外，同时还伴有局部出现溢血肿胀、远端麻痹、骨折其他症状。

**2. 治疗**

**治疗原则** 早期整复，确实固定，促进断裂韧带的修复，恢复患肢机能。

**整复法** 应尽量争取时间做到早期整复，整复时，应以最大的速度和最小的外力进行。整复操作按脱位关节的不同，其具体方法也不一样。一般先行牵引，将脱位骨端向下方拉开，然后按关节的构造及脱位方向，行屈曲、伸展、内转、外转等动作，力求使骨端准确还纳至原位。当骨端完全整复时可听到一下响亮的骨撞击声，患部变形及异常固定消失，自动及被动运动完全恢复。有条件的整复后可进行 X 射线检查。整复措施无效的可进行手术治疗。

**固定法** 脱位的关节整复后，为预防再发必须固定。上部关节可涂擦强刺激剂或 5% 生理盐水皮下点状注射，引发周围组织肿胀起到生物绷带的作用；下部关节可装着石膏绷带 3 ～ 4 周。石膏绷带固定的时间长短要合适，以防过短时再发或过长时引起关节韧带挛缩。

### （五）肩胛骨错位

肩胛错位是由于肩部受强烈冲撞，如跌倒、猛击、被辕木压伤、道路泥泞、上下陡坡以及前肢陷入坑道挣扎，使肩部肌肉伸展过度，导致肩胛骨脱离了原来位置，又称溜膊、塌膀。

**1. 症状**

患马表现患肢落地负重时肩关节偏向外方与胸壁离开，患肢肩胛部有掌大凹陷，驻立时患肢比健肢长，患肢屈曲，运步前伸无力，呈三脚跳跃前行，高度混跛。

**2. 治疗**

以整复为主，辅以镇痛消炎。整复术：患肢向上将患马横卧保定，首先用白酒 500 ～ 1000 毫升，于患部边洒酒边用力按摩，并将患肢前后摇动，同时上下拉 3 ～ 5 次，促使血脉通畅；第二步，将患肢、垫布、撅板捆绑包缠固定；第三步，助手平扶患肢保定，术者用铁锤平打撅板，以打到恢复原位（肩胛部凹陷消失）为止，手术结束；第四步，去除垫布、撅板，助其起立，缓缓牵行。

### （六）腰扭伤

腰扭伤是由于外伤、骨折或肌肉强烈收缩而引起的腰椎椎间关节及脊髓损伤。临床上以运动及知觉机能障碍为特征，马常见病之一。常见病因是冲撞、跳跃、摔倒及跌落等，弹片伤、枪弹伤也可为本病的原因。

#### 1. 症状

脊髓挫伤时，后躯无力，运动时腰部强硬，背腰拱起，两后肢运步不灵活，有时打晃，后退及转弯困难。卧地后翻转无力，起立困难。病马由于损伤部位不同表现也不同，腰髓前 1/3 损伤时，呈现臀部、后肢和尾的知觉消失及运动麻痹；腰髓中 1/3 损伤时，后肢麻痹，膝反射消失；腰髓后 1/3 及荐部脊髓损伤时，尾、直肠及膀胱麻痹，肛门反射消失，膀胱括约肌麻痹。

#### 2. 治疗

病马安静休养；促进渗出物的吸收，制止渗出；消炎镇痛；加强饲养管理，排便排尿；中药以活血祛淤、消肿止痛为原则。

## 二、外伤性伤病

### （一）外伤性肌炎

由于马剧烈运动、训练不当、马具压迫等因素，使相关部位肌肉或肌群发生不同程度的挫伤、剧伸、断裂及扭转而引起的肌肉无菌性炎症，又称运动性（职业性）肌炎。感染后可转化为化脓性肌炎。易发生于前肢的臂三头肌、臂二头肌、臂肌、胸肌，后肢的臀肌、股二头肌、半膜肌、半腱肌。

#### 1. 急性肌炎

多为突然发病，患部肌肉敏感、有压痛、增温、肿胀，患肢不论症状轻重都有跛行，多数为悬跛，少数是支跛，悬跛的兼有外转肢势。

#### 2. 慢性肌炎

多来自急性肌炎，或因致病因素经常反复刺激而引起。患病肌纤维变性、萎缩，逐渐由结缔组织所取代。患部脱毛，皮肤肥厚，缺乏弹性，肌肉肥厚、变硬。患肢机能障碍。

### 3. 化脓性肌炎

浅在病灶有明显的红、肿、热、痛、机能障碍外，随脓肿的形成，患部软化，波动。深在病灶无明显波动，但可见到弥散性肿胀，局部有压痛。穿刺检查，有时流出灰褐色脓汁。自然溃开时，易形成窦道。

### 4. 治疗

以除去病因、消炎镇痛、防治感染、恢复功能为治疗原则，中医以清热解毒、活血消肿为治疗原则。化脓性肌炎行术后处理。参见第一篇第一章炎症治疗相关内容。

### （二）鞍挽具伤

由于鞍挽具对马体鬐甲、颈、背、腰部等组织的过度压迫、摩擦所引起的综合性损伤，轻者可造成皮肤表层的损伤，重者则波及皮下组织，甚至造成骨、软骨和韧带的化脓和坏死，长期不愈。以肩胛和背部肿胀、破溃、化脓及坏死等为特征。对本病要坚持"预防为主"的防病方针。马体缺乏锻炼，鞍挽具不适合，汗屉不洁或过硬，不遵守使役、骑乘规程，以及跛行马继续使役是造成鞍挽具伤的病因。本病常年可以生，使役频繁时多发，病程长易复发。由于受伤部位（见图1-5-1）和组织损伤程度不同，鞍挽具伤的临床症状及其病理变化也不同。

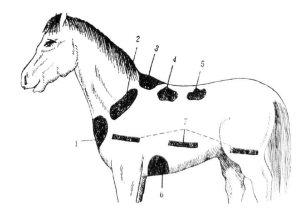

图 1-5-1　鞍挽具伤常发部位示意图

### 1. 皮肤擦伤

轻度擦伤，患部被毛的一部或大部脱落，表皮剥离，伤面有浆液性黄色透明的渗出物，干燥后形成黄褐色痂皮，并与周围的被毛黏着。重度擦伤，多伤及皮肤的深层，露出鲜红色的伤面，有明显的炎症反应。如不及时治疗，常感染化脓。治疗时首先除去病因，防止感染，可用2%～3%龙胆紫酒精溶液或5%高锰酸钾溶液反复涂布，使局部形成痂皮。

### 2. 炎性水肿

通常在卸下骑鞍、驮鞍30分钟后，患部的皮肤和皮下组织逐渐发生局限性或弥漫性水肿。与周围组织分界不明显，触诊局部温度增高，有疼痛及压痕。治疗时用饱和氯化钠、硫酸镁、硫酸钠等中性盐类溶液浸湿纱布，在患部冷敷或热敷，效果较好。

### 3. 血肿及淋巴外渗

多发于鬐甲部皮下结缔组织处，呈局限性肿胀，柔软有波动。血肿通常在卸鞍后立即发生，并迅速增大，穿刺检查有血液。淋巴外渗形成较缓慢，疼痛较轻微，穿刺检查为淋巴液。可参见后述血肿、淋巴外渗治疗。

### 4. 黏液囊炎

浅黏液囊炎，在鬐甲顶点出现局限性有波动的肿胀，热痛较明显。深黏液囊炎在肩胛软骨前方的颈间隙处出现一侧性或两侧性的半圆形热病性肿胀，穿刺时，可流出黏性渗出物。如果黏液囊内渗出物过多，可抽出内容物，注入复方碘溶液，反复抽洗3～4次，4～5天后，再以同样方法处理。感染化脓时，要尽早切开，防止引起韧带或筋膜坏死。

### 5. 皮肤坏死

常发生于肩前、背部，多为干性坏疽，局部皮肤失去弹性，被毛逆乱，温度降低，感觉减退或消失。坏死的皮肤逐渐变为黑褐色或黑色，硬固而皱缩，经6～8天，坏死的皮肤与周围健康皮肤界线明显，并出现裂隙。坏死皮肤脱落时，伤面边缘干燥，呈灰白色，而中央为鲜红色肉芽组织，要及时除去坏死皮肤。治疗时要尽早除去坏死皮肤，促进上皮新生。初期可用热敷法，促进坏死皮肤脱落，当坏死皮肤干固，而与健康组织分离时，应及时剪除，创面可涂氧化锌软膏，促进上皮新生。

### 6. 鬐甲窦道（鬐甲瘘）

主要症状为鬐甲部肿胀、疼痛、化脓、坏死，并出现一个或几个排脓口。治疗必须详细诊断，力争尽早治疗。根治手术是有效的治疗方法，其要点是：切开化脓、坏死灶，扩开排脓口，彻底切除坏死组织，排除脓汁清除病理性结缔组织，保证引流通畅，促进肉芽组织生长，加速疾病痊愈。见第一篇第一章损伤并发症相关内容。

### （三）创伤出血

创伤出血是因锐力作用而发生的血管破损、血液外溢的开放性损伤。出血的多少取决于创伤部位、创口的大小和深浅以及受伤血管的种类。少量出血对机体影响不大，当出血量多，速度较快，特别是大量失血超过全血量的 40% 以上时，则可出现休克症状，见第一篇第一章失血性休克。

治疗原则为处理创口，止血包扎，补充血溶量，必要时输血，见第四篇第二章止血法包扎法和第一篇第一章失血性休克。

### （四）外伤性腹壁疝

腹肌或腱膜在钝性外力作用下，腹腔内组织或器官通过腹壁破裂孔或薄弱处膨出的疾病。多发部位是膝褶前方下腹壁。

### 1. 症状

腹壁受伤后局部突然出现一个局限性扁平、柔软的肿胀，触诊时有疼痛，常为可复性。伤后两天起炎性症状发展，变为愈来愈大的扁平肿胀，逐渐向下、向前蔓延，如图1-5-2。在腹壁疝肿胀部位听诊时可听到皮下的肠蠕动音。有挫伤无开放伤口，很容易发生粘连和箝闭。

### 2. 治疗

**保守疗法** 适用于初发的外伤性腹壁疝，凡疝孔位置高于腹侧壁的1/2以上，疝孔小，有可复性，尚不

图 1-5-2　腹壁疝

存在粘连等，可试做保守疗法。在疝孔位置安放特制的软垫，用特制压迫绷带在马体上绷紧后起到固定填塞疝孔的作用，如图1-5-3。缺点是压迫的部位有时不很确实，绷带移动时会影响效果。

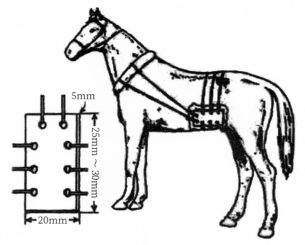

图 1-5-3　压迫绷带治疗马腹壁疝

**手术疗法**　要求无菌操作。停喂一顿，饮水照常。关于进行手术的时间问题，应根据病情决定。

## （五）角膜外伤

由于草茎、荆棘、钉尖、铁丝等刺伤，鞭梢打伤，钝性强剧地冲击眼睛等造成的角膜损伤。由于损伤程度的不同分为表层性、深层性和贯通性损伤。表层性损伤时，仅上皮层而有时（部分的）前基膜的完整性受到破坏；深层损伤为角膜固有层的损伤；贯通伤时角膜全层受到损伤，易造成眼内部感染。

### 1. 症状

一般症状为怕光、流泪、疼痛及眼睑闭合。角膜上皮损伤时，呈点状混浊，易吸收，一般症状表现轻微。角膜中层损伤时，损伤部及其周围出现弥漫性混浊，波及全角膜，并有血管新生，混浊不易吸收，往往遗留疤痕。贯通伤时，伤及角膜全层并与前房贯通，流出眼房液，创口较大时，常引起虹膜脱出。易感染发生化脓性全眼球炎。

### 2. 治疗

应保护角膜创面，防止感染，促进损伤角膜新生。非穿透创时，用防腐液冲洗和清拭患眼后，用抗菌素眼药水滴眼，必要时全身应用抗菌素疗法；角膜穿透创时，手术缝合修复，向患眼内滴入抗菌素眼药水或眼膏，装着眼绷带，必要时全身应用抗菌素注射；眼球破损较严重或发生化脓性全眼球炎时，可行眼球摘除术。

### （六）眼睑外伤

眼睑外伤多发生于上眼睑，多以挫伤、撕裂等形态出现。病因同角膜外伤。

**1. 症状**

一般为撕裂或部分缺损，眼睑闭锁不全，流泪、结膜充血，出血少，疼痛轻微。由于疤痕的形成，可致眼睑外翻。

**2. 治疗**

同于创伤的治疗。不可用刺激性较强的药物，以免损伤结膜和角膜。为防止眼睑外翻，不遗留缺损或疤痕，对皮瓣不宜切除，应实施缝合术，装着眼绷带，加强护理。对不能进行缝合的挫创，应伤口处理，促进愈合，可能时再行缝合。

### （七）蹄底挫伤

蹄底挫伤是蹄底真皮受到钝性外力作用所引起的损伤。又称蹄底血斑。前蹄多发。

**1. 症状**

**轻度挫伤** 踏着谨慎，不呈现跛行，只在坚硬山石路上运动时，跛行明显。钳压时疼痛轻微。由于炎症消失，溢出的血液被吸收，而成为血斑，血斑经削蹄而逐渐消失。

**严重的挫伤** 立即呈现明显的跛行，患蹄增温，钳压时疼痛明显。

**感染化脓** 跛行明显，蹄温增高，叩打和钳压时，疼痛剧烈。

**2. 治疗**

除去病因；挫伤初期应用冷蹄浴，2～3天后基本痊愈；后期采用温蹄浴连续治疗，应用抗菌素预防感染，装钉铁板蹄铁。

继发化脓性真皮炎时，在患部直下方做漏斗状凹坑，待分泌物排出后，用0.1%呋喃西林液或0.2%高锰酸钾液冲洗，再注入碘仿醚，撒布碘仿磺胺粉，最后装钉铁板蹄铁。严重的病例，应配合全身疗法。

### （八）蹄冠外伤

蹄冠外伤是蹄冠部的角质和相邻的皮肤组织所受的损伤。

### 1. 症状

**蹄冠挫伤** 患部肿胀和疼痛，跛行明显。受伤部有致伤的痕迹。

**蹄冠创伤** 轻度创伤常不出现跛行；较重的挫刺创，创口较小而创缘不整，患部皮肤和角质交界处出现软化和角质轻度剥离现象，肿痛、跛行明显。感染化脓时，肿胀明显，疼痛剧烈，蹄温增高，呈混合跛行。经久不愈时，常引起肉芽赘生。

### 2. 治疗

应清除污物，剪去被毛，用消毒液清洗患部，按新鲜创进行处理。感染化脓时，应除去脓汁和坏死组织，用 0.1%呋喃西林液或 3%过氧化氢液等清洗创伤，切除剥离的角质，然后在创内撒布碘仿磺胺粉，缠以绷带。

### 3. 预防

经常检查，发现损伤要及时正确处置；在不良的道路上作业的马，应缓慢前进，防止过劳；避免马匹的密集运动。

### （九）蹄底及蹄叉刺伤

蹄底、蹄叉刺伤是由于尖锐物体刺穿蹄底、蹄叉角质及其深部组织所发生的损伤。

### 1. 症状

病马突然发生跛行。刺入较浅时，跛行有时不明显或以后才明显；刺入较深时，病马立即出现重度跛行。检查蹄底，容易发现刺入物或从刺入孔流出血液。

深部组织感染化脓时，少量脓汁可经刺入孔排出，而大量脓汁则沿着蹄底蔓延，从蹄球部向外排出。在蹄骨附近的长期化脓性炎症，常引起蹄骨的部分坏死和形成瘘管。病马重度跛行，疼痛剧烈。严重的病例，病马全身症状重剧并有发生败血症的可能。

### 2. 治疗

发现刺入物时，应将刺入物周围清洗、擦干后，以 5%碘酊或 0.5%洗必泰或 75%酒精消毒，再将刺入物拔出，应防止刺入物折损，并观察刺入物顶端有无脓液或血迹。如刺入物取出困难时，先把刺入物周围角质削成凹坑，待其暴露后拔出，再用 1%高锰酸钾清洗，向创内灌注碘酊并撒布碘仿磺胺粉或填塞磺胺乳剂纱布条等，而后用松馏油纱布条填塞，包扎蹄绷带或装铁板蹄铁。

对无异物的刺入孔，应把刺入孔周围角质切削成漏斗状的凹坑，直达真皮，将患部周围坏死组织及分离的角质彻底削净，用3%过氧化氢液冲洗创腔。创腔处理、包扎和装蹄同上方法。严重病例，应用抗生素全身疗法。

没有进行破伤风免疫注射和已超过免疫期的病马，应注射破伤风抗毒素。

## 三、软组织伤病

### （一）血肿

血肿是由外力作用导致血管破裂，溢出的血液分离周围组织，形成充满血液的腔洞。常见于软组织非开放性损伤，骨折、刺创、火器创也可形成血肿。血肿分为动脉性血肿、静脉性血肿和混合性血肿。

**1. 症状**

肿胀迅速增大，饱满有弹性，呈明显的波动感。4～5天后肿胀周围呈坚实感，并有捻发音，中央有波动，局部增温。穿刺时可排出血液。有时可见周围淋巴结肿大和体温升高等全身症状。血肿感染可形成脓肿，注意鉴别。

**2. 治疗**

应从制止溢血、防止感染和排除积液着手。于患部涂碘酊，装压迫绷带。经4～5天后，穿刺或切开血肿，排除积血或凝血块和挫灭组织，如发现继续出血，可行结扎止血，清理创腔后，再行缝合创口或开放疗法。

### （二）淋巴外渗

淋巴外渗是在钝性外力作用下，由于淋巴管破裂，致使淋巴液聚积于组织内的一种非开放性损伤。

**1. 症状**

一般于伤后3～4天出现肿胀，并逐渐增长，有明显的界限，呈明显的波动感，皮肤不紧张，炎症反应轻微。穿刺液为橙黄色稍透明的液体，或其内混有少量的血液。时间较久，析出纤维素块，如囊壁有结缔组织增生，则呈明显的坚实感。

### 2. 治疗

首先使马安静。较小的淋巴外渗不必切开，于波动明显部位，用注射器抽出淋巴液，然后注入95％酒精或酒精福尔马林液，停留片刻后，将其抽出。用一次无效时，可第二次注入。较大的淋巴外渗可切开，排出淋巴液及纤维素液，用酒精福尔马林液冲洗，并将浸有上述药液的纱布填塞于腔内，作假缝合。当淋巴管完全闭塞后，可按创伤治疗。

### （三）关节周围炎

关节周围炎是在关节囊及韧带抵止部发生的慢性纤维性和慢性骨化性炎症，但不损伤关节滑膜组织。腕关节、跗关节、系关节和冠关节多发。常继发于关节的扭伤、挫伤、关节脱位及骨折等；关节剧伸，韧带、关节韧带抵止部的滑膜发生撕裂；关节边缘的骨膜长期受刺激的慢性关节疾病等。

### 1. 症状

可分为慢性纤维性关节周围炎和慢性骨化性关节周围炎。

**慢性纤维性关节周围炎**  患马关节无明显热痛。关节肿胀粗大、活动范围变小、运动有痛感，特别是休息之后开始运动时更为明显。久病可发生关节挛缩。

**慢性骨化性关节周围炎**  患马关节无热痛。肿胀坚硬，肿胀位置皮肤肥厚，可动性小。纤维结缔组织增生、骨化致关节粗大，关节活动不灵活，屈伸不充分，因增生的位置不同，机能障碍的程度也不同。起立、卧倒都困难。久病可致患肢肌肉萎缩。

### 2. 治疗

慢性纤维性关节周围炎，应用温热疗法、酒精温服、可的松皮下注射、透热疗法及碘离子投入疗法。骨化性关节周围炎，可参考骨关节炎和骨关节伤病疗法。

### （四）指屈肌腱炎和悬韧带炎

指屈肌腱炎和悬韧带炎是指浅屈肌腱、指深屈肌腱和悬韧带的炎症，马四肢常发病之一。常见于屈腱剧伸；载运过重；激烈奔跑；受伤期间接受训练。

## 1. 症状

**指屈肌腱炎**　站立时患肢常向前伸出，呈稍息肢势，腕部微屈，系部直立，蹄尖或蹄底前半部着地负重，患肢着地时头部或臀部高抬；指浅屈肌腱受伤导致的肿胀最为明显，掌后中部隆起，多柔软或稍坚硬；运动时呈轻度或中度混合跛行，跛行随运动加剧，抬不高，步幅短，快步行走时经常出现蹉跌；腱纤维破坏严重时呈弥散性肿胀（图1-5-4），与指深屈肌腱粘连，呈球状硬结（图1-5-5）。指深屈肌副韧带的炎症和周围的肌腱发生粘连时，前肢掌骨后侧如鱼腹样隆起。病久屈腱挛缩，形成突球（滚蹄）。

**悬韧带炎**　病马站立时，半屈曲腕、系关节，并伸向前方，保持系骨直立状态。运动时呈支跛。慢性经过时，肿胀变硬。盘尾丝虫引起的悬韧带炎为慢性炎症过程，患部呈结节状无痛性肿胀，有时浮肿。

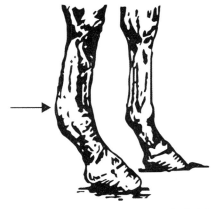

图 1-5-4　指浅屈肌腱炎（全腱肿胀）

## 2. 治疗

除了按照腱炎的常规治疗外，使用冲击波治疗仪进行治疗，可取得良好治疗效果；不同腱炎采取不同的装蹄疗法。

**指深屈肌腱炎**　原则上加大蹄的角度，适当切削蹄尖部负面，装厚尾蹄铁，或加橡胶垫。蹄铁的剩缘、剩尾应多些，上弯稍大些。

**悬韧带炎**　原则上减小蹄角度。悬韧带分支发生炎症时，轻度切削发炎侧蹄踵负缘，但保持蹄负缘的内外应当等高。

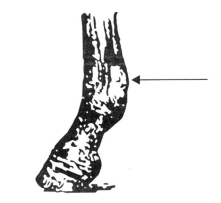

图 1-5-5　指浅屈肌腱炎（籽骨上方肿胀）

**指浅屈肌腱炎** 基本与悬韧带炎的装蹄疗法一样。

### （五）非开放性腱断裂

腱断裂是腱的连续性被破坏而发生分离的损伤。临床上常见屈腱断裂。由于剧烈运动、过重驮载、挽曳、跳越、疾驰、蹴踢、保定失宜所致。因外伤、战伤而致者，多发生在掌的中、下部及系部，皮肤和腱组织同时发生损伤，属开放性腱断裂。

#### 1. 症状

腱断裂的共同症状是腱弛缓、断裂部形成缺损，腱断端肿胀、疼痛、增温，病马患肢机能障碍，表现为异常肢势。

指浅屈肌腱断裂时，突然呈现支跛，站立时，以蹄尖着地减少负重，患肢负重时，球节显著下沉，蹄尖壁稍稍离开地面而向上翘起。

指深屈肌腱完全断裂时，蹄冠部发生沟状凹陷，球节背屈、下沉，系骨几乎为水平状态。与指浅屈腱断裂相比，支跛严重；运步负重时，球节、蹄尖壁姿势变化比指浅屈腱断裂显著。如果发生在球节下方时，则可触摸到断端间隙及热痛性肿胀。

#### 2. 治疗

腱断裂的治疗原则是，防止感染，改善血循，促使腱的断端接近，固定患肢防止患腱移动，加速患腱愈合。其治疗措施应根据性质、程度、部位分别处理。不全断裂时，一般不做腱缝合，只对患肢装石膏绷带固定或者装支撑蹄铁（长尾连尾蹄铁）；完全断裂时，可行腱缝合，使断端接近，患肢装石膏绷带固定。

石膏支撑绷带装着方法同骨折时的无衬石膏支撑绷带。皮外钮孔缝合法如图 1-5-6 所示。长尾连尾蹄铁如图 1-5-7 所示。

### （六）肌肉转位

由于外力作用和肌肉突然收缩，使之脱离其正常位置者，称为肌肉转位。常因蹬空、滑倒、急转弯、快跑急停、跳越障碍、泥泞道路重役等而发生。因转位肌肉的部位及其生理机能不同，其症状也不一样。

#### 1. 岗下肌转位

常发生于岗下肌浅支，从臂骨大结节处向后方移位。病马呈现外展肢势，运步时，患肢负重瞬间，肩关节明显外偏，出现支跛。应与岗下肌断裂和肩胛上神经麻痹相区别。

**2. 趾浅屈腱转位**

后肢趾浅屈肌腱由跟骨头附着部脱离其正常位置，转向跟骨结节

图 1-5-6　皮外缝合法　　　　图 1-5-7　长尾连尾蹄铁

的内方或外方。多见于乘马，急跑中剧停，跳越障碍时蹬空是主要原因。病初患肢步样不确实，因跟骨得不到固定而出现左右摇摆现象。重症者患肢以蹄尖拖地前进。跟骨头一侧出现鸡蛋大的肿胀。患肢负重时，球节明显下沉。

**3. 治疗**

一般在全身麻醉下进行整复，整复后局部涂刺激剂。不能整复时行手术疗法。病初可采取各种抗炎措施。当转为慢性时，可于肿胀部反复进行点状烧烙，同时配合装蹄（厚尾蹄铁）疗法。

**（七）软组织挫伤**

挫伤是机体在钝性外力直接作用下，引起软组织的非开放性损伤。由于打击、冲撞、跌倒、蹴踢、机械性钝性外力作用于机体组织所引起。

**1. 症状**

由于挫伤轻重的不同、发生部位的差异，其临床表现也不完全一样。

**皮肤变状**　患部的皮肤有时可出现不同程度的致伤痕迹，如被毛脱落，皮肤擦伤等。

**溢血**　由于血管发生断裂引起，溢血可分为血斑、血液浸润、血液渗漏及血肿等。

**肿胀**　损伤组织被炎性渗出物、血液和淋巴液浸润而引起。肿胀坚实，疼痛并不甚显著。

**增温**　由于局部的炎症反应，患部温度明显增高。

**疼痛**　为神经末梢受到损伤、炎性产物的刺激和肿胀的压迫所致。当较大的感觉神经干及感觉神经分布丰富的部位挫伤时疼痛显著，一般部位轻度挫伤疼痛多为瞬时性。

**机能障碍**　因发病部位不同而表现出不同的机能障碍，因挫伤组织不同而表现出不同程度的机能障碍。

**全身反应**　轻度挫伤，全身反应轻微；重度挫伤时，会出现明显的全身症状。

### 2. 治疗

原则是制止溢血，镇痛消炎，促进吸收，防止感染，加速组织的修复。急性炎症的初期（24小时之内），可采用收敛疗法、镇痛疗法、冷却疗法制止溢血和炎性渗出。急性炎症的中、后期，常采用活血散瘀法、刺激剂疗法、温热疗法促进溢血和其他炎性产物的消散、吸收，加速损伤组织的修复。

## 四、火器伤和战场烧伤

### （一）火器伤

火药武器所引起的一种损伤，可概括为弹片伤和枪弹伤两类。

### 1. 形态种类

**盲管创**　投射物穿透力弱，停留在组织内形成异物，有入口而无出口。

**贯通创**　投射物的穿透力很强，完全穿过马体伤部，造成有入口也有出口的管状创。

**穿透创**　投射物穿入颅腔、胸腔、腹腔、关节腔内。

**切线创**　也称擦过创，因弹道由体躯表面切过，发生线状及沟状的创伤。

### 2. 特点

组织损伤范围广，污染重，感染率高，伤情复杂。

### 3. 并发症

急性失血，损伤性休克，战伤感染。由厌氧菌所致的厌氧性感染如恶性水肿、坏死杆菌病和破伤风等，虽较少见，但危害严重。

**4. 战地救护**

**止血** 可用急救包填塞包扎，或创口撒布止血粉后再包扎。如无急救包时，可用干净毛巾或布块等代替。四肢出血，可在出血部上方扎止血带。在条件可能的情况下，静脉注射10%氯化钙液100毫升。

**包扎** 常用急救包、三角巾或卷轴带等包扎。也可利用清洁的布块或衣服包扎。有条件时，在包扎前应施行创围剪毛、消毒，创面撒布磺胺粉等处置措施。

**固定** 对四肢的骨、腱、关节的火器伤，应就地取材，使用树枝、木板、竹片和小绳等制成夹板绷带，固定伤肢。对有内脏脱出的体腔火器伤，不可草率还纳，可利用清洁的容器（如脸盆等）扣住并包扎，防止继续脱出。

**后送** 伤马急救后应迅速转到安全地带或送往医疗地点治疗。

**5. 外科处理**

**除去伤道内异物** 对细小异物和组织碎片，可用温生理盐水、3%过氧化氢液冲洗。有弹片或子弹时，可用子弹钳或止血钳将其钳出。如因伤道弯曲或过深时，可扩大伤口或对口切开，以便取出，并利于创液排出。

**切除坏死组织** 彻底剪除污染变色的筋膜和皮下结缔组织等的挫灭坏死组织。修整后的伤道应排液畅通，为创伤愈合创造良好条件。

**清洗伤道** 伤道经过上述处理后，可用灭菌生理盐水冲洗，彻底清除异物、凝血块及组织碎片，拭干，按一般创伤的疗法处理。

**全身抗感染措施** 根据情况可应用抗菌素或其他抗感染疗法，破伤风抗毒素。

## （二）战场烧伤

**1. 现场急救**

**火焰烧伤的急救** 砍断马匹缰绳，向厩外驱赶马匹，及扑灭马体上的火焰，防止伤马再次逃回火场。采取措施防止马匹啃咬伤部。

**凝固汽油烧伤的急救** 凝固汽油弹爆炸着火后，用土、泥沙、湿布或将伤马牵入水中进行马体灭火，严禁用打扑的方法灭火。灭火后，应迅速用冷敷或冷水浇伤部，以降低深部组织的温度，减轻损伤的程度。铲除或掩埋落到地面的凝固汽油。

**磷烧伤的急救** 因磷炸弹爆炸后致伤，必须采取严格的除去磷颗粒的措施（可以用 5% 碳酸氢钠液湿敷，以中和磷酸。用 2% 硫酸铜液湿敷，使磷变成黑色的不溶解的磷化铜颗粒，然后用镊子将其除去），以免损伤加重（磷燃烧有白烟，火柴燃烧味，夜间有绿色荧光），除掉的磷颗粒，放入有水的瓶内，深埋处理。用湿布、砂、土以隔绝空气，或用绷带急救包包扎伤口，迅速后送。禁止用油类药剂涂于伤面，以防引起磷吸收中毒。

**2. 治疗措施**

经急救处理后的伤马，应注射止痛、镇静剂，必要时行气管切开，以防窒息。后送途中，尽量多饮水，水中可加入少量的食盐。抗休克、纠正酸中毒、处理伤面等措施见第一篇第一章创伤中烧伤相关内容。

（本章编者：李宏 杨会锁）

第二篇

卫生防护

# 第一章　气候卫生

## 一、热区卫生

### （一）军马进驻热区的卫生防护

#### 1. 进驻前的准备工作

**制定保障计划**　搜集进驻地区的流行病学资料，组织流行病侦察，制定军马卫生保障计划，准备必要的中暑急救药、蛇毒急救药等药品。

**落实卫生要求**　提出切实可行的军马卫生防病要求并落实。

**加强宣传教育**　了解热区环境对军马健康的影响，督促官兵自觉执行卫生防病措施。

#### 2. 加强炎热气候军马的训练管理

**渐进训练**　军马进驻热区时，要按早晚较凉，午后较热的特点，逐渐增加行程、速度和负荷的行军作业锻炼。一般进行为期2周的适应性锻炼，便可提高其耐热能力。

**军马管理**　平时要坚持遛马，增强体质，改善心血管系统的功能。在锻炼期间要注意观察军马状态，发现有中暑前期症状者，应做妥善处理。

#### 3. 做好炎热气候的卫生防护

**合理使役**　合理安排使役和休息。一天中最热的时间（11～15时）应减少重役作业。

**做好防护**　使役中适当增加休息时间和次数。烈日下作业，头、背部可用野草、青竹、树枝等物进行遮盖。

**调节饮食**　合理补充水和盐，饮水要少量多次。食盐摄取量每天可增至50克左右。

**马体管理**　厩内马匹安置不宜拥挤，厩舍通风良好。要勤洗澡或冲洗马体。

### （二）热区军马常见病及预防措施

#### 1. 日射病

日射病是由于强烈的日光长期直射于头顶部，引起脑与脑膜的充血及中枢神经的过热，发生血管运动调节中枢与呼吸调节中枢麻痹和体温调节功能紊乱的疾病。其表现是突然发病，体温一般正常，但在使役和运动时，体温则升高，有的达 40℃ 以上，呼吸加快，使役中迅速疲劳出汗，肌肉张力降低，步行不稳，继而表现为兴奋不安、狂暴、前冲、肌肉震颤、牙关紧闭等。防护措施见本章炎热气候的卫生防护和第一篇第二章中暑的预防。

#### 2. 热射病

热射病是由于外界温度过高，机体散热不足，因而引起全身过热，并伴有血管运动调节中枢及呼吸调节中枢麻痹的疾病。在闷热的环境中突然发生，体温升高，有时可达 42℃ 以上，表现为精神沉郁、四肢张开、步态蹒跚、摇摆不稳，对日光照射恐惧，大量出汗，心暴跳，脉快而弱、节律不齐，血液浓稠易凝固；呼吸促迫，呈间断性呼吸，黏膜发绀，瞳孔初散大后收缩。防护措施见本章炎热气候的卫生防护和第一篇第二章中暑的预防。

#### 3. 毒蛇咬伤的防护

在放牧过程中，马因采食或饱食后卧地而被毒蛇咬伤，故咬伤的部位多在上、下唇、鼻端、额面、两颊、腹部和四肢等处。咬伤部有出血点，以后很快发生肿胀并慢慢扩大。局部红、肿、热、痛明显，如果大血管被咬伤，外表则看不出肿胀现象，但全身中毒很快死亡。

**救治** 急救的原则是迅速阻止蛇毒的吸收和尽快排除局部毒液，力争在短时间内得到处理，若延误数十分钟，即失去急救的意义。救治方法与措施见第一篇第二章中蛇毒中毒相关内容。

**预防措施** 宿营时应清理马厩及系马场环境的杂草，堵塞蛇洞和鼠洞。在森林地区或夜间行军作业时，可打草惊蛇，把蛇撵走。放牧时可采取井水水槽喂饮，不去周边水草茂盛的湖泊、河流饮水。

#### 4. 蚂蟥侵袭病的防护

在低洼沼泽地带，蚂蟥（水蛭）随同饮水侵入马匹的口腔、咽腔和鼻腔。蚂蟥侵入咽腔及鼻腔后，引起黏膜炎性水肿，出现混血流涎或黏液混血鼻漏，并伴发咽炎及腮腺下部的水肿。重症病例，张口呼吸甚至引起死亡。咽腔或鼻发现蚂蟥时，让马喝水或在马鼻端注水，蚂蟥见水伸出头时，迅速用钳子夹出。如果夹不出来时，可较长时间内不饮马，当马感渴思饮时，用脸盆给水，此时蚂蟥往往大胆地伸出头来去喝水，趁它伸头入盆喝水的时机进行夹取。

### 5. 过敏性皮炎的防护

**症状** 环境卫生和马体卫生好，本病发病率低、病程也轻。反之，则发病率高，病症也重。发生部位最多的是颈部、肩部、胸前、腹下、背部、阴囊等处，其次是头部、尾根。主要表现为被吸血昆虫叮咬后，初期形成丘疹，而后形成散在性颗粒状脱毛斑，有奇痒等症状。

**预防措施** 搞好环境卫生，保持马厩清洁干燥，通风良好。铲除马厩周围杂草，清除粪便并运离厩舍（距军马安置场所至少 100 米）的深坑里堆积发酵，以消灭或减少蚊、蠓、刺蝇孳生场所。

对军马安置场所周围 100 ～ 200 米内的树林、湿地、池塘、沟边等处，用化学杀虫剂每月进行 1 次喷洒杀虫。坚持刷马，保持马体清洁。留长马尾，增进马匹驱避能力。

## 二、寒区卫生

### （一）寒区环境对军马健康的影响

军马对低温的适应能力较高温要强得多。如果饲料供应充足，有自由活动的机会，在一定的低温条件下，军马仍能保持热平衡，维持体温的恒定。当温度过低，超过机体代偿产热的最高限度，可引起体温调节机能障碍，使体温继续下降，代谢率亦伴随下降。呼吸道黏膜受到破坏，细菌极易侵入，而形成肺炎。最后可因呼吸及心血管调节中枢麻痹而死亡（冻死）。

一定条件下低温引起局部组织的损伤称为冻伤，但冻伤的发生发展，除与低温的程度及作用时间有关外，还与其他气象因素、局部组织的血液循环及机体的机能状况有关。机体被毛发育不良的部位（马的阴茎、下唇、阴囊）及四肢下部易发生冻伤。

寒区军马常见病除冻伤外，还有感冒、肺炎、关节炎、神经痛和风湿症等疾患。

### （二）军马易发生冻伤的时机

一是在部队遂夜据守阵地和马体受伤时；二是顶风行军或突遇暴风雪，马体长时间受冻或骤然受严寒侵袭时；三是大量出汗后在冷环境下停留过久或过度疲劳、饥饿时；四是初入寒区缺乏锻炼时。

### （三）寒区军马卫生防护措施

#### 1. 增强马体抗寒能力

马匹突然进入寒区，要有一段适应的过程。为使军马适应严寒季节的变化，在冬季通常用草把摩擦马体，并随气候的变冷，逐渐增加摩擦次数，以保持体温，增强皮肤的抗寒能力，并坚持用冰水饮马，饮水时要注意少量多次并要牵遛 20 ～ 30 分钟。军马安置场所应选择在背风向阳处，每隔 2 ～ 3 小时遛马一次，以不断增强军马的耐寒能力。

#### 2. 不断提高持久作业力

入冬后牵遛军马，初期时间不宜过长，路程不宜过远，可随气候变冷逐渐增加，并经常结合执勤任务，进行使役锻炼，并定期进行军马长途骑乘行军和野外露营的耐寒锻炼。

#### 3. 耐寒训练中的注意事项

适当减少病马或老弱马锻炼科目；冰雪道路乘遛时，应注意步度配合，马匹出汗后须擦干汗液，以防受寒发病；训练应有计划地进行，必须抓早抓紧，秋天开始练，冷季不间断，注意循序渐进。

## 三、高原卫生

### （一）搞好军马健康检查

凡在高原从事训练、驻防和作业的马都应做详细的健康检查，对膘情不好、老弱病残以及患有严重心脏病、肺部疾病、缺氧耐力极低的军马，不应从事高原训练和作业。此外，健康马在初抵高原一个月内，如发现心脏收缩期杂音或其他症状时，应给予适当治疗以促进高原适应性的建立。

### （二）高原适应性锻炼

高原地势高、气温低、空气稀薄、气候多变，适应性锻炼的原则应该是循序渐进，防止过劳，结合实际，持之以恒。已获得适应能力的军马必须要以持久锻炼来保持，如停止锻炼 2 个月，适应能力会逐渐消退。因此，适应锻炼必须纳入军马训练计划。

### 1. 驻留高原适应性锻炼

爬山或驮载行军，每周 2 ～ 3 次，每次 1 小时。驻留在 3500 米高度，爬山高度以 300 ～ 500 米为宜，坡度以 30 ～ 35 度较为合适，可采用慢步—快步—慢步交替的方法。行军锻炼，每日一次，行程 30 ～ 50 公里。长途野营，可在冬季进行，每次 1 ～ 2 个月，全程 300 公里左右，高度 4000 米以上。

### 2. 初入高原适应性锻炼

初入高原的军马，可采用阶梯式锻炼的方法适应高原性气候，即在不同的高度上进行适应性锻炼以获得对更高地区的适应能力。锻炼的高度和预期进入的高度二者相差一般应在 500 ～ 1500 米以内。在 2000 米左右地区适应锻炼，可获得对 3500 米的适应能力，在 3000 ～ 5000 米地区适应锻炼，可获得对 4000 ～ 4500 米的适应能力，而要获得对 5500 米左右的适应能力须在 5000 米左右进行锻炼，一般需 2 周左右，每日 2 小时。

### （三）避免诱因

### 1. 过重使役

使役使机体耗氧量增加，使役后容易引发高山病（高原低氧条件下，动物对低氧环境适应不全而产生的高原反应性疾病），所以进入高原时，一般不安排过重的使役。

### 2. 寒冷

由于寒冷，机体的代谢增强，耗氧量增多，促使组织缺氧。而高原缺氧又可促使感冒或冻伤。所以进入高原后要采取防寒措施。

### 3. 上呼吸道感染

上呼吸道感染使机体发热，代谢加强，耗氧量增多，加重缺氧。在高原患感冒时，比平原的病情重、病程长。同时，容易发展成肺炎和肺水肿，造成严重后果。所以在高原要特别注意预防上呼吸道感染。

### 4. 消化机能降低

高原气压低、缺氧，易导致消化系统的功能抑制，进入高原时可发生食欲减退、胃肠胀气、疼痛等现象。所以，当军马进入高原后，不要喂得太饱，并多喂富含碳水化合物（谷类）的能量饲料。糖能增加机体对缺氧的耐受力，并能使因缺氧时紊乱的脂肪代谢和蛋白质代谢趋于正常，有条件时可直接加喂一些蔗糖，少喂难以消化的饲料。

## 四、安置场所卫生

### （一）军马安置场所

军马安置场所是指马厩、系马场、掩体以及军马临时安置场所。它既是军马避风雨（雪）、防寒暑的地方，也是对军马进行饲养和安全防护的地方。

### （二）军马安置场所选择

军马安置场所要选在地势高燥、平坦、阳光充足和能避风雨（雪）的地点，从整个营区来看，马厩、系马场应设在下风向，但要设在军马所和道路的上风向。此外，还应避开污水塘、死水湾。没有自来水设置时，马厩应在露天水源下风向200米处为宜，避免污染水源。系马场应设在马厩附近的向阳、平坦处。

在部队外出执勤和行军野营，要因地制宜，尽量利用有利地形、地物、民房做好隐蔽，选好军马安置场所。每到一个新的地区，要先深入调查研究，同时与当地畜牧兽医部门取得联系，了解疫情，取得第一手资料，针对具体情况，充分发挥广大饲驭人员的积极性，变不利因素为有利条件，安置好军马。

在战时，如宿营地没有地形、地物可利用，宿营时间又很长，则需要构筑军马掩体。地点应选择易于疏散、隐蔽或敌炮射击死角及高燥、向阳处。

### （三）军马安置场所设置

#### 1. 厩舍的一般设置

根据各地区的气候条件差异，军马采用的厩舍形式主要有封闭式、敞开式和半敞开式三种。马厩的一般设置概括起来可分为单列式和双列式两种。见图2-1-1，图2-1-2。不论建造何种样式的马厩，除经济适用外，要保持空气流通、光线充足、温度适宜，厩内干燥。同时每匹马在厩内应有3米长、1.5米宽的活动面积。

**单列式马厩** 即马厩内军马排成一横列，一面为投饲料的通道（宽度 1.0～1.2 米），每厩所容纳的马数不等，一般以 20 匹左右为宜。此种样式马厩虽利于预防传染病，但排列过长，不便于马匹管理，在建筑上也不经济。

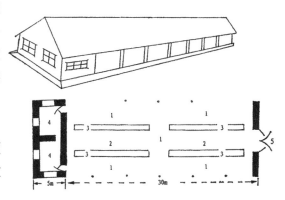

1. 厩床 2. 道路 3. 饲槽 4. 饲料调理室 5. 套门

图 2-1-1 密闭式马厩建筑图

**双列式马厩** 分为对头式与对尾式两种。对头式为两列马头相对，中央设一投料通道，除粪通道（宽度为 2.5～3.0 米）。对尾式为两列马尾相对，两边各设一投料通道（宽度为 1.9～1.2 米），中央设一除粪通道（宽为 1.2～2.0 米）。前者建筑经济便于管理马匹，但不利于传染病的预防，而后者则相反。

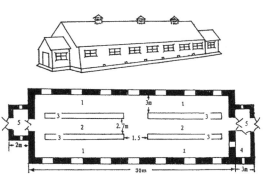

1. 厩床 2. 通道 3. 饲槽 4. 饲料调理室 5. 套门

图 2-1-2 敞开式马厩

**厩床**（马厩内马匹站立的地方） 厩床一般要求不透水，平整干燥，有弹性，坚固耐用，同时便于清扫粪便和消毒。厩床要有一定的倾斜度，一般前比后高坡度为 3% 为宜，倾斜度过小，尿液、污水不易排流；过大则采食不便，并使马重心后移，后肢屈肌长时间处于紧张状态，压迫蹄部，影响肢蹄健康，不利马休息。目前全军马厩厩床有三合土（黄泥、沙子或煤渣、石灰）、砖地、石头、水泥和木板等五种。

三合土厩床易建造、造价低、柔软有弹性、易保暖，但不结实，易形成坑凹，不便清扫消毒，也易潮湿，沾污马蹄。所以，在潮湿及地下水位高的地区，不宜采用这类厩床。但是，这种厩床可保持马蹄的水分，缓解蹄部、韧带及腰肌的紧张，有利于马匹的休息。

砖地厩床温暖、便于清扫消毒，但砖缝不严密、易磨成坑、易返潮、污水易渗入土层，厩内易形成不良气味。

石头厩床包括石块、石板和卵石厩床。石头厩床结实、不透水，易清扫消毒，导热性强，卵石厩床表面光滑，易成坑凹。水泥厩床与石头厩床相似，是目前主要厩床形式。

上述厩床，各有利弊，建造哪种厩舍，应当根据当地气候条件具体决定。建造上既要经济耐用又要符合卫生要求。

**排尿沟** 应构筑成半圆形，其宽度为 20 厘米，深度为 3 ～ 12 厘米，略向下水道倾斜。

**饲槽** 应坚固耐用、光滑、容易洗刷。饲槽分单槽和通槽两种。但以采用单槽为宜，这样可避免马匹抢食或减少接触性传染疾病的发病机会。若选用通槽则不宜过长。单槽的上宽为 0.4 ～ 0.5 米，下宽为 0.3 ～ 0.4 米，长度为 0.7 米，深度为 0.3 ～ 0.4 米（包括槽底的厚度在内）。通槽长度按每马 0.6 米计算，其他的尺寸与单槽相同。饲槽高度应与马匹肩端同高。一般槽上缘距地面高 0.8 ～ 1.0 米。

如果利用民房或仓库等建筑物改建马厩时，除了注意上述与军马卫生有密切关系的设置以外，还应注意门、窗的改建，以保证军马出入方便，光线适宜。

## 2. 系马场设置

系马场是马匹休息、防暑和擦拭的地方。场地须平整，地面多采用沙土铺设，要求其倾斜度与马厩床相同。夏季炎热地区系马场应搭建凉棚（或利用树阴），以防烈日暴晒。寒冷地区系马场不要设在风口处，应保持充足的阳光。场地应根据马匹数量，分别设置系马桩（立柱），各桩用横杆两列联结。上杆距地面为 1.5 ～ 2.0 米用于拴马，下杆距地面 0.8 ～ 1.0 米用于防止马群乱窜。马匹应安置在系马场之一侧的同一方向，如面积不够时，可在对面另设一列横栏，但两列之间不得少于 2 米。行军宿营时，应选适当地点设系马场，马厩、系马场的柱栏上不许有钉头、铁丝等尖锐物体，以防刺伤马体。

（本章编者：华敏）

# 第二章　饲养卫生

## 一、饲料和日粮配合

军马饲养标准是指一匹马在一昼夜对各种营养物质的需要量。饲养标准是通过基础（或绝食）代谢、能量和物质平衡试验以及实地饲养试验的测定而制定的。按照饲养标准规定进行饲养，既能保证军马健康，又能合理利用饲料。

### （一）饲料

品质优良、营养丰富的饲料，是军马健康的物质基础。可供作饲料的物质很多，目前军马饲料主要有以下几种：青饲料、粗饲料、能量饲料、蛋白质补充饲料、矿物质饲料和添加剂，其中能量饲料和蛋白质补充饲料统称为精饲料。

#### 1. 青饲料

**营养特点**　含水量多，干物质少，一般含水分 75%～90%；蛋白质较多且品质好，粗蛋白质约占其干物质的 10%～20%，其中非蛋白质含氮物大都是游离氨基酸和酰胺，容易消化利用，蛋白质含有较全面的必需氨基酸，对军马有良好的营养作用。富含胡萝卜素和 B 族维生素，以及维生素 E、维生素 C、维生素 K；钙磷含量较多，比例也比较合理。喂给足量的马草，不仅满足了军马对营养物质的需要，而且因草粗纤维多、体积大，易满足马的饱感，促进胃肠蠕动，使消化机能更为旺盛。

**常用青饲料**　有天然牧草和栽培牧草与青饲作物。天然牧草主要有禾本科、豆科、菊科、莎草科，是军马放牧采食的主要饲料。栽培牧草主要有豆科和禾本科牧草，如苜蓿、紫云英、秣食豆、野豌豆、三叶草等。青饲作物主要有高粱、玉米、燕麦、大麦、蔬菜等以及水生作物。

**青饲料应用时注意的问题** 青饲作物易引起亚硝酸盐、氢氰酸中毒，还有光敏反应等。水生饲料易传播肝片吸虫等寄生虫病。所以，目前应用的主要是天然牧草和栽培牧草。

### 2. 粗饲料

**营养特点** 含粗纤维25%～30%，粗纤维中还含有较多的难以消化的木质素；粗蛋白质含量差异很大；钙磷含量较多；维生素D较多，其他维生素尤其是胡萝卜素较少。

**常见粗饲料** 有干草（青干草）、秸秆和秕壳等。干草是青草在果实未完全成熟前，收割后经晒、阴（风）、烘干制成，保持其青绿颜色，天然草地干草含粗蛋白质较秸秆高10%～21%，含粗纤维20%～35%，栽培的豆科牧草制成的干草含粗蛋白更高。秸秆是指农作物在籽实成熟收割后所剩下来的副产品，秸秆类饲料在某些情况下（如冬季）可以单独用来维持军马对热能的需要，但维生素、蛋白质和矿物质不足。秕壳是农作物收获脱粒时分离出的颖壳、荚皮、外皮等，统称为秕壳，这些饲料只起填充胃肠作用，不能满足机体维持热能的需要。

### 3. 能量饲料

能量饲料是指含粗纤维18%以下，饲料中干物质含消化能2500千卡/千克以上，粗蛋白质在18%以下的饲料。主要有禾本科籽实及其加工副产品。

**玉米** 玉米是一种养分不全面的高能饲料。淀粉含量高，含粗纤维少，消化率高，缺乏赖氨酸和色氨酸。

**大麦** 因有皮壳，不易消化。营养价值低于玉米，但适用于各种家畜。

**燕麦** 质地疏松，不会引起消化不良和便秘，是较好的喂马饲料。

**高粱** 营养价值近于玉米，苏氨酸、亮氨酸、组氨酸含量少，含有少量鞣酸，适口性较差。

**米糠** 谷类产区的主要补充精料。米糠适口性好，适于喂各种家畜。

**麸皮** 含粗蛋白质约16%，粗纤维和钙、磷含量与米糠相近。

能量饲料含能量较高，含粗纤维较少，消化率较高。蛋白质含量较低、矿物质含量少且不平衡，故应用时应与蛋白质、矿物质饲料配合。

### 4. 蛋白质补充饲料

凡含蛋白质 20% 以上、粗纤维 18% 以下、消化能 2500 千卡以上的饲料，均为蛋白质补充饲料。

**植物性蛋白质补充料** 大豆、黑豆、蚕豆、豌豆、秣食豆、小豆等豆科籽实，粗蛋白质含量很高，应注意补钙；豆饼、棉籽饼、菜籽饼等加工副产品，需防止中毒。

**动物性蛋白质补充料** 肉粉、血粉、肉骨粉、鱼粉等动物性蛋白质补充料，营养价值很高，钙、磷含量比例适当，维生素丰富。所以，在军马日粮中，按 5%～10% 补加动物性蛋白质补充料能提高整个日粮的营养价值。

**单细胞蛋白质补充料** 主要包括一些微生物和单细胞藻类，如小球藻和各种酵母等。粗蛋白、维生素 B 族含量也很高，是消化率和营养价值都很高的饲料。此类饲料含钙极少，具有苦味，适口性差。用量不应超过日粮的 10%。

### 5. 矿物质补充饲料

所有饲料的矿物质含量多不全面，与军马的需要不相适应，军马饲养中必须注意补喂矿物质饲料。

**食盐** 供给钠和氯。饲喂军马的食盐有粒状和块状两种。块状的可放于运动场或牧场供军马舔食。军马食盐需要量，随种类、用途、年龄、气候而异，用量占日粮的 1%。大致每日喂量 20～40 克。

**钙、磷的矿物质饲料** 如骨粉、贝壳粉等，钙、磷含量不同，需科学搭配。

### 6. 添加剂

配合饲料中常加入微量的各种添加剂成分，如合成氨基酸、维生素、微量元素、抗菌素、酶制剂、激素、抗氧化剂、驱虫药物、防霉及着色剂等。其作用主要是为了完善日粮的全价性，提高饲料利用率，维持军马健康的需要和预防疾病，减少贮存期间饲料营养价值的损失。

### 7. 配合饲料

配合饲料是根据军马营养需要，借助营养科学原理由多种饲料配合而成的混合料。它的优点是饲料利用率大大提高；综合应用食品工业副产品；经济合理利用饲料资源；营养全面，饲用安全，可防止营养缺乏症和饲料中毒；可直接饲喂，节省设备和劳力。配合饲料的基本类型有4种，即添加剂预混料、平衡用混合料、全日粮配合饲料和精料混合料。

### （二）日粮配合

根据军马饲养标准，从部队草料种类等实际情况出发，对军马的日粮进行配合，规定一匹军马一昼夜的草料喂量。

### 1. 日粮配合的依据

日粮是按相应饲养标准配给每匹军马一昼夜内各种饲料的总和。所谓日粮配合是按照饲养标准的规定指标，选择某些饲料，以保障每匹军马一昼夜间生活和使役的需要。为军马配合日粮时，要考虑以下几个问题。

**严格执行标准** 军马配合日粮，应执行《军马营养需要量》《军马工作暂行规定》中的要求，在有青草季节应加喂青草或青干草，有条件时可组织放牧。

**全价优质饲料** 日粮中所用饲料的品种、数量和质量，应能保障军马的健康和使役需要。

**适合军马体质** 饲料的选择应考虑到军马消化道的容积、营养成分的消化和吸收能力。日粮应采用当地生产并适合军马口味的饲料来配合。

### 2. 日粮配合的步骤与方法

**查营养需要量** 根据军马的体重、役别等，查出日粮中各种营养物质的需要数量。

**试配** 按现有饲料的营养价值，试定出日粮给予量。按照军马的食量，先定出青粗饲料给予量，再计算它与其他给予饲料营养物质的合计量，然后看是否与饲养标准所规定的数量符合。

**调整** 酌情增减各种饲料给予的数量，以校正营养物质的合计数，直到基本符合饲养标准为止。

**补充** 把日粮所含的无机成分合计数，与饲养标准对照。对所差数量与比例不当的，用矿物质饲料补充。同时考虑维生素的数量，以达到饲养标准要求。

### 3. 日粮配合注意事项

**先草后料** 我国小型马采草能力强，比较耐粗饲。采草标准规定如下：

200 千克体重每 100 千克采草量为 2.4 千克

300 千克体重每 100 千克采草量为 2.2 千克

400 千克体重每 100 千克采草量为 2.0 千克

500 千克体重每 100 千克采草量为 1.8 千克

600 千克体重每 100 千克采草量为 1.8 千克

**精料配合** 把精料配合成混合料，每千克混合料大约含有总能量（净能）1414 大卡和 100 克以上的蛋白质。然后按照试配、调整、补充的步骤配成合理（即与饲养标准相符合）的日粮。

**不要把饲养标准和供应标准混为一谈** 军马的饲喂量应根据草料供应情况制定"草料日粮表"，按使役和役别及马的膘情作适当调整。对使役繁重或瘦弱马应适当增料，由军马值班员掌握分发。草料供应情况指的是军马供应标准；"草料日量表"是指饲养标准。两者的关系是在供应标准的许可范围内，精打细算，统筹兼顾，按照饲养标准规定忙时多喂，闲时少喂，调节用量。如果把供应标准和饲养标准混为一谈，有多少喂多少，这样做会产生两种后果，一是体轻的、休闲或者干活轻的马给养需要量超过饲养标准，浪费草料。二是体重大或干活重的得不到饲养标准规定的营养需要量，导致膘情下降，营养不良。

**日粮饲喂量分配** 由于早、晚喂马的时间比较充裕，在马草的分配上，一般是早、晚多于午槽，早槽占日量的 35%，午槽占 25%，晚槽占 40%。如喂夜草时，可将晚槽的草量留出 10% 作为夜草。

**根据役别调整马的喂料量**　因使役强度、年龄、体况等有所不同，使役马、瘦弱马、新入伍的马、体格大的马应酌情增料；休闲马、肥胖马、体格小的马应酌情减料。全天马料，一般按早、午、晚平均喂给，但对使役马，早、午槽的喂料量应多于晚槽。食盐和石粉应按照定量喂给。

## 二、饮水卫生

### （一）饮用水的卫生要求

**1. 军马饮用水的卫生要求**

水中不能含有病原微生物和寄生虫卵，以保证水质在流行病学上的安全可靠。

水中有毒有害物质不能超过最高允许浓度，以保证水质在化学组成上对机体无害。

水的感官性状良好，即要求水质透明、无色、无臭、无异味。

**2. 军马饮用水的水质标准**

关于军马饮用水的水质标准，目前我国尚无明确的规定，可参照执行国家市场监督管理总局（国家标准化委员会）发布的《生活饮用水卫生标准》(GB5749 − 2022)。

### （二）饮用水的卫生评价

评价水质卫生指标，一般可按感官性状、化学、毒理学、细菌学和放射性五大类指标进行。军马饮水水源水（自备水源、二次供水水源）应定期采水样送相关机构进行水质卫生检验。

**1. 感官卫生性状指标**

主要包括色、浑浊度、臭、味和肉眼可见物等，通常可用眼、鼻、舌等感觉器官去直接观察。

**2. 化学指标**

主要包括 pH 值、总硬度、铁、锰、铜、锌、铝、挥发酚类、氯化物、硫酸盐、阴离子合成洗涤剂、溶解性总固体、耗氧量等。

**3. 毒理学指标**

主要包括氟化物、氰化物、砷、硒、汞、镉、铬、铅、亚硝酸盐、四氯化碳、氯仿等。

**4. 细菌学指标**

主要包括细菌总数、总大肠菌群、粪大肠菌群、游离性余氯等。

**5. 放射性指标**

主要包括总 α 放射性、总 β 放射性，水的放射性主要来自岩石、土壤及空气中的放射性物质。

# 三、饲料卫生

## （一）饲料的卫生要求

某些饲料中含有的有毒物质，有的是天然存在于某些饲料中，有的则是饲料组成成分在一定条件下转变而成的，有的是来自外界环境的污染。这些有毒物质来源不同，作用不一，有的引起急性中毒，有的造成慢性危害，有的影响使役性能等。所以，在放牧时应注意识别有毒植物。购买饲料时应符合规定的饲料安全卫生标准。在饲料生产、运输、存储、调制、加工过程中应及时检查有毒成分，严格管理制度，消除危害因素。对饲料卫生情况发生怀疑，应将样本送相关机构进行饲料卫生鉴定。

## （二）几种有毒成分的植物饲料及其对军马的危害

**1. 含氰甙的饲料**

**含氰甙的饲料**　如高粱苗、玉米幼苗、苏丹草、野三叶草、木薯及亚麻子饼等。在特殊酶及酸的影响下或发酵过程中，都可水解产生氢氰酸（HCN）。

**中毒症状**　军马采食后突然发病，病初出现神经症状，后期全身衰弱，呼吸困难，步态不稳，瞳孔放大，最后倒地抽搐而死。病程很短，轻者数十分钟至数小时，重者 15 ～ 20 分钟甚至数分钟内死亡。

**预防措施**　不让军马采食高粱幼苗及再生苗。如需饲喂，可配合干草同喂，也可阴干调制成青贮饲料。用苏丹草、野生三叶草喂军马时，宜喂青草、青干草或青贮料，不喂半干半湿凋萎状态的草。利用木薯、亚麻子饼等做饲料时，应进行脱毒处理。利用上述含氰甙的饲料时，虽经脱毒处理，仍应控制用量，并与其他饲料搭配。

**2. 含有棉酚的饲料**

**含棉酚的饲料**　如棉籽饼，是一种产量大、蛋白质含量丰富的饲料，长期不间断地饲喂棉籽饼，使棉酚在体内蓄积，一般经 $10 \sim 30$ 天就出现中毒症状。

**中毒症状** 表现为食欲不振，结膜充血，精神沉郁，重者出现前胃弛缓和膨胀，便秘转为下痢。

**预防措施** 限制喂量，间歇饲喂。与其他蛋白质搭配使用。日粮中缺乏维生素A时，还应搭配适当青绿饲料。棉籽饼应脱毒处理后使用。

### 3. 含有芥子甙的饲料

**含芥子甙的饲料** 如菜籽饼，是作物种籽榨油后的副产品，它是良好的蛋白质饲料。菜籽中存在的芥子甙和芥子酶，在适宜的温度、湿度和酸碱度条件下，由于芥子酶的作用，使芥子甙水解而生成异硫氰酸盐和恶唑烷硫酮等产物对军马产生毒害作用。

**中毒症状** 表现为不安、流涎、腹胀、腹痛、血便、咳嗽、黏膜发绀、鼻孔流血等症状。严重的表现为尿频、血尿、全身虚弱、四肢无力、心脏衰弱、耳尖、四肢末端发凉，甚至虚脱死亡。

**预防措施** 菜籽饼应同其他蛋白质饲料混合饲喂，菜籽饼的用量也应逐渐增加，菜籽饼应脱毒处理后使用。

### 4. 含有毒蛋白的饲料

**含毒蛋白的饲料** 如蓖麻饼和蓖麻茎叶，都含有蓖麻毒素和蓖麻碱，饼中富含蓖麻毒素，是一种毒蛋白，毒性强，能使血液凝集和红细胞溶解。蓖麻籽对军马的致死量为 $30 \sim 50$ 克。详见第一篇第二章蓖麻籽中毒相关内容。

**预防措施** 不让军马采食蓖麻茎叶，蓖麻饼应脱毒处理后使用。

### （三）霉菌污染的饲料及其对军马的危害

霉菌属于真菌，霉菌在自然界分布极广，种类繁多，以寄生或腐生的方式在适宜条件下生存。霉菌是通过其分泌的毒素对机体造成危害。目前为止霉菌毒素已有 100 种以上，其中毒性最强者有黄曲霉、赫曲霉、黄绿青霉、杂色曲霉、岛青霉等毒素。

### 1. 霉菌产毒的条件

**基质的影响** 霉菌的营养来源，主要是糖和少量的氮、矿物质，因此极易在含糖的食品和饲料上生长。

**相对湿度及基质水分的影响** 影响霉菌繁殖和产生毒素的重要因素是天然基质中的水分和所放置环境的相对湿度。因水分或湿度不同，生长的霉菌种类也不同。田野未成熟的谷粒中生长的霉菌为植物病原菌，入仓后为贮藏霉菌。

**温度** 常见的贮藏霉菌，在20℃～28℃都能生长。小于10℃和大于30℃时霉菌生长显著减弱，在0℃霉菌几乎不生长。例如，黄曲霉菌最低繁殖温度范围是6℃～8℃，最高繁殖温度范围是14℃～46℃，其最适生长温度是在37℃左右。

**通风干燥** 据研究认为，快速风干比缓慢风干对防止产生黄曲霉毒素效果好。

**2. 霉菌毒素的致病特点**

**肝脏毒** 黄曲霉毒素、杂色曲霉毒素能引起肝细胞的变性、坏死、肝脏肿瘤等。

**肾脏毒** 桔青霉素等主要引起肾脏损害，引起肾急性或慢性肾病。

**神经毒** 黄绿青霉素等主要引起神经组织的变性、出血或功能障碍等。

**造血组织毒** 镰刀菌和黑葡萄穗霉产生的毒素主要引起造血组织坏死或造血机能障碍，出现白细胞缺乏症等。

**光过敏性皮炎毒** 纸皮思霉产生一种孢子毒素主要使体内代谢异常，皮肤感光过敏，发生光过敏性皮炎。

**3. 预防措施**

**防霉** 有效控制温度、湿度和氧气三个主要因素之一，即可达到防霉的目的。

**加工** 玉米皮及胚中、米糠中含毒量高，加工过程中应除去霉粒、碾去皮及胚。

**脱毒** 严重的发霉饲料，不可饲喂军马。霉变较轻者应先进行脱毒处理。

## 四、喂饮

军马喂饮应根据军马的消化机能的生理特点及《军马工作暂行规定》中所规定的饲养原则来确定。实施军马喂饮，要掌握喂饮要领，保持厩舍安静，槽位相对固定，病伤因势调整。做到保质保量，少给勤添。

## （一）喂饮要领

喂饮要领应注意饲料选择、饲喂量、时间与次数、喂饮顺序、饲料更换以及饮马方法等。

### 1. 饲料选择

选择饲料时要注意其品质的优劣。冬季应选择品质良好的各种干草作为军马的主要饲料，日粮中最好含有多种饲料。

### 2. 饲喂容积

喂饲日粮的容积应适中。容积过大时往往能产生机械作用，从而导致消化机能失调、呼吸困难以及血液循环障碍，造成军马便秘及胃膨胀。反之，容积过小时不能满足营养物质的需要，不能消除军马的饥饿感。

### 3. 饲喂次数

**饲喂的总时数** 一般成年马采食 1.5 千克草料需 70 分钟左右的时间，按照军马草料定量 7.75 千克计算，每天喂马总时数约需 6 ～ 7 小时。

**饲喂的间隔时间** 每天早、午、晚槽的间隔，一般以不超过 5 ～ 6 小时为宜。

**饲喂时间的变更** 饲喂时间确定后，一般不要轻易变动。但是，对于老弱病残的马或出外执勤及行军作战时的军马，可以根据气候情况、长途行军野营以及繁重使役等情况适当变动饲喂时间、饲喂时长、饲喂数量还是必要的。这对保持军马健康，抵御寒冷，防止掉膘，便于使役等都是有益的。

### 4. 喂饮顺序

**喂饮顺序** 有的采用先草、后水；或先水、后草、再草中拌料；有的采用先草、中水、后草中拌料，下槽再饮一次水的顺序。

**草料顺序** 必须是先草后料，而且给料量也必须由少到多。既可使马食欲始终保持旺盛，又便于防止马因抢食、采食过急和咀嚼不全而造成的消化不良。

**保持顺序** 长期形成的饲喂顺序，对马匹已经建立了条件反射，不要轻易变动，否则会引起消化机能紊乱，导致疾病发生。如果需要改变，应使马匹渐次适应。

### 5. 饲牧变更

**马料品种更换** 应逐渐完成，例如用玉米代替高粱时，首先只更换0.5千克，以后每隔两天更换0.5千克，直至全量替代。

**舍饲放牧转换** 军马由舍饲转入放牧时，应在放牧前6～8天开始饲喂青草，减少马料，延长运动时间，以免因饲养方式的突然改变，引发腹痛或腹泻等疾病。由放牧转入舍饲时，应在放牧末期一个月，开始有计划地减少放牧时间，并逐渐增喂干草，为转入舍饲打好基础。转入舍饲初期还要有个适应过程，开始喂八成饱，一天喂4次，每次1.5小时，20～30天后逐渐恢复到舍饲的常规饲养状态，并逐渐增加食盐，足量饮水，加强运动。

**新入伍军马饲喂** 尚未习惯舍饲的新入伍军马，初期应多喂草，少喂或不喂料，以后逐渐加料，经1～1.5个月后，按部队现行的喂马方法饲喂。

### 6. 饮马方法

军马饮水，既要保质又要保量。军马每天需供水40～50千克，可分5～6次给予（3次上槽和两槽之间各饮1次）。在训练、执勤，尤其是炎夏，应根据需要增加饮水次数。寒冷季节早晚气温低，一般饮水较少，中午应让军马多饮。饮水时抬头是马在饮水中换气的表现，不要误认为马已饮足，应耐心以口哨诱其再饮，直至饮足为止。

**舍饲饮马** 用桶或水槽盛水，任马自由饮用，水面的高度以不超过马的前胸为度，以免呛水。

**井水饮马** 打水桶和饮水桶严格区分不得混用，病马的饮水桶更应做好标志严格管理和使用，以免污染水源或造成疫病的传播。冬季饮马，饮马场应清理并垫沙土、灰渣，以防马匹滑倒。

**长槽饮马** 冬季厩外饮水后要放净槽中剩水以防冰冻，尽量做到现打现饮以免因水温过低而引起腹痛。夏季要经常洗刷饮水用具，保持干净。见图2-2-1。

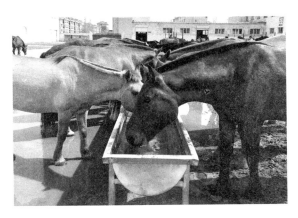

图 2-2-1 长槽饮马图

**河水饮马** 饮马点应选择在人用水源的下游，河岸不滑并有适当坡度，河底最好是有沙底的地方。如遇浅流，可以涉水逆流而饮，尽量不让马匹一拥而上，应分批下水。先下水的马，停靠在上游河岸一边，后下水的马应逐匹成一排斜向河心，水的深度以不使马发生危险为度。河深水急时不能下河饮水。回厩途中要慢步缓行，防止卧地打滚。

**重役后饮水** 使役后不能立即饮水，应慢步牵遛，待呼吸平稳或汗干后再行饮水。饮水量比平时增加 40% 左右。饮水前 10 ~ 20 分钟要慢步行进。炎热天气或使役后大汗的马容易暴饮，可不摘掉水勒，并做到饮马三提缰，还可以在水面上撒一些碎草或青草，让马慢慢饮水。如果马使役后经过牵遛、刷拭，仍不吃不喝时，可将食盐放在槽中任其舔食，也可用食盐或咸菜涂擦马舌，引起马的渴感和食欲。先让马少饮，再喂些干草，而后再饮，经多次反复，使马足量饮水。

### （二）行军途中的军马喂饮

因军马在行军野营途中具有使役频繁、情况多变、时间紧急、作业繁重和体力消耗较大的特点，所以必须想方设法，抓紧时间喂饮马匹，保证军马吃饱饮足。

### 1. 喂饮准备

备齐饲饮用具，掌握军马整体、个体情况，在部队出发前 3 小时开始喂马，约喂 3 个小时，按照平时饲喂顺序和方法进行。

### 2. 喂饮实施

在行军中，通常每行进 50 分钟休息 10 分钟，有时行进 100 分钟休息 20 分钟。在到达休息地点后，卸下鞍挽具，遛马 5 ~ 20 分钟，完成挑水、架槽、调料等喂饮前期工作。休息期间应抓紧时间喂马 1.5

小时以上。在有青草季节，要开展"一把草"活动。炎热季节要注意让马足量饮水。冬季应利用水源或溶化冰雪保证饮马，但应多次少量并注意雪的清洁。严寒地区可喂干草干料，少喂水草拌料，以防冰冻。

### 3. 喂饮要求

到达宿营地应先刷遛军马 15～20 分钟，待呼吸平稳后，再喂饮，防止马暴饮暴食，禁止饲喂霉败草料，保证喂饮料足质优，体弱、年老的马匹，到达宿营地点后常有不食或减食现象，应加强遛马，采取措施，保证吃饱饮足，炎热天气行军中所有马匹应增加夜草，如任务频繁紧张，为保证马匹能随时放出作业，应保持槽不断草，草原地区视情况采取放牧或补饲相结合办法进行饲喂，不在毒草多的草场放牧。

## 五、放牧与管理

### （一）群牧饲养

#### 1. 群牧饲养

群牧饲养是指一年四季中，完全以放牧的方式对马群进行饲养管理，群牧马主要是利用天然草原，无须太多的设备和人工，大大地降低了饲养成本。因此群牧养马是一种经济适用的养马方法。有放牧条件的部队，应尽量在夏、秋季组织放牧。

#### 2. 放牧群的组成

为了方便照顾马匹，放牧时可将军马分组编群。编群方法可按年龄及鉴定等级进行。不同的马群各自构成放牧单位，一般 5～7 人组成放牧组可管理 100～150 匹马。秋季和冬季较好的天气，昼夜都可在外采食休息，只有在最严寒的季节或遇有恶劣的气候时，才放入棚舍内饲养。但为管理方便起见，一般夜间赶回棚舍内为妥，同时也便于补饲。

#### 3. 群牧纪律

放牧开始前，要注意与当地牧民或业务部门取得联系，严禁牧民的马匹进入军马牧场，放牧时，防止军马逃逸后与民马接触或混群，严禁利用民马喂饮用具。在农区或半农区放牧时，要注意马群管理，防止损坏庄稼及农田设施。做好运输军马路线疫情侦察，制定预防意外事故方案。

### （二）不同季节的放牧管理

#### 1. 春季放牧及管理

春季放牧场应选在冬季积雪不深、早春雪溶化快、青草最早出现的地方。比如，平坦草原的地势稍高处，或山区里的低坡和阳坡。马群进入春季牧场的时期，依地面干燥程度和青草生长高度而定。马群进入春季牧场后，应逐渐延长放牧时间，减少在棚圈停留的时间和补饲量。开始白天不补饲，以后随青草的生长和青草采食量的增加，夜间也不补饲。借春季放牧抓好春膘，以保夏膘。

马群经过漫长的冬季营养很差，特别是老、弱马。春季是军马复壮、被毛脱换时期，因此，在春季放牧期间除应保证马匹采食足量的青嫩牧草外，还应合理补饲，以便提高膘度。北方牧区早春时期，不仅气候尚冷，而且昼夜温差很大。特别在早春的雪天，沾在马体表的雪花随化、随冻，必须小心看管马匹。注意气候的变化，如遇暴风雪，应在棚舍或避风场所内进行补饲，停止放牧。

青草刚刚萌芽的早春，军马还无法采食到青草，如不加以控制，容易"跑青"，既消耗体力又损坏草原。为此，当阳坡草刚转青时，暂时转移到阴坡放牧，因为阴坡阳光不足，气温较低，草萌芽慢，当阴坡草萌发时，阳坡青草已长高，即可转牧阳坡。此外，还可选地势较低的草滩，这些地方大部分水草生长较早，需要趁着草嫩提前利用，这样既可尽早吃到青草，也可避免草质逐渐粗刚失去利用的价值，所谓"春放滩"就是指此而言。但是如果地面刚刚化冻，驻地潮湿则不应急于利用，以免破坏草原。

我国北方牧区，一般在5月中旬左右军马才能吃到青草，小满后可以完全放饱，且蚊蝇尚未大量出现，正是放牧的黄金时期，马群可以完全不补饲，延长放牧时间，在一个月内抓满膘。常言道"春膘肉，秋膘油"，没有春膘就难以保住夏膘。北方牧区春季干燥、风大，马群容易干渴，每天需饮水2～3次。如在盐碱地牧场，可使马群自由采食，借以补充盐分，或隔数日喂盐一次。

#### 2. 夏季放牧及管理

夏季草原放牧场应选在低洼或河边的滩地。夏季山区放牧多在高山平地。当马群继续在春季牧场放牧有掉膘的可能时，应立即转到夏季牧场放牧。盛夏放牧因气候热，蚊蝇多，放牧条件远不如晚春，马群放牧时间最好是早晨、傍晚和夜间，防止影响军马采食而致膘度下降。白天特别是中午，应让马群在地势较高且有风的地方休息。在高山平地放牧，不但能得到充足的营养，而且蚊蝇侵扰少，军马的营养一般良好。

从夏至起，干燥的牧区，野草逐渐枯萎，养分逐渐减少，致使马群营养下降，此时应及时补饲或转移牧区。为了防止马群掉膘，必须掌握当地昆虫活动规律，尽量避免其骚扰。地势较高的牧场，由于风力较大，昆虫较少，正符合"夏放坡"的经验。一般在 10～16 点的时间内，蚊蝇危害最甚，马群不能安静采食，容易互相密集拥挤，蹄部受昆虫蜇刺，蹄冠部易发生外伤，而且又易中暑。因此，在这个时间内可将军马赶到棚舍或树阴下休息，也可赶到地势高的地方，并将大群适当分成小群。夏季白天应该顶风放牧，夜间凉爽则可顺风放牧。夜牧时注意不要惊群，特别是大雷雨中更要注意。北方牧区时有雹灾，应注意天气预报，加强预防。

夏季炎热，军马每昼夜需饮水 3～4 次。赶向水源地时，应边赶边牧，慢慢前进。至一定距离控住马群，分成小群饮水，以便充分饮水。如两群以上使用同一水源，则应错开时间，以免互相混群。夏季放牧仍需补盐。牧民经验："盐、水、草"是抓膘的主要条件。

### 3. 秋季放牧及管理

秋季青草生长旺盛，蚊蝇减少，有利于放牧。所以，凡是不作冬季牧场的地方，都可用作秋季牧场。秋季天高气爽，应抓好秋膘，为安全过冬打下良好基础。秋季牧草茎叶虽已粗硬，但大部分已结籽，同时还有鲜嫩的再生草，因而马群比较恋膘，一般要求在初秋即达到圆膘。土种马因有蓄积脂肪的特性，所以有秋高马肥的说法。随着气候的转变，马体长出浓密的冬毛。这正是在本能上为安全过冬而创造有利条件。

从初秋到深秋，气候变化很大。放牧的时间应逐步改变，适当控制夜牧，尽量利用温暖的时间放牧。所用牧场可逐渐转移到阳坡和平滩。降霜后则需较晚出牧，以免采食霜草发生疝痛。如昼夜放牧，在天亮以前（东北地区约3点以后），不让群马站盘，应及时起动马群使其多吃未带霜枯草，待白天再食曾经霜打过的草。营养不良的老、弱、病马，应在深秋提前补饲，以免冬季因气候严寒，营养不良而发生死亡。上冻以后，如用井水饮马则应现打现饮，每天饮水2次即可。

秋季应进行马群膘度、健康状态检查。将营养较差的马群，单独分开，以便加强补饲，或列入退役计划。营养等级高的马进行调拨或工作调整。另外还应进行削蹄及理毛等工作。

### 4. 冬季放牧及管理

冬季牧场应选在有较好的牧草和水源并能避暴风雪的地方。冬季要注意保膘，因而除做好放牧管理外，还要确定冬季牧场利用次序并备足补饲用的草料。牧场的利用次序为，初冬先用低洼牧场，以免积雪很深，无法放牧。低地用完之后，可将马群赶至牧场最远的地方放牧，等到严冬和暴风雪最频繁的时候（我国北方多在冬末春初）再将马群赶回具有避风设备的定居点附近放牧，这样不仅较好地利用牧场，而且人马也比较安全。

冬季因有雪可食，可代替饮水。如白天放牧，夜间补饲，则早晨出牧前饮水，如为昼夜补饲，则24小时内应饮水2次。饮前投予少许干草。如用井水饮马应该现打现饮。槽中冰块应及时清除。每日补给必要的干草和精料，一般干草6～8千克，混合精料1～1.5千克。

牧区马群的冬圈，特别是有防风设施的露天场所，马的粪便不必清扫，因积存的粪便经马蹄踏实，形成平坦坚硬而又温暖的场面，马匹在此休息不但蹄部不易受冻且能保暖。

冬季马匹喜站立，尤其是夜间不爱活动，应注意不要使马站立过久，特别是在天亮前要勤轰，使马吃草，肚子不空，马匹不冷。冬天马爱顺风跑，因此要顶风挡群，同时还要训练顶风放牧，这样可以减少体热的散失，防止后躯冻伤。

秋末马群膘度不良的，初冬即需补饲以防消瘦。但膘好的，补饲不宜过早以便锻炼啃食牧草及掘雪寻食的本能。马群的补饲量，决定于马体的营养、牧草的质量和气候的情况等。补饲方法，一般采取集中补饲。凡膘情差、病弱多采用集中补饲，以利于迅速恢复膘情。随群补饲则跟群出牧，将膘情差的马放入小圈给以偏草、偏料。补饲要适时，即膘情开始下降前进行为好，如膘情已下降，补饲效果较差，我国东北大都从 11 月开始补饲到次年 5 月中旬停止。补饲也应定时定量，方法与舍饲完全一样，草料补饲均在马棚附近或敞圈内进行，料草分开给予，补草一般在敞圈内草栏中，让其自由采食。料在马饲槽内，供投精料，早晚各 1 次。

## 六、伤病马的饲养

伤病马的饲养是根据不同疾病采取适宜的特殊的饲养方法，兽医临床称它为食饵疗法。其目的在于按照疾病的性质、病马的营养需要和治疗需要，选择恰当的饲料，经过细致的调理，制定合理的日粮方案，对病马进行科学的、精心的饲养，以期早日康复。

### （一）确定病马调养的方法

第一在充分了解健康军马对各种营养物质的需要量和饲养规则的基础上建立饲养疗法。

第二在确实了解病马的病性、病程及其病理的发展过程等情况下，提出营养学治疗。

第三在确定营养学治疗的前提下制定饲养制度，如选择马料品种、营养物质、日粮组成、加工调制方式以及饲喂、饮水、管理等。

第四针对病马个体的病性、病情不同以及营养需要和饲养制度的不同，确定个体饲养实施方案，确保达到饲养治疗目的。

### （二）病马饲养方法

#### 1. 饲养制度

**饥饿法** 胃肠道有剧烈刺激时，如采食刺激性饲料或者矿物质中毒、长期下痢、急性胃肠炎、外伤引起的肠或腹膜的刺激性炎症等均规定采用饥饿法进行饲养。在肾脏病、肝脏病、麻痹性肌红蛋白尿病、肥胖病、咽喉或食道创伤时，要进行饥饿饲养。

饥饿饲养时间为 1～3 天，由适应证和病马机体的状态不同来确定时间。先少量给予富有营养的、容易消化的饲料，再逐渐增加或恢复正常饲养。

**半饥饿法**　是指对某些疾病只能少喂或禁喂某些不当的饲料而言。例如，发酵性下痢时不能喂给整粒的碳水化合物精料和含粗纤维多的饲料；肾脏病时不能喂食盐；颈部、喉头和食道创伤时不喂干草；肾脏或心血管系统疾病时，需限制饮水。半饥饿疗法对一些慢性病比较适用。

**加强饲养法**　对于经常性饲料不足所引起的衰弱、消瘦、亏虚的病马，体力过度紧张和过劳的病马，患肺炎和支气管肺炎治愈之后的病马，均须采用这种方法。

### 2. 适应证

**患心血管疾病马的饲养法**　对心脏机能不全的病马，必须暂时减少总热量和蛋白质的量，同时限制食盐的给予量，以便降低心脏负担。心脏机能不全的病马，采食和消化道的机能往往下降，排粪困难也可使心脏的负担加重，所以必须采取限制性饲养。但心脏病初期，必须多喂给含碳水化合物、钙盐和食盐等饲料。病马总的喂给量要比平时少些，每昼夜要饲喂 5～6 次。

**患消化器官疾病马的饲养法**　对口炎病马的饲养，必须避免饲喂粗硬饲料，给予麸皮或玉米糊或糖化或发芽的谷实，要经常饮水。对患咽喉疾病的病马，应喂给柔软的干草或用粉料拌蒸或闷过的干草。

患急慢性胃炎的病马，应根据胃机能的状态、病理过程的各个不同阶段区别进行饲养，喂给容易消化的、不使胃内受过度刺激的、营养丰富的饲料。为保护胃黏膜，可喂给玉米粥、糖化饲料，忌喂粗硬而难消化的饲料。对胃内酸度增高的病马，在饲养上应该采取对黏膜刺激减弱的或无刺激的饲料进行喂饲。有青草的季节应给予禾本科软草和容易消化排泄的精料，并加些中性盐，天冷时必须饮温水。在调养制度上应将全日粮分成小份，每日以 5～7 次喂给，禁忌饲喂青贮、发酵的饼渣和品质不良的饲料。对酸度降低的病马，应保护发炎的胃黏膜，提高腺体的分泌机能。可选取对腺体和胃黏膜有兴奋作用但应没有机械刺激的饲料，如软而易消化的青草或草地干草等。所用饲料，必须破碎或压扁，饼渣粉碎或泡软。

对便秘性结肠炎病马的饲养，须除掉有强烈刺激的饲料。为了增进肠蠕动，要喂给容易消化吸收的饲料。为使其安静，达到腹部温饱的要求，必须配合灌肠和其他药物疗法，达到缓泻目的。

### 3. 人工饲养法

有些疾病患马不能采食或采食困难时，为了保证病马的体质，便可采用人工饲养的办法。经鼻饲喂的适应证为食道痉挛和食道狭窄初期，可经鼻投药，或灌服玉米粥、面糊、小米粥等流体食物，以及高营养的物质。每次喂 1～5 升，一日灌服 3 次。经手术漏管饲喂的适应证是食道狭窄、受伤或手术后。需营养灌肠的病马，应根据患马的营养和治疗的需要来配灌肠剂，如葡萄糖液，生理盐水一次灌肠，最好不超过 2～3 升，一昼夜灌 5～6 次。灌肠剂的温度为 37.5～38.5℃，分次分量向深部灌以便液体吸收。连续营养灌肠必须密切注意直肠状态，防止因灌肠剂刺激而发生肠炎性下痢。经输液增加营养的军马可采用营养物如葡萄糖、氯化钠等静脉注射对病马补充营养。

### 4. 感染创马的饲养

试验证明，喂酸性饲料时能使创伤分泌减少，缓冲二氧化碳含量保持稳定，还能促进吸收。喂碱性饲料时则有相反的作用。选择适合的饲喂制度能够起到治疗作用。

确定碱性饲料时要结合碱性治疗。碱性饲料是指日粮中碱性饲料占最大量。最好的碱性饲料是块根类饲料。因谷类饲料多属酸性，所以，应尽量限制谷类饲料。规定碱性饲料或酸性饲料时，必须考虑它只能是起短期的作用。消炎性饲料具有利尿作用，可合理地确定饲喂时间，一般连用 15～20 天。

判定饲养法效果的客观标志是体重的增长、造血器官再生能力的提高（血色素量和红血球增加）、胃内容的性质（游离盐酸和总酸度增加）、创伤治愈的快慢和一般外观的改善等。

（本章编者：华敏　孔雪梅）

# 第三章　管理卫生

## 一、军马个体卫生

军马的个体卫生主要是指皮肤、被毛的护理。通过刷、洗、理等方法进行皮肤清洁和被毛整理，加强军马对外界环境中有害作用的抵抗力，增进人马亲和，提高军马的使役能力。

### （一）刷拭

#### 1. 刷拭时机及要求

每天早、晚遛马后及使役前后都要刷拭一次，每次半小时，马匹的刷拭通常在系马场进行。刷拭动作不能粗暴，否则会使马匹感到不安，形成恶癖，厌人接近，特别是新入伍的军马或神经过敏的马更应注意。此外，刷马时应注意检查有无皮肤损伤、肿胀及其他皮肤病以便早期治疗。

#### 2. 刷马顺序及动作要领

一般按照从左到右，由前到后，从上到下，按头、颈、前肢、躯干、臀部和后肢的顺序进行。刷拭时，先用铁刷轻轻刮掉脱落的被毛、泥块、粪污，再用毛刷刷净尘垢（下腹部、腹股沟等敏感部位不能使用铁刷，使用铁刷时要小心谨慎，避免损伤皮肤，引起马匹疼痛）。刷马时要按

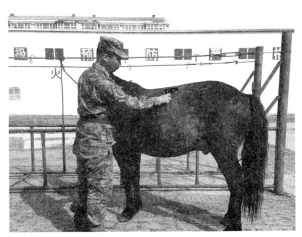

图 2-3-1　刷拭

照先逆毛再顺毛的顺序刷拭。逆毛刷拭可使马毛蓬松，擦起尘埃和皮垢，顺毛刷拭可以刷掉已经松弛起来的皮垢和尘埃。毛刷在逆毛刷时，不要用力太大，而顺毛刷时则必须使劲，每刷4～5次，可用铁刷

图 2-3-2　抠蹄

清除毛刷上附着的尘土污垢。每次刷马，应刷到马体没有尘埃为止。对马匹经常啃咬及奇痒的部位如颈部、腹下部等，要多刷。马体刷拭完毕以后，应用毛刷或梳子刷拭鬃毛和尾毛（见图 2-3-1）。有条件时，按照护蹄方法再给马抠蹄（见图 2-3-2）、洗蹄。

**3. 刷拭用具的使用与保管**

刷拭用具要固定使用，并经常洗晒，保持清洁。患传染病或皮肤病的马匹，应有专用的刷拭用具。

**（二）水浴**

水浴有助于洗除皮肤的污物和灰尘，提高皮肤的新陈代谢，具有清洁机体、预防疾病和卫生保健意义。水比同温度下的空气能多带走10 倍以上的热量。水浴时，皮肤血管先收缩后扩张，形成暂时性反射和暂时性肌肉紧张，机体产热增加，代谢增强，氧气的消耗量增大，使军马体质得到锻炼。

水浴应根据当地条件和气候情况进行，一般在炎热夏、秋中午气温高的时间进行。水浴场最好选择河岸平坦处，水深不超过 1 米，水流不急，水温 15℃以上为宜。每人牵一匹马，水浴时间不超过半小时。水浴前最好先用草把摩擦皮肤，这样可缓解冷感。天气不好时，病马、饱食或出汗未干的马不能水浴。出浴后最好迅速使皮肤干燥，并牵遛 10 ～ 15 分钟。

### （三）理毛

为使马体整洁美观，增强皮肤散热能力，对鬃、鬣、尾等长毛应定期修剪。通常每 2 个月修理 1 次。鬃毛长度以不遮眼为宜，尤其在南方炎热地区，鬣毛长度以 5 ～ 7 厘米为宜，最长也不要超过颈部宽度的 2/3，宽度为 3 ～ 4 厘米，形状以"梳背式"为好。鬣毛过长过宽有碍驮载、乘骑和梳拭。尾毛长度以距地面 15 ～ 20 厘米为宜，过短不利驱赶蚊蝇，过长易被泥垢粘结，形状似"毛笔式"为好。

## 二、军马锻炼卫生原则

合理的锻炼，对于增强军马体质，适应军事需要和提高战斗力具有重要意义。锻炼是防止过劳和不断提高作业效率最有效的手段之一。

### （一）要循序渐进

锻炼应本着从易到难、由简到繁、先轻后重、循序渐进和逐步提高的原则进行。因此，应在符合军事需求的前提下，考虑到军马体力状况和原有基础，合理地组织军马进行锻炼。动作由易到难，负荷由轻到重，行程由近到远，时间由短到长，地形由简单到复杂，天气由白天到黑夜、由无风的晴天到风雪或风雨天气。

### （二）要全面发展

机体对内外环境的适应是以一个整体来实现的，应从力量、耐力、速度和灵敏等方面给予全面的锻炼。军马体质全面发展是机体各器官、系统机能普遍提高的综合表现，它不仅可以巩固锻炼效果，而且有助于各种用役的灵活性，适应军事活动的需要。

### （三）要区别对待

参加锻炼的军马，其年龄、体力状况和锻炼的基础常有很大的差别，锻炼的条件和环境也经常发生变化。因此，应根据实际情况，区别对待，顾及基础，在锻炼时间、强度和方法上不强求标准一致。对待弱者，逐渐增大运动量；对技能低者，应加强基础锻炼。总之，要在原有基础上高标准、严要求，为提高军马作业能力进行合理的锻炼。

### （四）要劳逸结合

有劳有逸才能保持充沛的体力。因此，锻炼时应科学安排、劳逸搭配，要将难度大的科目和一般科目穿插进行，同时要注意锻炼时间不要随意增减，指标不任意提高。在锻炼中做到有劳有逸，有张有弛，才能维持良好的体质，达到锻炼目的。

### （五）要坚持经常

军马锻炼必须坚持经常、多次重复，才能达到高度锻炼的水平。已形成的条件反射，也需要不间断地进行锻炼才能巩固。心血管系统和呼吸系统功能的增强，骨骼肌的粗壮结实，要经过长期的锻炼才能形成。

## 三、新马管理

新马是指刚从地方自购或临时征用接入部队尚未进行使役的马。新马由放牧吃青草、野干草到舍饲改喂谷草、稻草；从不定时、不定量自由采食到定时、定量、定位采食；由休闲到使役；有时需要"北马南调"或"南马北调"，气候条件发生明显改变。环境和饲养方式的变化给新马的饲养管理带来一定困难，因此，对新马的饲养管理应本着循序渐进、逐步适应的原则进行。

新马入伍后，应尽可能喂青草或青干草，以符合其群牧习惯，如需改变，应逐渐掺入少量谷草、稻草，并采取逐日递增的办法，直到完全代替青草或青干草为止，切忌骤变。一般经 1 个月，即可完全适应谷草的喂养。新马到部队后 3～5 天开始补给饲料，开始要喂富含糖类多汁饲料，以后逐渐加喂富含脂肪和蛋白质的饲料。初期喂量要少，逐渐增加，经 1 个月之后达到按标准给料。前 2 个月内，要适当结合其群牧习惯，延长喂养时间，适当增加喂饮次数。

刚到部队的新马，最好以旅团为单位对新马进行调教，单独进行饲养管理，不得与老马同槽喂养。对新马要边调教训练，边做隔离观察检疫。应选拔一些有养马经验、责任心强的干部担任领导，挑选有经验的马官或骑乘骨干或驻地牧民担任调教员。

对新马的调教训练，要以接触训练、刷拭训练、牵遛训练、胆量训练等基础训练为主。通过训练，消除新马恐惧，增进人马亲和，提高新马胆量，为乘、驮专业训练打下基础。训练时驭手要有耐心，接触马匹态度要温和，严禁粗暴吆喝，切忌不当的鞭责及恐吓。调教要坚持循序渐进、劳逸结合的原则。要紧紧围绕训练计划进行，调教训练一般为期 3 个月左右，训练结束后，经有关部门统一考核验收。对验收不合格的马匹，要进行复训或移交连队专人调教。

对调教后的军马，除加强体质锻炼外，还应按役别进行专业训练，逐步提高使役能力。开始使役时任务不宜过重。负载量、作业时间要低于正常标准，经过一段时间逐渐达到标准。要加强饲养管理，保证马匹的营养需要。新、老马接触头几天，常出现老马踢咬新马现象，致使新马胆怯，不敢上槽采食。这时值班员应注意看护，防止马匹相互踢咬，保证新马有足够的采食时间。

## 四、老弱马管理

### （一）老龄马的管理

马（12 岁）体内各器官系统发生一系列老龄性改变。神经灵活性降低，兴奋和抑制之间交换速度减缓，形成新的条件反射联系比较困难，对于刺激的反应变得迟钝。运动的调节能力和新陈代谢过程逐渐降低，神经细胞易疲劳，疲劳后恢复也较缓慢。心、肺功能减弱，肌肉萎缩，咀嚼能力差，胃肠消化吸收能力差。老龄马在饲养管理上应注意以下几点。

#### 1. 精心饲喂

要选择粗纤维少，柔软优质的草料喂马，夏季要组织放牧或用青草喂马。做到经常注意观察马匹消化状况、粪球大小、硬度变化等情况。

#### 2. 延长饲喂时间

为保证老龄马充分采食，必须与壮龄马分槽给饲。

#### 3. 合理安排使役

老龄马工作量要比壮龄马减少 10%～15%。使役期间注意劳逸结合，适当延长休息时间，使役中应避免其奔跑，注意观察马匹精神状态，如发现呼吸急促，大汗淋漓，应及时减轻负重或以备用马更换，对不经常使役的老龄马应进行运动锻炼。

#### 4. 有计划安排退役

使役力严重下降达到退役卫生要求的老马，应列入年度军马退役计划。参见第五篇第一章十三《军马（骡）补充、退役卫生要求》。

## （二）弱马的管理

弱马多因使役不合理、饲养管理不当、营养不足以及某种慢性疾病所致。如加强饲养管理和必要的药物治疗，一般能够恢复健康。无法复壮的弱马应安排退役。

### 1. 健康检查

对长期瘦弱的马应进行健康检查，查明引起体质衰弱的原因，以便对症治疗或列入退役计划。

### 2. 饲养管理

最好派专人饲养单槽喂饲，喂给柔软优质饲料。对采食量少、消化能力差的马应适当增加喂饮次数。

### 3. 放牧复壮

每年夏秋季节，要组织放牧复壮。青草适口性强，营养丰富，又易消化和吸收，放牧能改善马匹机体状况。对无放牧条件的地方应购买青草喂马。

### 4. 减少或停止使役

瘦弱马应根据体质状况酌减工作量。瘦弱马对寒冷抵抗力弱，因此，在冬季应加强马厩的保暖，停止使役。

# 五、异癖马管理

马匹在饲养管理不当的条件下，均可发生不良习癖或恶癖。恶癖不仅影响马匹的健康和使役能力，而且有些恶癖对人会有潜在的危害，因此必须注意掌握恶癖马的饲养管理和纠正方法。恶癖严重又无法纠正的，应列入年度军马退役计划。

## （一）咽气癖

表现为以切齿支于饲槽、栏杆等处咽下空气，并混唾液，而发出咽气声，见图2-3-3。长期休闲的马匹容易发生咽气癖。咽气过多，容易引起消化不良，长久会使切齿磨灭或不正，引起便秘。咽气癖马应隔离饲养，以防其他马匹仿效，

图 2-3-3　啃咬栏杆咽气

一旦发现应及早纠正。对于有咽气癖的马匹，可适当增加运动或进行放牧，也可将马头高拴横杆，不让其有支撑物。严重者可戴口笼，一般经半年即可纠正。

## （二）啃癖

频频啃咬槽、柱、笼绳、门、墙等物。多因长期休闲、运动不足或因饥饿及缺乏某种营养引起。对于啃癖马应加强运动，按时饲喂，增加食盐，组织放牧。

## （三）咬癖

指咬人、马的恶癖。其原因多由管理人员嬉戏引逗所造成。对有咬癖的马应做标记，接近时应温和对待，并给以胡萝卜等食物予以纠正。

## （四）踢癖

踢蹴原本是马匹的本能之一，但形成恶癖对人、马有危害。对于踢癖的马匹，只能由前方接近马匹，温和对待，利用刮拭、饮水、给料等机会多触摸后躯，解除其不安，长期反复训练予以纠正。

## （五）扒癖

马扒人的原因有二，一是新马怕人而竖立；二是被管理人员打成恶习。遇有这种马，按调教训练方法进行纠正。

## （六）刨癖

马匹经常以前蹄刨地，日久蹄前壁磨灭变形，影响使役，破坏厩床，刨成坑洼。其原因是，饲养时间短，吃不饱，或长期休闲所致，如能合理饲养，经常遛马，适当使役，就能纠正。

## （七）挑食、等食、偏食癖

挑食是在槽里乱拱乱翻；等食是不吃粗料，专等精料；偏食是专爱吃某几种饲料，而不吃另外某种常见饲料。舍饲饲喂方法不当，缺乏运动，食欲不旺，饲料长期单调或饲料、饲喂方法突然改变等是造成这几种毛病的原因。有些偶尔发生的并不能算恶癖。在饲养中应注意少喂勤添、加强运动，保持旺盛食欲，个别情况也可采用饥饿的方法。对不爱吃的饲料先少量掺杂在爱吃的饲料中，逐渐增多。挑食者可放些鹅卵石在槽中饲料上，使马不便翻动。

（本章编者：李宏）

# 第四章  使役卫生

## 一、合理使役的基本原则

### （一）规定作业标准

#### 1. 负载标准

由于体质的强弱、速度的快慢、行程的远近、气候的寒暑等情况不同，军马负载量有很大的差异。因此，需根据情况，作出具体规定，一般不得超载，以免发生过劳。通常按马的体重计算负载量（含装具及附加物重）。

**乘马负重**  乘马行进速度比驮、挽马快，体力消耗大，一般为70～80千克，即为其体重的1/4左右。

**驮马负重**  由于马体在驮载过程中要承受驮载物全部重量，加之驮载物的摆动，对马体的运动影响较大，一般为80～115千克，即为其体重的1/3左右。

**挽马载重**  使用胶轮车，在一般道路上驾驭，其负载量约与其体重相等（挽载物净重）。单套300～500千克；双套500～1000千克；三套850～1500千克。

在战时，应根据战斗任务、运输等情况灵活掌握，可适当增减驮载和挽曳重量。

#### 2. 一日行程标准

为保持马匹持久力，必须做到合理使役。在正常情况下，应按规定日行程进行使役。在战时或任务紧急的情况下，在保证完成任务前提下，尽可能做到劳役结合。一般每行军1.5小时要小休息10～35分钟。行进到日行程的1/2时，要大休息2小时左右。在休息前后要慢步行进10～20分钟。天热时行程宜短，冬春季节可稍长一些。不同役别马日行程标准见表2-4-1。

表 2-4-1　不同役别马日行程标准

| 役别 | 正常行军 | | | 强行军 | | |
|------|----------|------|----------|------|------|------|
| | 行程（千米） | 行程时数 | 大休息时数 | 行程（千米） | 行程时数 | 大休息时数 |
| 乘马 | 50 | 8 | 1 ~ 2 | 75 | 10 ~ 12 | 2 ~ 3 |
| 驮马 | 35 | 8 | 1.5 ~ 2 | 45 | 10 ~ 12 | 2 ~ 3 |
| 挽马 | 35 ~ 40 | 7 ~ 8 | 2 ~ 3 | 50 | 10 ~ 12 | 2 ~ 3 |

### 3. 步度配合标准

为保持和调节军马的体力，增强持久力，必须注意步度配合。在使役过程中，行进速度应做到两头慢、中间快，即行军开始和到达宿营地之前，要慢步行进 15 ~ 20 分钟。

**慢步**　每一整步（即四肢都运步一次）有 4 个蹄音。顺序是左前（右前）、右后（左后）、右前（左前）、左后（右后）。每分钟约行进 90 米。慢步是挽、驮马工作的主要步法，适用于一切使役和运动的开始、结束以及中间休息的前后。调教马首先应使马养成舒展、平稳的慢步。

**快步**　俗称"颠步"。每整步两个蹄音。就是左前右后、右前左后，两蹄同时离地和着地。每分钟约行进 200 米。普通快步是常用的步法，能较长时间行进。

**步度配合**　就是马行走时快步的时间与快步加慢步时间总和之比。一般情况下快步每次以 5 ~ 15 分钟为限，如时间过长，马易疲劳。变换慢步时，每次至少要在 5 分钟以上，这样呼吸才能恢复正常。常用步度种类和各种步度速度见表 2-4-2。

表 2-4-2　常用步度种类和各种步度速度表

| 步度 | 配合 | | 每小时的速度（米／小时）（休息时间不在内） |
|------|------|------|------|
| | 慢步时间（分钟） | 快步时间（分钟） | |
| 1/5 | 40（20） | 10（05） | 7200 |
| 1/4 | 45（15） | 15（05） | 7500 |
| 1/3 | 40（10） | 20（05） | 8000 |
| 2/5 | 36（12） | 24（08） | 8400 |
| 1/2 | 30（10） | 30（10） | 8400 |
| 2/2 | 25（20） | 25（20） | 9000 |
| 3/5 | 42（08） | 36（12） | 9600 |
| 4/5 | 20（10） | 30（15） | 9600 |
| 2/3 | 20（05） | 40（10） | 10000 |

乘马，一般情况下以 1/3 的步度配合为宜，即 5 分钟快步（约 1 公里），10 分钟慢步（约 1 公里），平均每小时行进 6～7 公里。遇有紧急任务时，可采用 1/2 的步度，即 10 分钟快步（2 公里），10 分钟慢步（1 公里）。驮马多是慢步进行。挽马挽曳物资时，在平路可用快步，上下坡或道路不平时用慢步。

### （二）使役要求

#### 1. 协调人、马和鞍挽具间关系

**定人** 指因马定人。根据马匹的性情、体格和神经类型选配合适的驭手。将调皮马分配给有耐心、有经验的驭手进行使役和管理；将性情急躁及体格高大的马分配给身材魁伟、富有臂力的驭手。使人马相称，便于鞍挽具的装卸和作业。驭手要保持相对稳定，便于了解马匹的习性，有利于马匹的驾驭和管理，也合乎战斗要求。

**定马** 是指依据各类型马的外部形态和内部结构来划分役别。一般躯短腿长、体格较小、体重较轻、体质干燥、细致结实、头轻颈长、神经机敏、强悍威风的马用于骑乘；低身广躯、体格较大、四肢短粗、关节坚实、肌肉发达、头重颈短而宽厚的马适于挽用；介于两者之间用作驮载。此外，还需按个体强弱分配作业，如拉大车的马匹，应强弱搭配，强马驾辕，弱马拉套。

**定鞍挽具** 鞍挽具是使役马匹进行挽曳、骑乘和驮载等作业时的工具。为了发挥马匹的作业能力，防止损伤马体，必须按照马匹个体体躯的长短、背腰的宽窄调整鞍挽具，大小要适宜，形状要适合马体附着点，力点支撑部位要坚固，附着马体部分应柔软稳定，不影响马的行动。固定鞍挽具有利马匹的作业，有利夜间装卸和紧急战备行动。

#### 2. 建立马匹使役制度

根据部队全年训练计划和各时期的任务，结合马个体状况，制定使役计划，建立使役制度。对马的使役，应负担均衡，劳逸结合，做到轮流使役。为了执行马匹使用计划，检查马匹使役情况和统计马匹工作日数，必须设立马轮流使役表，表内设有出勤、休息、禁役 3 栏，按照马号制作木牌，挂在出勤栏内。也可设置工作记录表，由班长负责登记。马匹出勤情况登记表见表 2-4-3。

### （三）使役检查

#### 1. 使役前的检查

表 2-4-3　马匹出勤情况登记表

| 顺序 | 马号 | 4月份 | | | | | | 备注 |
|---|---|---|---|---|---|---|---|---|
| | | 1日 | 2日 | 3日 | 4日 | 5日 | … | |
| 1 | | 训练 | 训/休 | 驮 | 休 | 驮 | | 训/休是表示上午训练下午休息 |
| 2 | | 运 | 训 | 训/休 | 运 | 休 | | |

　　使役前要检查马匹受鞍挽具部位是否清洁，有无外伤肿胀，是否跛行，蹄铁是否完好。套车前应检查车况和挽具。驭手还应携带锤、刀、斧等应急用具。如长途行军，还应自带蹄铁、装蹄工具、应急药械等物品。装车时，要求将货物装载安稳，前中后配重恰当，不要超载、超宽、超高。驮马在驮载前应详细检查棉汗屉、脊褥是否清洁、柔软、平整，鞍具是否配套，鞍具编号是否与马匹对应。备鞍后要检查鞍放置的部位是否正确，肚带松紧程度是否适宜。驮载物是否捆扎牢固，两侧负重是否平衡等。如发现不合规定的应及时矫正。乘马应检查马鞍前后位置适中，马镫革长短合适，缰绳、肚带、马镫带无老化或虚扣，前后肚带拴系结实。马对鞍挽具有如下要求：不应使马的皮肤受伤或受到刺激，不应使马的活动受到束缚，不应使马的呼吸与血液循环受到障碍，不应妨碍马完成作业。

#### 2. 使役中的检查

　　**驮载**　行军中驮手应走在马的左前方，右手持缰，长短适宜，不得挡住马的视线。注意随时检查驮鞍及驮载物有无移动或偏斜等情况，并随时加以调整。调整时，不准用推、拉的方法矫正，而应卸下驮载物，重新着装鞍、物，以免造成背毛逆立或鞍屉发生皱褶。上长坡时要紧前鞯松后鞯，缰绳要放长，让马自由选择道路，人须扶持鞍驮，用力推助，防止后溜。下长坡时要紧后鞯松前鞯，缰绳应牵短，将马头稍抬高，用短缩慢步进行，并扶鞍拉驮，防止鞍驮前移。崎岖险路驮手应左右扶驮，防止驮载物偏斜。驮马一般在行军开始半小时后紧一次肚带。注意行军中步度配合，若马匹掉队时，应大步赶上，但应尽量避免跑步，以防滚鞍。

**挽曳** 马拉重车时要走慢步，拉空车时要走快步。短途运输时，马可在装卸货物时得到休息，途中可不必再休息。长途运输时，重载时每走 1 小时左右应支起车辕，让马休息 15 分钟。行走 4 小时以后，须有 2～3 小时的大休息，并加喂饲料和饮水。在上坡或通过泥泞道路前，应使马稍停休息。如坡路或泥路很长，应并套或减载通过，驭手要扶辕。不平整的险路、弯路、过桥要慢行。使役中要注意马匹运步和精神状态有无异常。如发现马头颈不断后仰或低下，后肢蹴踢，步度不稳，多系鞍、挽具压迫或摩擦所致。

**骑乘** 牵马时，人应站在马的左肩一侧，右手距笼头约一拳处握住缰绳，左手握住缰绳游离端自然下垂，保持马头自然高度，马体正直。应与马并排前进，不可走在马前方挡住马的视线，应外侧转弯以防马蹄踩伤。臀部、大腿和膝关节与鞍自然接触保持贴附状态，以防在马鞍上颠簸。扶助始终要快而简练，并能使马迅速回应。骑乘中应注意马的疲劳和保健，防止马匹产生厌烦和运动损伤，危险路段应下马牵行。

### 3. 使役后的检查

到达宿营地后，应立即卸下鞍及驮载物，鞍褥暂留在马背上或把鞍褥翻过，进行慢步牵遛 10～20 分钟，呼吸平稳汗干后再行取掉。冬天卸套后应在马背上覆盖麻袋等物，以防感冒和风湿，卸鞍后应详细检查马体有无肿胀和鞍挽具伤以及装具有无破损，以便及时进行治疗和修理。对受鞍挽具部位，用马刷或草把进行刷拭，以促进血液循环，防止发生鞍肿。

### （四）使役中疲劳程度的鉴定

马在作业中工作能力产生暂时性降低的现象称为疲劳。需正确地判定疲劳程度，及时采取措施，防止马匹过劳。疲劳程度的判定，一般表现在姿势、气力、食欲、步样、尿色和呼吸、脉搏、体温等生理指标方面的变化。具体判断办法可参看表 2-4-4。

## 二、特殊条件下的使役卫生

我国地域辽阔，地形复杂，气候条件差异很大，马在不同条件下进行使役，尤其在战时任务重，往往昼夜兼程，马体力消耗大，容易发生伤病事故。但是，只要我们熟悉各种条件下军马的使役特点，因地制宜地采取相应措施，就能够做好在特殊情况下使役的卫生保障工作。

表 2-4-4　马匹疲劳程度观察表

| 表现情况 | 轻度疲劳 | 中度疲劳 | 重度疲劳 |
|---|---|---|---|
| 一般状态 | 头颈如常，四肢交换休息，精神稍沉郁 | 头颈略显低垂，四肢无力喜卧，精神沉郁 | 头颈显著下垂，四肢无力，肌肉迟缓，卧下后四肢散开，精神沉郁，不注意周围事物 |
| 食欲 | 稍差 | 食欲不振，但看见好草还想吃 | 显著衰弱，对饲料已失去注意力，仅对青草还有兴趣 |
| 步样 | 比较确实 | 不确实，交叉易跌倒 | 不确实，四肢强拘 |
| 呼吸 | 休息 30 分钟可恢复正常 | 全身出汗，呼吸急速，约休息 2 小时才能恢复正常 | 汗液淋漓，呼吸促迫，必须休息 3 小时才能恢复正常 |
| 脉搏 | 休息 30 分钟恢复正常 | 急速，2 小时恢复正常 | 急速，微弱虚脱，休息 10 小时才能恢复正常 |
| 体温 | 微升高，休息 1 小时恢复正常 | 微升高，休息 5 小时恢复正常 | 上升，蹄温升高，约 10 小时才能恢复正常 |
| 粪球 | 干燥，尿色浓厚 | 干燥，排泄量减少，尿液浓厚黏稠 | 粪便似球状，尿液黏厚带色 |
| 处理办法 | 适当休息 | 停止使役，至少给予 5 小时休息 | 立即停止使役，进行相应处理，给予 24 小时以上休息 |

### （一）高原

高原地区气候条件特殊，气压、氧分压低，寒冷、风大、干燥、太阳辐射强，水汽分子大为减少。高原肺水肿和雪盲症的防护应特别注意。

高原肺水肿是低地区的马，急速进入海拔 3500 米，特别是 4000 米以上地区后的常见病。早期症状是眩晕、极度疲劳、干咳并有少量粉痰、尿少、唇舌明显发绀、浮肿、皮肤湿冷。寒冷、疲劳、呼吸道感染均为本病发病的诱因。预防此病，要做到防寒保暖，避免过劳，注意休息，及时治疗呼吸道感染。高原地区日照强度随着高度增加而增加。此外，高原紫外线辐射量比海平面大 3 ～ 4 倍（指短波），强烈的日照和冰雪的反射容易引起高山雪盲症。这种疾患有时成批出现，对军马执行任务影响很大。雪盲症的主要临床表现是双目严重怕光、流泪，视线不清，随后出现剧痛和眼睑痉挛。发病后数小时至 2 天内症状最重，2 ～ 7 天内基本恢复，角膜损伤严重者可延迟数周。在高原雪地执勤的马要事先做好雪盲的预防。基本方法是配戴眼罩，简易办法是用树枝拴系头盖部或用毛巾、布、纸片等物组成网状遮于眼部，以减少紫外线反射到眼内。对已发病的马应及时治疗做好护理。

高原作业马匹适应性锻炼详见第二篇相关章节。

## （二）山地

山地道路崎岖危险因素很多，行进时鞍驮颠簸剧烈，马容易发生翻驮和鞍伤，也易发生刺伤和碰伤。军马在山地行军时机体能量消耗明显增加，极易出现肌肉无力、四肢颤抖等疲乏现象。因此，在山地使役中除要搞好防外伤、鞍伤及防险工作外，还要满足机体能量需要。

### 1. 仔细地研究行进路线

确定可能的行进速度、休息和暂时间歇地点等。

### 2. 加强防险工作的组织领导

严密组织，明确分工。通过险路时，干部亲临指挥并派人在前面探路，危险地段做标记。

### 3. 上下坡的具体方案

上下坡时，骑兵要下马，驭手要下车检查车辆、鞍挽具及驮载物。大车队及车和马之间应加大距离，以防互相冲撞。上短坡时，须扬鞭策马，加快速度。下坡时应控制辕马、车闸减速缓行。此外，由于上下坡大车重心易向后或向前移，此时要调整辕重，防止因辕轻辕杆翘起吊起辕马或因辕重压倒摔伤辕马。

### 4. 通过傍山险路的具体方法

驮马通过傍山悬崖险路时，行速须放慢，并适当拉开距离，但前后可相望，以免相互拥挤和烦躁不安。驭手要大胆沉着，将傍山一侧的路面让给马。避免在傍山险路上停步和马匹低头食草。停留时，使马头稍朝外，身躯靠里，轻声抚慰，以防失蹄。如马不慎失蹄或坠崖，应根据情况组织人力抢救。难行道路采取修、垫、绕的方法，避免冒险强行通过。

### 5. 防止马匹发生过冷和过热

山地行军，马匹体力消耗大，产热多，易发生过劳。因此，要掌握休息时机，适当增加休息时间。在上大坡过险路前要让军马稍作休息后再行通过。在风、雨、雪等恶劣天气，应防止出汗后过冷。对山区作业马应饲喂优质草料和富含碳水化合物的饲料。

### （三）水网稻田

水网稻田地区的主要特点是河流交错、沟渠纵横、路狭、桥窄，如无桥、无渡船时，必须涉水或泅渡。

**1. 涉水**

要选择水深不及马腹，流速不大，河底平坦、硬实的地方作为渡场，并在渡场两侧竖立标杆，夜间涉水，可用音响或灯火作标志，以便牵马循道安全通过。涉渡前将马饮足。涉渡时要适当拉开距离，让老实马在前引导，驭手在左侧短牵缰绳，稍抬高马头，慢步前进。涉渡中防止马饮水或倒卧水中。如若滑倒，驭手要用力将马头抬高，使其露出水面，并解除嚼子，割断肚带，卸下驮载物，救起马匹。

**2. 走田埂**

驭手要看准道路，放长缰绳，稳步牵引行进。马与马之间应拉开距离，不可挡住马视线。不要无故停留以防马踩偏或失蹄掉入田中，拐弯不要太急，防止后腿踏空造成翻驮。夜晚行军时，可根据"白水""黑泥""黄干道"的判定法确定道路好坏。

**3. 过沟**

查清沟的宽窄和深浅，根据马体力，估计能否越过。马在越沟时，通常先要低头探看壕沟情况，而后抬起前腿，后腿着力一跃而过。因此，驭手要在前方放长缰绳牵马，人先跳过，再让马跳，不能人马同时跳越，以防被马撞倒踩伤，必要时调整或卸下驮载物，决不可强行越过。

**4. 过小桥**

过桥前，要查看桥是否结实，桥下流水、水声和水影，是否易引起马惊恐。过桥时要先让马低头看看，适应后驭手放长缰绳缓慢牵马通过。不要吆喝强拉或停步回头，以免马匹受惊滑落桥下。

**5. 浮桥或渡船**

如遇大江大河不能涉渡也不能泅渡时，可搭浮桥。通过浮桥时，驭手要注意马表现及行走状态，并慰以轻声。如系渡船，要将马横排，驭手牵马立于左侧。上下渡船时应搭好跳板和栈桥（跳板和栈桥备有栏杆），不使马受惊落水。

### （四）夜间

夜间视线不清，行军较困难，马匹容易失蹄和滑倒。特别是雨夜行军，道路泥泞黏滑，更容易发生事故。

#### 1. 选路

夜间行军前，要认真研究行军路线。一般人能通过的道路，马也可通过，因此，驮马可随部队行进。

#### 2. 防险

夜间应防止发生翻驮、摔伤等事故。在复杂道路行军时，应派人走在前面侦察，在险要地段上要用传"口令"方法提醒注意。遇险路时，干部需到现场指挥，组织人力开路或绕路通过，过盘山路时，应让马靠山体一侧行走。

#### 3. 联络

夜间行军，由干部或有经验的战士行进在马队队头、队尾处。马队顺序应相对固定，做好编号，前者随时向后者传"口令"以防掉队。

#### 4. 注意观察马匹的状态

马夜间感光能力远远超过人，马能清楚地辨别夜路或夜出的野生动物。夜间行军须在侧方牵马，不要挡住马的视线。驭手精力要集中，不断注意观察道路和马的精神状态，如发现马打"响鼻"，说明马发现了人没有发现的事物。还要注意观察马的动态，如发现马头不断后仰或低下，蹄音紊乱时，应立即检查鞍挽具及驮载物有无移位，挽马是否有夹腿等情况，发现问题应及时进行处理。

### （五）热区

南方地区气候湿热、多雨。在使役卫生要求上，主要是防止马中暑及躲避蚂蟥、毒蛇等的危害。具体热区卫生防护请参阅第二篇热区卫生防护相关内容。

### （六）寒区

我国东北、华北、西北等地区冬季寒冷，雪厚路滑，给使役带来许多困难。为做到安全使役，马在冰雪道路上行军时，应装冰上防滑蹄铁，同时应注意检查防滑钉的磨损程度。防滑钉磨损 1/2 时，应及时更换。走雪路易形成"雪钉脚"，应及时敲下，以防摔倒或损伤关节。

当大雪封路时，组织人员清雪开路。大车在狭窄道路上行进时，应减速慢行，在会车时要停在路边，待对面车通过后再行走。过封冻的江河时，要查明冰的厚度，以防马因冰破落水。如冰道太滑，应撒沙、垫草或在冰道上刨小沟，以防马滑倒。大车在冰上行走，拐弯时角度要大，行动要慢，预防翻车或辕马摔倒。此外，不要急刹车，避免损伤辕马。乘驮马过冰河时，骑兵要下马，驮手要扶驮，并下"抬、抬"的口令指挥通过。

雪路行军速度不能过快，适当增加休息次数。途中休息，须选择向阳避风的地方。使役后汗未干不可卸鞍。卸鞍后先刷拭，然后拴到避风处，以免引起感冒和风湿症。同时应及时晒干或用火烘干汗水，避免冻结。大雪后行军，应注意保护好马眼睛，免受太阳光强烈刺激引起眼炎。如天气过度寒冷，应注意保护马的口角、阴筒及其他毛短皮薄的部位，避免受冻。

具体寒区卫生防护请参阅第二篇相关内容。

（本章编者：李青凤）

# 第五章　运输卫生

## 一、军马运输卫生要求

### （一）做好健康检查

军马运输前必须在原地经过兽医卫生检查，确保无传染性疾病。疫区军马及传染病疑似马匹一律不准外运。到达指定地点后，须经30天的隔离检疫和临床观察，确保健康无害后，方可与其他马匹接触或执行任务。

### （二）搞好运输饲养

由于军马在运输过程中，采食量减少，消化机能降低，加之马体长时间处于紧张状态，能量消耗较多。因此，运输军马应遵守运输军马的喂饮制度，多喂适口性强易消化的多汁饲料，少喂精料，备足优质干草，多饮水。

### （三）创造良好条件

军马在运输过程中必须采取相应措施，以减少不良因素的影响。火车运输时，夏季应适当减少载马数，打开车窗，保持良好通风，如车厢过分干燥，可喷洒水，以减少热应激；冬季车体不能有贼风，行车期间关闭门窗，停车时打开车窗，以便通风换气，在车厢底部铺垫草或锯末保温。

### （四）装载工具要求

凡装运过腐蚀性药物、化学药品、农药等货物的车船都不可用来装运马匹。凡运输过军马的火车、汽车、船舶及其他设备、用具应根据不同情况加以处理，先清除车内积粪、垫草及污物，用水彻底冲洗，洗刷后进行常用消毒药品喷洒消毒。

### （五）杜绝伤亡事故

制定运输计划，备齐应急药械，兽医人员随行。启运前应对车体、围栏、踏板、登车场地，严格检查，消除一切事故隐患。运输途中及上、下车时，要防止发生咬伤、踢伤、摔伤、骨折等外伤。卸载马匹应选择适宜场地，不得急赶，防止滑倒摔伤。火车在开车、停车、出入隧道或鸣笛时，要温声安慰，防止惊恐跳动，伤害肢体。汽车通过森林、隧道和城区时，要防止路边树木、隧道壁碰伤，起动要慢，停车要稳，下坡应缓，避免急刹车。途中要注意防火，运输途中不准吸烟，火柴、汽油、酒糟等易燃品按规定妥善保管。到达目的地，押运人员应及时向接收者交代运输数量、饲养管理、病情等情况。

## 二、军马运输前的准备

### （一）军马运输前编制方案

军马运输要根据当地地理条件、气候特点、运输目的、军马品种和年龄等情况采用不同的运输方式。军马运输有载运和赶运两种方式，载运是借助火车、船舶、汽车等进行运输，也有经飞机运输的，军马赶运见本章后述。军马运输前的检疫、分群，以及运输途中所需草料、饮水补给、饲养用具、饲养管理制度等工作方案的拟定都必须进行翔实、充分的研究。

### （二）运输前军马健康检查和饲养管理

军马运输前必须进行严格检疫和健康检查，必要时进行预防接种。检疫项目应按驻地兽医部门的有关规定进行。瘦弱马不宜运输，应加强饲养管理，待复壮后再运。有普通病或外伤的马应及时治疗后运输。

为适应运输途中饲养管理制度，减少环境应激，在启运前20天开始用运输期间的草料逐步进行饲喂适应，再按途中调养标准和饲喂制度进行饲喂。

### （三）运输工具及途中各种用具、草料的准备

采用火车、船舶、汽车进行运输时，最好选用木底、有棚、有窗的车厢，并进行安全检查和消毒处理。根据军马的种类、体格大小合理设计装载马匹数量。夏季密度适当减少，冬季可适当加大。用敞棚火车或汽车装载运输时，应根据季节采取相应防日射、防雨、防风、防雪等措施。铁皮车厢应铺草或垫砂土。按计划备足饲料，不足者在

沿途预先设置饲料和饮水供应站补给。此外，备齐途中所需要的各种用具，如斧、锯、绳、钉、水桶、饲槽、扫帚、铁锹和照明等用具。

## 三、车船运输

### （一）火车运输

**1. 装载**

**专用站台装载** 专用站台多是水泥结构，站台同车厢底应等高，便于军马上下车。站台面积要大，适于大批量军马的装载。如无专用站台可设临时站台或用踏板，踏板应坚固安全、坡度不大。

**军马装载方式** 一是系装，二是散装。系装时可顺装和横装，即顺车厢和横车厢方向排列装载，这种方法适用于小数量装载，便于喂饮管理。散装数量多，马匹可自由活动，减少因长时间驻立引起的四肢疲劳。散装可采用整车厢散装或利用隔杆将车厢分成数格装载。有踢咬等恶癖的不可散装，30 吨车厢可散装马匹 14 ～ 16 匹。

**军马装卸车要求** 军马装车时要一个接一个顺序进入，保持安静。胆小不安的，应尾随熟练马或老实马之后，或以嗜好饲料引诱上车。进入车厢后，应喂给少量青草，以减轻马匹惊恐和紧张。系装时，系绳不宜过长。散装时，隔杆应固定，癖马应系拴在内侧，并用木杆隔离，以免骚扰或撕咬邻马而引起惊群。卸车时应轻声吆喝，利用站台或踏板缓慢下车，下车后应稍停片刻，待视力恢复后驱赶前进。

**2. 饲养管理**

**饲喂要求** 日粮标准应比正常日粮稍低，每日定时饲喂 3 次，多给优质干草和水，少喂料，精料只给平时日粮的 1/5 左右即可。

**坚守值班制度** 值班人员应随时观察军马的采食、排便及精神状态，如有异常应及时报告兽医诊治，按伤病马要求护理和饲喂。

**马体护理** 中途在具备马上下车条件的车站停车且时间较长，应将马牵出车厢外进行遛马，以缓解军马疲劳。

### （二）汽车运输

**1. 装载**

**车体加固改装** 为了安全多采用直径 12 厘米左右圆木将车厢加高改装，即用长 1.5 米左右的圆木 6 根做立柱，与车厢等长的圆木做横挡，搭成一个保护架。车厢前部隔出 50 ～ 60 厘米的空间，作为看管人员的座位和草料堆放地。炎热夏季，车顶还应架设防晒棚。

**军马装载方式** 装车可利用站台装车。一般采用顺装，长途运输装载数量应少，普通载重汽车可装一般役马 4 ～ 5 匹。在 2 匹马之间装一根可以取放的隔木，缰绳的拴系既要结实又易解脱，拴系长度以头部能自由活动为宜。

### 2. 饲养管理

**防疫保护** 汽车运输应按拟定路线行进，不得在有疫情地方休息和住宿，应带足草料，确须途中补充草料和饮水时，应考虑当地疫情以及草料和水源安全。

**坚持值班制度** 每辆汽车应有专门运输人员遂行保障，注意观察军马在运输途中的状态和行为，并防止保护架松散和损坏（必要时应停车修固）。当军马严重不安时，必须根据情况及时合规处理。严寒季节应在车前安装挡风设备。炎热暑天应有避免烈日照射措施。

**马体护理** 到达宿营地，应让马充分活动，防止长时间紧张造成四肢疲劳而发生麻痹。

### （三）船舶运输

### 1. 装载

上船前应确保栈桥或浮艇搭载的安全。直接由栈桥牵马到船内。船舶运输时，马匹最好装在船舱内，每匹马占 2 ～ 3 平方米，四周应设围栏圈。

### 2. 饲养管理

**饮喂要求** 带足草料或在途中码头设供应点补给。内河运输，可用江河水作为饮水，但不准在有疫情地段或有城市排放生活污水、工业废水的地方取水饮马。海上运输，应自带淡水或途中码头设补水点。配给饲料不可过多，应注意观察军马采食状况。

**坚持值班制度** 值班人员应注意收听当地天气预报或随时观察天气变化，避开大风天气运输。应加强巡视，清扫船舱，清除粪尿，保持通风良好，发现病马应及时诊治。

**马体护理** 在无风浪的晴好天气，可牵马至甲板上晒太阳，适当活动消除疲劳。

## 四、徒步赶运

### （一）赶运前的准备

#### 1. 赶运路线的选择原则

一是沿途水草应充足。二是沿途无传染病流行。三是避开河流、森林、陡峭山路、沙漠等复杂路段。四是宿营地应安静，以便于马匹休息。

#### 2. 军马健康检查

赶运前兽医人员必须对赶运军马进行检疫和健康检查，对伤、病、残马及传染病疑似马不得赶运。兽医人员应遂行保障。

#### 3. 备齐用具

赶运途中用具主要包括水桶、精料、兽医药械、望远镜、指南针等，根据路线和需要增加必备用具。

### （二）饲养管理

#### 1. 途中喂饮

应本着节约安全、边赶边牧的原则。在非草原地区或沿途没有青干草的地区，应提前做好草料供给以及饮水、宿营地点的工作方案。在深秋季节早晚放牧时要防止食入霜草。利用江河饮马时，要了解河流水质水情，避开污染点、急流险滩，分批饮水。饮水后，赶运速度应放慢一些。

#### 2. 行程时间

赶运速度应根据马匹种类、沿途水草、不同季节而定。启程速度要慢，渐次增加，一般规定马每日行程为 25～30 公里。壮马在前老弱病残随后。冬季赶运，出发不宜太早，宿营不宜太晚。夏季应尽可能利用早晚时间赶运，延长午休时间。一般连续赶运 5～6 天，应安排 1～2 天的休息。

#### 3. 宿营及夜间管理

到宿营点后应清点马群，进行健康状况巡查。夜间值班人员要防止马群逃散或遭受野兽侵袭。

#### 4. 特殊路段的赶运

**高山区** 应派人探清道路、水草情况。同时，马群休整，让有经验的人员引导马群缓慢行进。做到暴风雨天不上山，刚过河后不上山，天黑不上山，方向未辨清不上山。

**森林区**　通过小森林区时，应派人前出探路，除了前面有人引群，后面留人赶群外，其余人员应全部分散在左右护群快速通过。通过森林区后要清点马数，不在森林附近宿营。通过大森林区时，还应选择捷路做好路标。

**河流**　涉水过河时，要勘察河水的深度及有无深泥坑和陡岸，选择河面窄、水浅、流速慢、无深泥坑的地方涉渡。涉渡前马匹应充足饮水。涉渡时，诱导过河，拉开距离，防止过度拥挤。做到陷泥深坑不过，水深急流不过，有山洪不过，夜间不过，大风暴雨不过，岸陡不过。

**沙漠地带**　沙漠区赶运时，要做好休整和补饲准备工作，争取一天内突击通过。

**城镇**　通过城镇时，应避免影响城市卫生和交通，避免马群受惊逃散和损毁公物。

军马运输卫生请参阅第五篇第一章十七《军马运输卫生规范》。


（本章编者：李青凤　孔雪梅）

155

# 第三篇

## 疫病防控

# 第一章　防疫基础知识

## 一、疫病防控的基本知识

### （一）疫病防控的相关概念

**动物疫病**　某些特定病原体（如细菌、病毒、寄生虫）引起的疾病，包括传染病和寄生虫病。

**动物防疫**　动物疫病预防、控制、扑灭和对动物、动物产品的检疫。

**预防**　采取科学饲养管理、消毒、免疫接种、动物疫病区域管理等综合性防疫措施，防止动物疫病的发生。

**控制**　一是发生疫病时，采取措施，尽可能降低动物发病数和死亡数，并把疫病控制在局部范围内，防止其扩散蔓延。二是对已经存在的动物疫病逐步进行净化，最终消灭。

**扑灭**　使某种传染病在某一群体或某一地域中不再发生的措施。

**传染源**　已被传染病病原微生物侵染并能向外排出传染病病原微生物的动植物，即受感染的动植物。包括传染病病畜和带菌（毒）动植物。

**传播途径**　病原体由传染源排出后，经过一定的方式再侵入其他易感动物所经过的路径。

**易感动物**　对特定疫病缺乏免疫力的动物。

**感染**　微生物侵入动物机体生长繁殖，从而引起机体一系列病理反应的过程。

**潜伏期** 从病原微生物侵入动物机体到最早症状出现的一段时间。

**流行过程** 由个体感染发病到群体感染发病的过程。

**疫点** 范围小的疫源地或单个传染源所构成的疫源地。如患病动物舍、场、草场、饮水点。

**疫区** 某种疫病正在流行时，多个疫源地相互连接成片且范围较大的区域。如养殖场、自然村庄、患病动物患病前后活动过的区域。

**受威胁区** 与疫区紧邻并存在该疫区动物疫病传入危险的地区。

**疫源地** 具有传染源及被传染源排出的病原体污染的地区。

**自然疫源地** 可引起人类或动物传染病的病原体在自然界的传播媒介中长期存在和循环的地区。

**散发性** 疫病无规律性随机发生，病例在一定区域零星散在出现的情况。

**流行性** 一定时间内一定动物群体中某种疫病出现和流行的状况。

**地方性流行性** 在一定的地区和动物群体中某疫病呈局限性传播、小规模流行的状况。

**大流行** 一种规模非常大的流行。流行范围可扩大至数省至全国，还可能扩大到几个国家和几个洲。

**隔离** 将患病动物和疑似感染动物控制在一个有利于防疫和生产管理的环境中进行单独饲养，以利于观察和防疫处理的做法。

**封锁** 当某地或养殖场暴发法定一类疫病或外来疫病时，为了防止疫情扩散，而对其动物群采取的划区隔离、扑杀、销毁、消毒和紧急免疫接种等强制措施。

**患病动物** 被病原微生物感染后，表现出不同程度临诊症状或有感染表现的动物。

**疑似感染动物** 外表无任何发病表现，但与患病动物处于同一传染环境中，有可能感染该疫病的易感动物。

**假定健康动物** 在划定的动物传染病疫区内，群体中除患病动物、感染动物和疑似感染动物以外的动物。

**动物检疫** 根据国家法律和法规，对流通的动物及其产品进行检验检测、监督管理或无害化处理。以防止动物疫病的传播，保障养殖业生产安全和人体健康。

**免疫接种** 是人为给予无毒或减毒病原体，以诱导抗病原体感染的特异性免疫反应。

**药物预防** 是在饲料和饮水中加入某种安全的药物进行集体的化学预防，在一定时间内可以使受威胁的易感动物不受疫病的危害，这也是预防和控制动物传染病的有效措施之一。

**疫病监测** 按计划或有关规定，对某一动物群体持续进行一种或几种疫病发生情况的调查和检测。为发生或可能发生疫病的防控提供依据。

**免疫密度** 群体中某种疫病免疫接种的动物数占该群动物总数的百分率。

**重大动物疫情** 是指突然发生、迅速传播，发病率高或死亡率高，给养殖业生产造成严重威胁、危害，甚至可能对人体健康与生命安全造成危害的动物疫病的发生、发展以及相关情况，包括特别重大动物疫情。

**人兽共患病** 在脊椎动物与人类之间由共同病原微生物引起自然传播的疾病。

### （二）动物疫病的基本特征

#### 1. 由病原体引起

病原体指病原微生物和寄生虫，每种动物疫病都有其特异的病原体，如马传染性贫血病的病原体是马传染性贫血病毒，病原体是确诊疫病的主要依据。

#### 2. 具有传染性和流行性

传染性是指疫病能由患病动物传染给健康动物，使其出现与患病动物相同的症状，传染性是疫病与普通病区别的重要特征。流行性是指疫病在动物群体中蔓延扩散的特性，即具有由个体发病到群体发病的特性。

#### 3. 具有免疫力

免疫力即抵抗力，动物患某种疫病后，由于病原刺激，机体产生特异性抗体，使其对相同病原的再次侵入具有抵抗力，在一定的时间内或终生不再感染同种疫病。

#### 4. 具有季节性、周期性和地方性

**季节性**　某些动物传染病经常发生于一定的季节，或在一定的季节出现发病率显著上升的现象。季节性与媒介昆虫、气温等因素有关。

**周期性**　某些动物疫病经过一定的间隔时期再度出现流行的现象。一般间隔数年出现一次流行，周期性流行的原因与群体免疫力下降、新生代动物增多、动物引进有关。

**地方性**　某些动物疫病局限在一定的地区范围内发生的现象。地方性是寄生虫病突出的特点，主要由于不同的地理条件、气候条件差异和中间宿主的存在。

### 5. 具有潜伏期

潜伏期长短不一，短仅数小时，长可达几年。潜伏期短的多是急性病，潜伏期长的多为慢性病。

## （三）动物疫病的发生条件

### 1. 环境中存在病原

饲养环境中存在致病性病原体是疫病发生的原因和必备条件。任何一种病原要引起动物发病，必须有足够的数量，较强的毒力（致病力）和一定的稳定性。稳定性是指病原体在环境中保持传染性的时间长短。

### 2. 动物受到感染

动物接触到病原是感染的前提，病原体侵入动物体有多种途径，但只有经过适宜的途径侵入动物体适宜的部位寄居、生长繁殖，才能使动物感染。如破伤风梭菌及其芽孢必须侵入深而闭合的创伤，在缺氧的环境中生长繁殖才导致感染动物发病。

### 3. 动物有易感性

动物对某种病原微生物缺乏抵抗力和免疫力的现象，称有易感性。易感性主要由动物遗传特征决定。病原微生物或寄生虫只有侵入对其先天易感的动物才可能引起疫病发生。

### 4. 外界环境

外界环境可以影响动物疫病的发生，尤其是气候条件。

**气候条件影响动物抗病能力**　寒冷使动物消耗大量的体能，生长发育减缓，且会影响动物免疫系统功能，降低呼吸道黏膜的屏障作用。

**气候条件影响病原体的致病力**　病原有适应环境的能力，多数病毒耐冷不耐热，寒冷的气候有利于生存，高温对病毒不利。气候温暖潮湿，适宜细菌、寄生虫繁殖，所以夏秋季感染发病多。

**气候条件影响生物媒介和中间宿主的生命力**　气候炎热适宜媒介昆虫繁殖，虫媒性疾病发病率显著增高，且有利于寄生虫中间宿主的增殖，这也是寄生虫病夏秋感染率增高的重要原因。

### （四）动物疫病的流行过程

流行过程指由个体感染发病到群体感染发病的过程。

#### 1. 疫病流行过程中的三个基本环节

传染源、传播途径、易感动物群（见本章疫病防控的相关概念）。三个基本环节在动物群体中同时存在并相互联结时，就会构成疫病的

流行；缺少其中任何一个环节，都可以中断或杜绝疫病的流行，见图 3-1-1。因此，所有的防疫措施都是针对三个基本环节而制定，即消除传染来源，切断传播途径，保护易感动物。

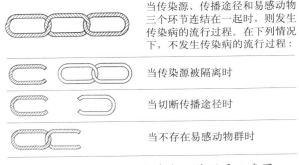

当传染源、传播途径和易感动物三个环节连结在一起时，则发生传染病的流行过程。在下列情况下，不发生传染病的流行过程：

当传染源被隔离时

当切断传播途径时

当不存在易感动物群时

图 3-1-1 疫病流行三个基本环节联系示意图

#### 2. 主要传播途径

**垂直传播**　微生物从亲代到其子代之间以纵向方式进行的传播。垂直传播的疫病也能通过水平传播。

**水平传播**　病原微生物在群体之间或个体之间以横向方式进行的传播。包括直接接触传播和间接接触传播两种方式。

直接接触传播。病原微生物通过被感染动物（传染源）与易感染动物直接接触（交配、舐咬），不需要任何外界其他因素参与而引起的传播方式。一般不会造成广泛流行，如狂犬病主要通过被病畜咬伤传播，马媾疫通过交配传播。

间接接触传播。病原微生物通过传播媒介感染易感动物的传播方

式。如饮食传播、空气传播、虫媒传播。间接接触传播是大多数动物疫病的主要传播方式，易引起疫病的流行。

**3. 影响流行过程的因素**

*自然因素* 包括地理因素（地形、海拔、纬度等）、气候因素（气温、湿度等）、季节和动物群落分布（各种动物、植物和微生物的地理分布）。这些因素决定或影响疫病流行过程，特别对自然疫源性疾病、虫媒传染病和寄生虫病的发生与发展有重要影响。

*社会因素* 包括政治因素、经济因素、文化科技水平、养殖业水平、社会对动物防疫工作的重视程度等。这些因素是控制和消灭动物疫病的重要保证。

## 二、流行病学调查

流行病学调查是对一定地区内各种疫病种类、分布、流行和危害情况进行调查。主要目的是监测疫情动态和对突发疫情进行诊断，科学制定防控对策。

### （一）调查分类与内容

**1. 日常调查（常规调查）**

日常调查是在动物群体未暴发疫情时开展的调查工作，以了解和掌握某区域、某时间内动物疫情动态。这种调查是主动调查，应预先制订调查方案，确定专题和范围。

*普查* 又称全面调查，是对某区域或某特定动物群体中全部动物进行的调查。

*抽样调查* 是一种非全面调查，它是从某区域内全部调查研究对象中，按随机原则抽选一部分动物个体或群体（样本）进行调查，并据此对该区域疫情作出估计和推断。是疾病预防经常应用的调查方法。

**2. 应急调查（暴发调查）**

应急调查也称暴发调查或流行调查，是动物群体突发某种疫病时所开展的调查。其目的是诊断疫情和查明病因。应急调查的内容有：本次发病情况调查，病史调查，养殖场基本情况调查和环境因素调查。本次发病情况调查是重点，要查明疫病"畜间、时间、空间"的三间分布情况，初步得出诊断，提出防控对策。

## （二）调查方式与方法

### 1. 询问调查

调查人员用通俗易懂的语言与饲养管理人员进行沟通，以了解畜禽的发病经过、病史及平时的饲养管理、卫生防疫、动物生产性能等内容，从中获得诊断线索。询问时要做好记录。

### 2. 现场观察

调查人员根据可能的疫病倾向，有重点地实地检查，进一步验证和补充询问调查所获得的有限资料。

### 3. 查验有关资料

查验养殖档案、用药记录、畜禽标识等，注意免疫接种是否在有效期内。

### 4. 实验室检查

采取病料送实验室检查，以发现病原、确定动物群体免疫水平或有关病因因素。对有污染嫌疑的各种材料如饮水、饲料、土壤、昆虫或野生动物进行病原学或理化学检查，以确定可能的传染来源或传播媒介。

### 5. 生物统计

应用生物统计学的方法，整理、统计和分析收集到的各种数据，如发病数、死亡数、屠宰量及预防接种数等，进一步比较，总结出特征性的信息，以便得出相应的结论。

## （三）调查常用的数、率、比

### 1. 数、率、比的概念

**数** 即数量，指绝对数。如存栏动物数、动物发病数、死亡数、阳性动物数。

**率** 指一定时间、范围及群体内，某事件发生的频率。如发病率、致死率等，常用百分率表示。

**比** 指某事件发生过程中，两个数之间的对比值。常用倍数或百分数表示，与率不同的是其分母不包括分子。比与率不能混同使用。

### 2. 常用的率、比

**发病率** 发病率表示一定时间内新发生的某种传染病病例数与该时间内发病总数之比。

发病率＝某传染病病例数／同时间发病总数 ×100%

**感染率** 感染率是指某种疾病阳性数占受调查动物总数百分比。感染率的调查和统计能客观反映动物群体被病原污染情况，对疫病净化有实际意义。

感染率＝感染某病的动物数／被检动物总数 ×100%

**患病率** 患病率是指在某时期、某动物群内，患某疾病的动物数占同期同群动物总数的百分率。

患病率＝患某病的动物数／同期同群动物总数 ×100%

**死亡率** 死亡率是指一定时间内动物群因某病而死亡的病例数与该动物群总数之比。

死亡率＝因某病死亡的病例数／同时间该群动物总数 ×100%

**病死率（致死率）** 病死率是指患某疾病而死亡的动物数占患该病动物总数的百分比。

病死率＝因某病死亡的动物数／患该病动物总数 ×100%

**发病比** 发病比是指某时期某动物群内，患某病的动物数与患其他病动物总数之比。

发病比＝患某病动物数／同期同群患其他病动物总数

或：发病比＝患某病动物数／同期同群患其他病动物总数 ×100%

**死亡比** 死亡比是指某时期某动物群内，因患某病死亡的动物数与因其他病死亡的动物总数之比。

死亡比＝因某病死亡动物数／同期同群因其他病死亡动物总数

或：死亡比＝因某病死亡动物数／同期同群因其他病死亡动物总数 ×100%

### （四）调查结果分析

调查结果分析是将调查所获得的资料，归纳整理，进行全面的综合分析，查明流行原因和条件，找出流行规律。

**1. 整理资料**

首先全面检查调查资料的完整性、准确性、价值性，尽可能避免分析结果出现偏差。然后将资料根据分析目的不同进行分组，如按年龄、性别、使役、免疫情况、时间、地区、放牧条件等性质进行分组。计算各组统计参数值，并制成统计表或统计图进行对比，综合分析。

## 2. 分析资料

### 分析的方法

综合分析。动物疫病的流行过程受社会因素和自然因素等多方面的影响，分析时应以调查的客观资料为依据，进行全面的综合分析，不能单凭个别现象就片面作出流行病学结论。

对比分析。对比不同单位、不同时间、不同畜群等之间发病率或感染率的差别，找出差别的原因，从而找出导致流行的主要因素。

逐个排除。类似于临床上的鉴别诊断，即结合流行特征的分析，先提出引起流行的各种可能因素，再对其逐个深入调查与分析，得出结论。

### 分析的内容

流行特征分析。主要对发病率、发病时间、发病地区和发病畜群分布等四个方面进行分析。

①发病率分析　发病率是流行强度的指标。通过发病率分析，可以了解流行水平、流行趋势，评价防疫措施的效果和明确防疫工作的重点。如分析近几年几种主要传染病的年度发病率，可以找出当前几种传染病中，对畜群威胁最大的疫病，进而找准防疫工作的重点。又如分析某传染病历年发病率，可以看出该传染病发病趋势，判断历年所采取的防疫措施的效果，有助于总结经验。

②发病时间分析　通常是将发病时间以小时或日、周、旬或月、季（年度分析时）为单位进行分组，排列在横坐标上，将发病数、发病率或百分比排列在纵坐标上，制成流行曲线图，从中查看流行的起始时间、升降趋势及流行强度，推测流行的原因。一般从以下几个方面进行分析：若短时间内突然有大批病畜发生，时间都集中在该病的潜伏期范围以内，说明发病在同一个时间内，由共同因素感染。围绕感染日期进行调查，可以查明流行或暴发的原因。即使共同的传播因素已被消除，但相互接触传播仍可能存在，通常有流行的"拖尾"现象。若发病曲线出现两个高峰（双峰型），说明一个共同因素（如饲料或水）隔一定时间发生过两次污染，如钩端螺旋体病的流行。若病

畜陆续出现，发病时间不集中，流行持续时间较久，超过一个潜伏期，则说明不是由共同原因引起的，可能畜群通过接触传播，发病曲线多呈不规则型。

③发病区域分布分析　将病畜按地区、单位、畜舍等分别进行统计，比较发病率的差别，并绘制点状分布图（图上可标出病畜发病日期）。根据分布的特点（集中或分散），分析发病与周围环境的关系。若呈散在分布，说明可能有多种传播因素同时存在；如果呈集中分布，局限在一定范围内，说明该地区可能存在一个共同传播因素。

④发病畜群分布分析　按病畜的年龄、性别、役别、匹（头）数等，分析某病发病率，可以阐明该病的易感动物和主要患病对象，从而可以确定该病的主要防疫对象。同时结合病畜发病前的使役情况及饲养管理条件可以判断传播途径和流行因素。

流行因素分析。将可疑的流行因素，如畜群的饲养管理、卫生条件、使役情况、气象因素（温度、湿度、雨量）、媒介昆虫的消长等，与病畜的发病曲线制成曲线图，进行综合分析，可提示两者之间的因果关系，找出流行的因素。

防疫效果分析。防疫措施的效果主要表现在发病率和流行规律的变化上。若采取措施后，发病率经过一个潜伏期就开始下降或流行高峰削平，则措施有效。如果发病率在采取措施前已开始下降，或措施一开始发病立即下降，则不能说明这是措施的效果。在评价防疫效果时，还要分析以下几点：第一，对传染源的措施，包括诊断的正确性与及时性、病畜隔离的早晚、继发病例的多少等；第二，对传播途径的措施，包括对疫源地消毒、杀虫的时间、方法和效果的评价；第三，对预防接种效果的分析，可对比接种组与未接种组的发病率，或测定接种前后体内抗体的水平（免疫监测）。

（本章编者：谢鹏）

# 第二章　主要技术措施

## 一、防疫措施

### （一）防疫工作的基本原则

#### 1. 贯彻"预防为主"的方针

各级行政主管部门、卫生机构对军马疫病的预防，应贯彻"预防为主"的防疫方针。

#### 2. 建立、健全并严格执行国家、军队兽医法规

兽医法规是做好军马疫病防制工作的法律依据。近年来我国政府先后颁布并实施了一系列重要的法规，出台了配套的实施细则。军队也相应出台和修订了军内军马疫病防控的相关规范，制定了国家军用标准。这些法律法规是开展军马疫病防制和研究工作的指导原则和有效依据。

#### 3. 建立、健全各级兽医防疫机构

军队兽医防疫工作与国家兽医部门、驻地兽医部门、军队卫生部门都有着密切的联系，应加强与各部门密切配合，从全局出发、大力合作，统一部署，全面安排。同时，军内应建立、保持兽医防疫机构，特别是基层有军用动物的部队或是有饲养动物的部队，建设兽医防疫机构，拥有稳定的专业队伍和技术人员，这样才能保证兽医防疫措施的贯彻落实。

### （二）疫病防控技术措施

应根据军马疫病表现的不同特点，分清主次和轻重缓急，突出防疫工作的主导环节，采取包括"养、防、检、治"四个方面的综合性防疫措施。综合防疫措施可分为平时的预防措施和发生疫病时的扑灭措施两个方面。

169

## 1. 平时的防控措施

**落实军马检疫制度** 自购、收容、征用等方式新补充的军马应严格隔离和检疫。军马外出放青、执行任务、支援地方时，出营之前必须检疫，无病无疫方可外出，任务完成归队后应隔离检疫，经检疫确定无病无疫方可入群。有马部队必须严格落实每年春、秋两次军马检疫工作，按军马编制数量全额送检，不得漏检。

**执行预防接种计划** 外出放青、长期执行任务，在出发前一个月做好相应传染病的免疫，免疫工作应严格按规定要求操作，详细登统计，明确责任，不得漏免或无故不免。国内生产马疫苗较少，应有计划地进行疫苗储备，必要时进行免疫接种。

**定期进行卫生消毒、杀虫和灭鼠，无害化处理粪便** 军马入营时，马厩舍、活动场所、用具、装具应保持清洁并定期进行消毒，粪便应堆积发酵处理。临床检查器具、手术器具、检疫器具等医用器械应做到定期消毒和使用前的严格消毒（详见第三篇第二章相关内容）。

**建立军地协作制度** 与驻地兽医主管部门保持联络，互通信息，加强协作，落实国家消灭和控制军马疫病计划。

**密切注意驻地动物疫情动态** 有马部队应关注动物疫情动态，如处在疫区或受威胁区应自觉检疫监测，并制定防止疫情传入部队的有效措施。

**开展流行病学调查** 外出执行任务时应对目的地、行进路线进行疫情流行病学调查，制定合理的防病措施及行进方案。

## 2. 发生疫病时的扑灭措施

及时发现、诊断和上报疫情，并通知邻近部队做好预防工作；

迅速隔离患病军马，污染的环境进行彻底消毒；

若发生危害性大的疫病，如炭疽、鼻疽、马传染性贫血等，应采取封锁和扑杀等综合性措施；

对疫区和受威胁区内尚未发病的军马立即实行紧急接种，并根据疫病的性质对患病军马进行隔离，落实防疫措施；

按规定严格处理死亡和被淘汰的患病军马。

### （三）防病管理措施

（1）加强环境控制，改善饲养管理条件，草料合理搭配，科学饲喂，提高军马的抗病能力。

（2）每年春季部队组织对军马进行健康检查，对瘦弱、慢性病马进行复壮治疗，需退役处理的要果断作出退役处理。每年进行防疫制度落实情况的检查，教育部队严格遵守防疫制度。

（3）军马使役时，不宜超载超速，严禁饱后使役、带病使役，合理轮流使役，防止劳役不均，在使役过程中注意检查军马健康状况。

（4）严禁军马进入疫区，避免与民马接触，严禁与民马同饲、同饮、同牧、同厩、同役，严禁住大马店。必须进入疫区时应采取防疫措施。

（5）无训练与使役任务时，应科学饲养，合理锻炼。

（6）结合爱国卫生运动，搞好马体卫生、马厩卫生和环境卫生。

（7）军马支援地方建设时应自行管理，分别使役。严禁与耕水田马牛混役，严禁随意将军马与民马交换。

（8）军马牧场严禁民马进入、混入军马群，严禁地方调运马匹进入，必须进入时也应检查其检疫证明，必要时可规定其行进路线，并对该路线及时消毒处理。

（9）部队兽医原则上不得诊治民马，确需支援地方时，也应在营区外进行，并且在诊疗结束后，对场地、器械、人员进行消毒后方可回营。

（10）水源应安装水消毒设备，并定期进行水质测定，不合格者及时落实改进措施，保证马匹饮足清洁卫生的水。

（11）草料要来自非疫区，并保证质量，落实防虫、防鼠、防霉、防变措施。

（12）军马使役、卫生用具应统一编号，一马一用具。病马用具应标识明显，严格使用与保管。

### （四）寄生虫病的防控措施

#### 1. 驱虫

军马的驱虫就是用药物杀灭军马体内和体表的寄生虫。一是杀灭或驱除军马体内外的寄生虫后，使军马得到康复；二是减少了染疫军马向自然界散布病原体的机会。驱虫按照目的和对象的不同，可分为两种。

**治疗性驱虫** 是针对患病动物采取的紧急措施，是用抗寄生虫药物治愈患病动物。

**预防性驱虫** 部队每年根据寄生虫在当地的流行规律，定期进行一次至多次驱虫。具体驱虫时间应根据寄生虫的生活史和流行病学特点以及药物的性能等因素来确定。对于某些寄生虫病也可多次给药预防。

**注意事项** 常饮河水的马应训练饮用井水，便于投喂药物；将马远离水源防止偷饮；驱虫后 3～5 小时应注意观察，如有腹痛等现象表明发生中毒现象，应及时救治；驱虫后应更换牧场或厩舍，厩舍内粪便应处理。

**2. 加强粪便管理**

许多寄生虫的虫卵、幼虫、孕节、卵囊、包囊等都是随宿主粪便排至外界，寄生虫卵囊、包囊抵抗力较强，一般消毒剂对它们无效，但对热敏感。粪便无害化处理最为简单易行的方法就是将粪便收集起来，制作堆肥，在微生物的作用下，发酵产生的生物热高达 70℃，可杀灭病原体。

**3. 控制和杀灭中间宿主与传播者**

**改善环境** 可结合农田基本建设和草场改良，开辟排水沟，排干低洼积水等。为了消灭蜱、蚊、蝇、蠓、蚋等传播者，可采取清除粪便、污水，铲除杂草及砍去灌木丛等措施。

**物理方法** 消灭钉螺，采用土埋、火烧等方法。消灭马厩内蜱，采用开水浸烫、填塞缝隙方法。

**化学方法** 使用化学药物杀灭中间宿主与传播者。

**生物方法** 采用生物防治法杀灭中间宿主与传播者。

**4. 注意饲养卫生**

**注意饲料、饲草和饮水卫生** 草料库和水源附近不要堆放粪便、垃圾，防止粪便污染饲料、饮水，最好用自来水、井水、泉水或流动的河水作为军马的饮用水。

**搞好厩舍及环境卫生** 每日清除马厩内和系马场上的粪便。注意马厩的通风、光照，保持清洁、干燥。清除系马场、马厩周围的杂草、乱石等。

### 5. 建立健全兽医卫生检验制度

定期对军马粪便进行检验，及时发现军马寄生虫病染疫情况。

### 6. 科学饲养

**安全放牧** 根据寄生虫的生物学特性，有计划地把牧场划区管理，使军马按计划轮流放牧，既可避免军马感染，同时还可净化牧场。

**隔离饲养** 对新入伍的军马，应隔离饲养一段时间，经检验确认无虫后才能合群，以免引入病原体。

**改变饲养方式** 改放牧为舍饲，可减少生物源性寄生虫的感染。

**增强动物的抵抗力** 使军马获得足够的全价营养，以增强军马的体质，提高对寄生虫感染的抵抗力，防止寄生虫病的发生。

**生物防控** 寄生虫的自然天敌有几百种，主要有细菌、真菌、超寄生虫及某些无脊椎动物。但研究得比较多的是捕食线虫性真菌，即寡孢节丛孢菌和嗜线虫真菌。苏云金杆菌是一种用来防控昆虫的细菌，一些发达国家用它来杀灭某些种类的蚊虫幼虫。

### （五）驱除或杀灭吸血媒介生物的措施

（1）根据蚊、虻活动情况，制定防治措施，防止吸血昆虫侵袭军马。

（2）马匹体表寄生性吸血昆虫要随时捕捉或用药物杀灭。

（3）清除马厩周围环境的杂草，填平水坑，消除雨后积水，防止蚊蝇孳生。

（4）马厩增设纱窗、纱门、熏烟设施，防止蚊蝇入厩，厩内喷洒杀虫药消灭蚊、虻等吸血昆虫。

（5）外出放青或执行任务时，要调查吸血昆虫种类及活动规律，厩舍应选在高处、干燥、通风好的场所。在吸血昆虫活动最猖狂的时候尽可能不放牧，减少去低洼潮湿或水源附近放牧，必要时可用艾蒿等野生植物熏烟驱虫。

## 二、消毒

### （一）概念及意义

消毒是指采用物理学、化学和生物学的方法清除或杀灭外界环境（各种物体、场所、饲料、饮水及畜禽体表皮肤、黏膜地浅表体腔）中病原微生物及其他有害微生物的防疫措施。及时正确的消毒能有效切断传染病传播途径，阻止传染病的蔓延、扩散。消毒是贯彻"预防为主"方针的一项重要措施。

### （二）种类

根据消毒时机和消毒目的不同分为预防性消毒和疫源地消毒，疫源地消毒又分为随时消毒和终末消毒。

**1. 预防性消毒**

是指为了预防一般传染病的发生，在平时的饲养管理中，定期对厩舍、空气、场地、道路、用具、车辆及动物群体等进行消毒。

**2. 随时消毒**

是指在动物群中出现疫病或突然有个别动物死亡时，为及时消灭患病动物体内排出的病原体而采取的消毒。消毒的对象包括患病动物所在的厩舍、隔离舍以及被其分泌物和排泄物污染的和可能被污染的场所、用具和物品，通常在解除封锁之前，需要进行定期的多次消毒。

**3. 终末消毒**

当患病动物解除隔离（痊愈或死亡）时，或在疫区解除封锁之前，为了消灭疫区内可能残留的病原微生物而进行的彻底大消毒。新建马厩、放牧时马安置场所，也应进行彻底的消毒。

### （三）对象

**1. 消毒对象**

患病动物及尸体所污染的厩舍、场地、土壤、饮水、饲养用具、运输工具、人体防护装备、粪便等。

**2. 检疫消毒的对象**

除规定应"销毁"的动物疫病以外，其他疫病的染疫动物的生皮、原毛以及未经加工的蹄、骨等；

运输工具及其附带物，如栏杆、篷布、绳索、饲饮用具等；

174

检疫地点、隔离检疫场所等，以及被病死动物及其排泄物污染的场所。

### （四）消毒的方法

#### 1. 物理消毒法

指应用物理因素杀灭或清除病原微生物及其他有害微生物的方法。物理消毒法包括清除、辐射、煮沸、干热、湿热、火焰焚烧及滤过除菌、超声波、激光、X射线消毒等，具有简便经济的特点，常用于场地、设备、卫生防疫器具和用具的消毒。

**机械性清除**　指通过清扫、冲洗、洗擦和通风换气等手段达到清除病原体的目的，是最常用的一种消毒方法。用清扫、铲刮、冲洗等机械方法清除降尘、污物及污染的墙壁、地面以及设备上的粪尿、残余的饲料、废物、垃圾等，可除去70%的病原体，并为化学消毒创造条件。机械清除并不能杀灭病原体，必须结合使用其他消毒方法。通风换气的目的是排出厩舍内的污秽气体和水汽，换入新鲜空气。

**日光、紫外线消毒**　指利用阳光或紫外线照射产生的加热、干燥和破坏核酸的作用使病原微生物灭活而达到消毒的目的。一般病毒和非芽孢病原菌在强烈阳光下反复曝晒可使其致病力大大降低甚至死亡。利用阳光曝晒消毒，对牧场、草地、畜栏、用具和物品等是一种简单、经济、易行的消毒方法。紫外线可以杀灭各种微生物，包括细菌、真菌、病毒和立克次体等。此法较适用于厩舍的垫草、用具、进出人员等消毒，对被污染的土壤、牧场、场地表层的消毒均具有重要意义。

紫外灯安装的高度应距天棚有一定的距离。照射时，灯管距离污染表面不宜超过1米，消毒有效区为灯管周围1.5～2米，所需时间为30分钟左右。

**干热消毒**　常用焚烧法对染疫的动物尸体、患病动物垫料、病料以及污染的垃圾、废弃物等物品进行消毒，可以直接点燃或在焚烧炉内焚烧。地面、墙壁等耐火处可以用火焰喷灯进行消毒。

**湿热消毒**　又分为煮沸消毒法、流通蒸汽消毒法、高压蒸汽灭菌法三种。

煮沸消毒法是最常用的消毒方法之一，此法操作简便、经济实用，效果比较可靠。大多数非芽孢病原微生物在100℃沸水中迅速死亡。大多数芽孢在煮沸后15～30分钟，可致死。

流通蒸汽消毒法，又称为常压蒸汽消毒法，用100℃左右的水蒸汽进行消毒。这种消毒方法常用于不耐高温高压物品的消毒。

高压蒸汽灭菌法是利用高压灭菌器进行，为杀菌效果最好的灭菌法。可杀灭所有的繁殖体和芽孢，此法常用于耐高热的物品灭菌。

### 2. 化学消毒法

指利用化学药物（消毒剂）杀灭或清除病原微生物的方法。化学消毒是最常用的消毒方法，主要应用于饲养场内外环境、诊疗场所、饲槽、各种物品表面及饮水消毒等。常用的有以下几种方法。

**浸洗法** 对一些器械、用具、衣物等的浸泡消毒，一般应洗涤干净后再行浸泡，药液要浸过物体，浸泡时间应长些，水温应高些。饲养场和马厩入口处消毒槽内，可用浸泡药物的草垫或草袋对人员的靴、鞋底消毒。

**喷洒法** 喷洒地面、墙壁、舍内固定设备等，可用细眼喷壶；对舍内空间消毒，则用喷雾器。喷洒要全面，药液要喷到物体的各个部位。一般情况下，喷洒地面药液量为2升／平方米，喷墙壁、顶棚为1升／平方米。

**熏蒸法** 适用于可以密闭的厩舍和库室等建筑物内环境。常用的药物如过氧乙酸水溶液。实际操作中应注意：厩舍及设备必须冲（清）洗干净；进出气口、门窗和排气扇等的缝隙要糊严，不能漏气。

**气雾法** 气雾是将消毒液倒进气雾发生器后喷射出的雾状微粒，颗粒极小，能悬浮在空气中较长时间，可飘移穿透到消毒对象周围及其空隙。气雾法是消灭空气病原微生物的理想办法。

**拌和法** 对粪便、垃圾等污物消毒时，可用粉剂消毒药品与其拌和均匀，堆放一定时间，就能达到消毒目的。如将漂白粉与粪便按1∶5的比例拌和均匀，可进行粪便的消毒。

**撒布法** 将粉剂型消毒药均匀地撒布在消毒对象表面。如用生石灰加适量水使之松散后，撒布在潮湿地面、粪池周围及污水沟进行消毒。

### 3.生物消毒法

是指利用自然界中广泛存在的微生物在氧化分解污物（如垫草、粪便等有机物）时所产生的大量热能来杀死病原体。饲养场中粪便和垃圾的堆积发酵，就是利用嗜热细菌繁殖产生的热量杀灭病原微生物。但此法只能杀灭粪便中的非芽孢性病原微生物和寄生虫幼虫及虫卵，不适于芽孢及患危险疫病军马的粪便消毒。粪便、垫料采用此法比较经济。

### （五）消毒药品的选择原则和配制

#### 1.消毒药品的选择原则

选择消毒药品时应考虑以下几个方面：对病原体杀灭力强且广谱，易溶于水，性质比较稳定；对人、畜无毒，无残留，不产生异味，不损坏被消毒物品；经济实惠，使用简便。

#### 2.几种常用消毒药品的配制示例

**4%氢氧化钠溶液** 称取 40 克烧碱（粗制氢氧化钠），加入 1000 毫升清水中（最好用 60℃～70℃热水）溶解搅匀即成。

**20%生石灰乳** 1 克生石灰加 5 克水即为 20% 石灰乳。配制时最好用陶缸或木桶、木盆。首先把等量水缓慢加入石灰内，稍停，石灰变为粉状时，再加入余下的水，搅匀即成。

**20%漂白粉乳剂** 在漂白粉中加少量水，充分搅成稀糊状，然后按所需浓度加入全部水（25℃左右温水），即每 1000 毫升水加漂白粉 200 克 ( 含有效氯 25%) 的混悬液。

**20%漂白粉澄清液** 把 20% 漂白粉乳剂静置一段时间，上清液即为 20% 澄清液，使用时可稀释成所需浓度。

**5%碘酊** 10 克碘化钾加蒸馏水 10 毫升溶解后，加碘 50 克与适量 95% 的乙醇，搅拌至溶解。再加乙醇使成 1000 毫升即成。

**10%福尔马林溶液** 福尔马林为 40% 甲醛溶液（市售商品）。取 10 毫升福尔马林加 90 毫升水，即成 10% 福尔马林溶液。

**5%来苏儿溶液** 取来苏儿 5 份，加清水 95 份（最好用 50℃～60℃温水配制），混合均匀即成。

**3. 配制注意事项**

**计算浓度** 根据需要配制消毒液浓度及用量，正确计算所需溶质、溶剂的用量。计算方式为：原消毒剂浓度 × 原消毒剂用量＝需配制消毒液浓度 × 需配制消毒液用量。

**准确称取** 所需药品应准确称量。对固态消毒剂用天平称量，对液态消毒剂用量筒或吸管量取。准确称量后，先将消毒剂原粉或原液溶解在少量水中，使其溶解后再与足量的水混匀。

**容器要求** 配制药品的容器必须干净，耐腐蚀。

**现配现用** 配制好的消毒剂应尽快用完，存放时间过长，浓度会降低或失效。个别剩余需储存待用的，按规定用适宜的容器盛装，注明药品名称、浓度和配制日期等，并做好记录。

**注意安全** 配制有腐蚀性的消毒药品（如氢氧化钠），应戴橡胶手套操作，严禁用手直接接触，以免灼伤。某些消毒药品（如生石灰）遇水会产生高温，应在耐热容器中配制。配制结束后应洗脸洗手。

## （六）消毒药品的种类及使用

用于杀灭或清除外环境中病原微生物或其他有害微生物的化学药物，称为化学消毒剂。各种消毒药品的理化性质不同，其杀菌或抑菌作用机理也有所不同，应根据消毒对象、病原特性、消毒剂杀菌效力等适当选用。

### 1. 含氯消毒剂

通过在水中产生具杀菌作用的活性次氯酸发挥消毒作用，包括有机含氯消毒剂和无机含氯消毒剂。一般来说，有效氯浓度越高，作用时间越长，消毒效果越好。几乎可杀灭所有类型的微生物，使用方便。缺点是对金属有腐蚀性，药效持续时间较短，久贮失效。

**漂白粉** 为白色颗粒状粉末，有氯臭味，含有效氯 25% ～ 30%，久置空气中失效，大部分溶于水和醇。5% ～ 20% 的悬浮液用于环境消毒。饮水消毒每 50 升水加 1 克；1% ～ 5% 的澄清液用于食槽、玻璃器皿、非金属用具消毒等，应现配现用。

**漂白粉精** 为白色结晶，有氯臭味，含氯稳定。0.5% ～ 1.5% 用于地面、墙壁消毒，0.3 ～ 0.4 克 / 千克用于饮水消毒。

**二氯异氰尿酸钠（优氯净）** 强力消毒净、速效净等均含有二氯异氰尿酸钠。含有效氯 60% ～ 64%。为白色晶粉，有氯臭味。一般 0.5% ～ 1% 溶液可以杀灭细菌和病毒，5% ～ 10% 的溶液用作杀灭芽孢。环境、非金属器具消毒按 0.015% ～ 0.02% 配制。饮水消毒，每升水加 4 ～ 6 毫克，作用 30 分钟。本品应现用现配。

**2. 碘类消毒剂**

为碘与表面活性剂（载体）及增溶剂等形成稳定的络合物，包括传统的碘制剂如碘水溶液、碘酊（碘酒）、碘甘油和碘伏类制剂。本类消毒剂可杀死细菌、真菌、芽孢、病毒、结核杆菌等。对金属设施及用具的腐蚀性较低，低浓度时可以进行饮水消毒和带畜消毒。

**碘酊** 俗称碘酒，为碘的醇溶液，红棕色澄清液体，杀菌力强，2% ～ 2.5% 用于皮肤消毒。

**碘伏** 又名络合碘，红棕色液体，随着有效碘含量的下降逐渐向黄色转变。性质稳定，对皮肤无害。0.5% ～ 1% 用于皮肤消毒剂，10 毫克/升用于饮水消毒。

**威力碘** 红棕色液体，含碘 0.5%。1% ～ 2% 用于厩舍、动物体表及环境消毒。

**3. 醛类消毒剂**

能产生自由醛基在适当条件下与微生物的蛋白质及其他某些成分发生反应。包括甲醛、戊二醛、聚甲醛、邻苯二甲醛等。杀菌谱广，可杀灭细菌、芽孢、真菌和病毒；性质稳定，耐储存；受有机物影响小。有一定毒性和刺激性，有特殊臭味，受湿度影响大。

**福尔马林** 市售商品为 36% ～ 40% 甲醛水溶液。无色有刺激性气味的液体，90℃下易生成沉淀。对细菌繁殖体及芽孢、病毒和真菌均有杀灭作用。1% ～ 2% 环境消毒，与高锰酸钾配伍熏蒸消毒厩舍等。

**戊二醛** 无色油状体，味苦。有微弱甲醛气味，挥发度较低。可与水、酒精作任何比例的稀释，溶液呈弱酸性。碱性溶液有强大的灭菌作用。

**多聚甲醛** 为甲醛的聚合物，含甲醛 91% ～ 99%。白色疏松粉末，能溶于热水，加热至 150℃时，可全部蒸发为气体。多聚甲醛的气体与水溶液，均能杀灭各种类型病原微生物。1% ～ 5% 溶液作用 10 ～ 30 分钟，可杀灭除芽孢以外的各种细菌和病毒；杀灭芽孢时，须 8% 浓度作用 6 小时。用于熏蒸消毒，用量为 3 ～ 10 克 / 立方米，消毒时间为 6 小时。

### 4. 氧化剂类消毒剂

氧化剂是一些含不稳定结合态氧的化合物。当与病原体接触后可通过氧化反应破坏菌体蛋白或细菌的酶系统。最终导致微生物死亡。

**过氧乙酸** 无色透明酸性液体，易挥发，具有浓烈刺激性，不稳定，对皮肤、黏膜有腐蚀性。对多种细菌和病毒杀灭效果好。400 ～ 2000 毫克 / 升，浸泡 2 ～ 120 分钟；0.1% ～ 0.5% 擦拭物品表面；0.5% ～ 5% 环境消毒；0.2% 器械消毒。

**过氧化氢** 商品名双氧水，无色透明，无异味，微酸苦，易溶于水，在水中分解成水和氧。可快速灭活多种微生物。1% ～ 2% 创面消毒；0.3% ～ 1% 黏膜消毒。

**过氧戊二酸** 有固体和液体两种。固体难溶于水，为白色粉末，有轻度刺激性。2% 器械浸泡消毒和物体表面擦拭，0.5% 皮肤消毒，雾化气溶胶用于空气消毒。

**臭氧** 常温下为淡蓝色气体，有鱼腥臭味，极不稳定，易溶于水，对金属和橡胶有腐蚀性。对细菌繁殖体、病毒、真菌和枯草杆菌黑色变种芽孢有较好的杀灭作用，对原虫和虫卵也有很好的杀灭作用。30 毫克 / 立方米,15 分钟用于厩舍内空气消毒；0.5 毫克 / 升用于水消毒，作用 10 分钟；15 ～ 20 毫克 / 升用于疫区污水消毒。

**高锰酸钾** 俗称 PP 粉、灰锰氧。紫黑色斜方形结晶或结晶性粉末，无臭，易溶于水。低浓度可杀死多种细菌繁殖体，高浓度(2% ～ 5%) 在 24 小时内可杀灭细菌芽孢，在酸性溶液中可以明显提高杀菌作用。0.1% 用于创面和黏膜消毒；0.1% ～ 0.2% 用于体表消毒。

### 5. 酚类消毒剂

酚类消毒剂对细菌、真菌和带囊膜病毒具有灭活作用,对多种寄生虫卵也有一定杀灭作用。性质稳定，通常一次用药，药效可以持续 5 ～ 7 天；有轻微腐蚀性，能损害橡胶制品；对人畜有害，且气味滞留，不能用于带畜消毒和饮水消毒，常用于空厩舍消毒；与碱性药物或其他消毒剂混合使用效果差。

**苯酚**　又名石炭酸，白色针状结晶，弱碱性易溶于水、有芳香味。杀菌力强，3% ～ 5% 用于环境与器械消毒，2% 用于皮肤消毒。

**煤酚皂**　又名来苏儿，由煤酚和植物油、氢氧化钠按一定比例配制而成。无色，见光和空气变为深褐色，与水混合成为乳状液体。毒性较低。3% ～ 5% 用于环境消毒；5% ～ 10% 器械消毒、处理污物。

**复合酚**　商品名农福、消毒净、消毒灵等，为棕色黏稠状液体，有煤焦油臭味，对多种细菌和病毒有杀灭作用。1∶100 ～ 1∶300 倍用于环境、厩舍、器具的喷雾消毒，1∶200 倍可用于烈性传染病病原消毒；1∶300 ～ 1∶400 倍药浴或擦拭皮肤，药浴 25 分钟，可以防治马螨虫等皮肤寄生虫病。

### 6. 表面活性剂类消毒剂

表面活性剂又称清洁剂或除污剂，常用阳离子表面活性剂，其广谱抗菌，对细菌、霉菌、真菌和病毒均有杀灭作用。产品性质稳定、安全性好、无刺激性和腐蚀性。对常见病毒均有良好的杀灭效果，但对无囊膜病毒消毒效果不好。要避免与阴离子活性剂如肥皂等共用，也不能与碘、碘化钾、过氧化物等合用，否则会降低消毒的效果。不适用于粪便、污水消毒及细菌芽孢消毒。

**苯扎溴铵**　又名新洁尔灭，市售的一般为浓度 5% 的苯扎溴铵水溶液。无色或淡黄色液，振摇产生大量泡沫。对革兰阴性细菌的杀灭效果比对革兰阳性菌强，能杀灭有囊膜的亲脂病毒，不能杀灭亲水病毒、芽孢、结核菌，易产生耐药性。皮肤、器械消毒用 0.1% 的溶液（以苯扎溴铵计），黏膜、创口消毒用 0.02% 以下的溶液。

**杜米芬**　白色或微白色片状结晶，能溶于水和乙醇。消毒能力强，毒性小，可用于环境、皮肤、黏膜、器械和创口的消毒。皮肤、器械消毒用 0.05% ～ 0.1% 的溶液，带畜消毒用 0.05% 的溶液喷雾。

**癸甲溴铵**　商品名百毒杀，市售浓度一般 10% 癸甲溴铵溶液，白色、无臭、无刺激性、无腐蚀性。本品性质稳定，不受环境酸碱度、水质硬度、有机物及光、热影响，适用范围广。饮水消毒，日常按1：2000～1：4000配制，可长期使用。疫病期间按1：1000～1：2000配制，连用7天；厩舍及带畜消毒，日常按1：600配制；疫病期间按1：200～1：400配制，喷雾、洗刷、浸泡。

### 7.醇类消毒剂

醇类消毒剂可快速杀灭多种微生物，如细菌繁殖体、真菌和多种病毒，但不能杀灭细菌、芽孢。与戊二醛、碘伏等配伍，可以增强其作用。

**乙醇** 俗称酒精，无色透明液体，易挥发，易燃，可与水和挥发油任意混合。以70%～75%乙醇杀菌能力最强。对组织有刺激作用，浓度越大刺激性越强。70%～75%用于皮肤、手术、注射部位和器械消毒，作用时间3分钟。

**异丙醇** 无色透明液体，易挥发，易燃，50%～70%的水溶液涂擦与浸泡，作用时间5～60分钟。只能用于物体表面和环境消毒。杀菌效果优于乙醇，但毒性也高于乙醇，有轻度的蓄积和致癌作用。

### 8.强碱类消毒剂

其氢氧根离子可以水解蛋白质和核酸，使微生物的结构和酶系统受到损害，同时可分解菌体中的糖类而杀灭细菌和病毒。尤其是对病毒和革兰氏阴性杆菌的杀灭作用最强，但其腐蚀性也强。

**氢氧化钠** 商品名烧碱、火碱，易溶于水和乙醇。对细菌繁殖体、芽孢和病毒有很强的杀灭作用，对寄生虫卵也有杀灭作用，浓度增大，作用增强。2%～4%溶液可杀死病毒和繁殖型细菌，30%溶液10分钟可杀死芽孢，4%溶液45分钟杀死芽孢，如加入10%食盐能增强杀芽孢能力。2%～4%的热溶液用于喷洒或洗刷消毒，10%用于炭疽杆菌消毒。

**氧化钙** 俗称生石灰。白色或灰白色块状或粉末，无臭，易吸水，加水后生成氢氧化钙。加水配制10%～20%石灰乳，涂刷厩舍墙壁、围栏等。

**草木灰** 新鲜草木灰主要含氢氧化钾。取筛过的草木灰10～15千克，加水35～40千克，搅拌均匀，持续煮沸1小时，补足蒸发的水分即成 20% ～ 30% 草木灰，可用于厩舍、墙壁及饲槽的消毒（注意：水温应在 50 ～ 70℃）。

### 9. 酸类消毒剂

酸类消毒剂高浓度能使菌体蛋白质变性和水解，影响细菌的吸收、排泄、代谢和生长。还可以与其他阳离子在菌体表现为竞争性吸附，妨碍细菌的正常活动。有机酸的抗菌作用比无机酸强。

**无机酸（硫酸和盐酸）** 具有强烈的刺激性和腐蚀性。0.5 摩尔 / 升的硫酸处理排泄物等，30 分钟可杀死多数结核杆菌。2% 盐酸用于消毒皮肤。

**乳酸** 微黄色透明液体，无臭，微酸味，有吸湿性。蒸汽用于空气消毒，也可用于与其他醛类配伍。

**醋酸** 浓烈酸味，5 ～ 10 毫升 / 立方米加等量水，蒸发消毒房间空气。

### （七）不同对象的消毒方法

### 1. 空场舍消毒

厩舍在启用之前，必须空闲一定时间（15 ～ 30 天或更长）。经多种方法全面彻底消毒后，方可正常启用。

**机械清除** 对空舍顶棚、墙壁、地面彻底打扫，将垃圾、粪便、垫草和其他各种污物全部清除，饲槽、饮水槽、围栏等设施用清水冲洗刷拭；最后冲洗地面、过道等。

**药物喷洒** 常用 3% ～ 5% 来苏儿、0.2% ～ 0.5% 过氧乙酸或 5% ～ 20% 漂白粉等喷洒消毒。地面用药量 800 ～ 1000 毫升 / 平方米，舍内其他设施 200 ～ 400 毫升 / 平方米。为了提高消毒效果，应使用 2 种或以上不同类型的消毒剂进行 2 ～ 3 次消毒。每次消毒要等地面和物品干燥后进行下次消毒。

**熏蒸消毒** 常用福尔马林和高锰酸钾熏蒸，福尔马林与高锰酸钾的比例为 2：1。一倍消毒浓度为（14 毫升 +7 克）/ 立方米；二倍消毒浓度为（28 毫升 +14 克）/ 立方米；三倍消毒浓度为 (42 毫升 +21 克 )/ 立方米，通常空厩舍选用 2 倍或 3 倍消毒浓度，时间为 12 ～ 24 小时。但墙壁及顶棚易被熏黄，用等量生石灰代替高锰酸钾可消除此缺点。

熏蒸消毒前须将空间密闭，消毒完成后，通风换气，待无刺激后，方可使用。

### 2. 场舍门口消毒

饲养场区门口设消毒池和消毒室，消毒池与门同宽，长 4 米，深 0.3 米，内放入 2% ~ 4% 的氢氧化钠溶液，每周定时更换或添加消毒液，供车辆轮胎消毒。北方地区冬季严寒，可用石灰粉代替消毒液或消毒液中加 8% ~ 10% 的食盐防止结冰。消毒室可配置紫外线灯，供进出人员消毒。有条件的可在出入口处设置喷雾装置，喷雾消毒液可采用 0.1% 百毒杀溶液、0.1% 新洁尔灭或 0.5% 过氧乙酸，供进出车辆消毒。

厩舍门前要设置脚踏消毒槽（盘），内放 2% ~ 4% 氢氧化钠溶液，供进出人员消毒。有条件的可配置厩舍内专用的工作服、橡胶长靴，并对其进行定期清洗消毒。

### 3. 厩舍消毒

每天要清除厩舍内排泄物和其他污物，保持饲槽、水槽、用具清洁卫生，做到勤洗勤消毒。做好通风，保持舍内空气新鲜。每周至少用 0.1% ~ 0.2% 过氧乙酸或 0.1% 次氯酸钠对墙壁、地面和设施喷雾消毒一次。

空（新）厩舍启用前的消毒程序为：机械清扫、喷洒消毒液、空舍、熏蒸消毒。机械清扫时先用自来水冲洗，饲喂用具用热碳酸钠或氢氧化钠浸泡 30 分钟以上再用自来水冲洗。而后对冲洗产生的污水进行消毒。喷洒消毒液可轮换使用 1% ~ 2% 热烧碱溶液、5% ~ 10% 来苏儿等不同类型消毒液对地面、墙壁、饲槽等进行 2 ~ 3 次消毒，以地面喷湿为度。喷洒消毒后将厩舍空置 7 ~ 15 天，利用自然净化作用消灭残存病原体。空置后厩舍用三氯异氰脲酸烟熏剂或福尔马林对舍内空气、墙壁缝隙进行熏蒸消毒。

隔离厩舍消毒应在动物进入前 10 天进行，所有场地、设施、用具必须保持清洁并进行 3 次消毒，每次间隔 3 天。消毒液可用 0.2% ~ 0.5% 过氧乙酸或 2% 氢氧化钠或含氯消毒剂，用药量为 200 ~ 400 毫升，作用 60 分钟。草料、垫料、用具等应在第 3 次消毒前进入厩舍，第三次消毒后厩舍实行封闭管理。发生疫情时，可每天消毒 1 次。冬季消毒，应提高舍温 3～4℃，且药液温度以室温为宜。如果军马患有呼吸道疾病，不宜带马消毒。

### 4. 地面、土壤、水的消毒

饲养环境应保持清洁卫生，不乱堆放垃圾和污物，道路每天清扫。隔离厩舍、系马场、饲养场、沙浴场等被一般病原体污染的，地面用消毒液喷洒；若为炭疽等芽孢杆菌污染时，铲除的表土与漂白粉按 1∶1 混合后深埋，地面以 5 千克 / 立方米漂白粉撒布。若为水泥地面被一般病原体污染，用常用消毒药喷洒；若为芽孢菌污染，则用 10% 苛性钠喷洒。地面大面积污染时，可将地深翻，并同时撒上漂白粉，一般病原体污染时用量为 0.5 千克 / 立方米；炭疽芽孢杆菌等污染时的用量为 5 千克 / 立方米，加水湿润压平。

自备水井（或二次供水）饮用水用化学消毒法，向水中加入消毒剂，常用二氧化氯、漂白粉等。二氧化氯的用量为每升水 0.4～0.8毫克；漂白粉的用量为每升水 20 毫克；少量污水可与粪便一起堆积发酵，大量污水可投放生石灰或漂白粉消毒，每立方米污水用漂白粉8～10 克。

### 5. 动物体表消毒

消毒时常选用对皮肤、黏膜无刺激性或刺激性较小的药品用喷雾法消毒，可杀灭动物体表多种病原体。主要药物有 0.015% 百毒杀、0.1% 苯扎溴铵、0.2%～0.3% 次氯酸钠、0.2%～0.3% 过氧乙酸等。

### 6. 运载工具消毒

各种运载工具在卸货后，都要先将污物清除，洗刷干净。清除的污物在指定地点进行生物热消毒或焚毁处理。然后可用 2%～5% 的漂白粉澄清液、2%～4% 氢氧化钠溶液、0.5% 的过氧乙酸溶液等喷洒消毒。消毒后用清水洗刷一次，自然晒干。对有密封舱的车辆，还可用福尔马林熏蒸消毒，其方法和要求同厩舍消毒。对染疫运载工具要反复消毒 2～3 次。

运载过危害严重的传染病或由芽孢病原体所污染的运输工具，应先喷洒消毒，作用一定时间后彻底清扫，注意缝隙、车轮和车底。再用 5% 有效氯漂白粉溶液、10% 氢氧化钠溶液、4% 福尔马林、0.5%

过氧乙酸等喷洒消毒1次，消毒30分钟后，用热水冲洗，清除的粪便、垫草集中烧毁。

### 7. 粪便消毒

粪便中含有多种病原体，染疫动物粪便中病原体的含量更高，是环境的主要污染源。及时正确地做好粪便消毒，对切断传播途径具有重要意义。

**堆粪法** 选择远离人、畜居住地并避开水源，在地面挖一个深20～25厘米的长形沟，沟的长短宽窄、坑的大小视粪便量而定。先在底层铺上25厘米厚的非传染性粪便或杂草等，在其上面堆放要消毒的粪便，高1～1.5米，若粪便过干时应洒适量的水。含水量应保持在50%～70%，在粪堆表面覆盖10～20厘米厚的非传染性粪便，最外层抹上10厘米厚草泥封闭。冬季不短于3个月，夏季不短于3周，即可完成消毒。见图3-2-1。

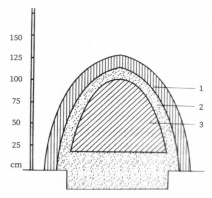

1. 土壤　2. 非传染性粪便或杂草　3. 传染性粪便

**图 3-2-1　粪便消毒堆粪法**

**发酵池法** 地点选择与堆粪法相同。先在粪池底层放一些干粪，再将欲消毒的粪便、垃圾、垫草倒入池内，快满的时候，在粪堆表面再盖一层泥土封好。经1～3个月，即可出粪清池。见图3-2-2。

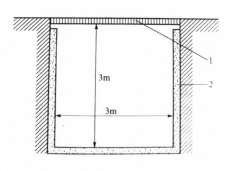

1. 盖板　2. 池壁

**图 3-2-2　粪便发酵池**

**掩埋法** 漂白粉或生石灰与粪便按1∶5混合，然后深埋地下2米左右。本法适用于烈性传染病病原体污染的少量粪便的处理。

**焚烧法** 少量的带芽孢粪便可直接与垃圾、垫草混合焚烧。

### 8. 人员、衣物等消毒

饲养管理人员进入场舍后应更换工作服、靴、帽等，用后洗净晒干，放入消毒室，用福尔马林 28 ～ 42 毫升 / 立方米熏蒸 30 分钟后备用。

### 9. 疫区疫点消毒要点

疫区应进行全面彻底的大消毒，不留死角。疫点每天消毒 1 次，连续一周，一周后每两天消毒 1 次。疫区每两天消毒 1 次，直至解除封锁。

**一清** 清扫、清理和冲洗，先消毒再清理、清扫。

**二烧** 铁制用具火焰喷灯消毒，必须销毁的物品焚烧处理。

**三刮擦** 用具、物品上粘附的污物人工刮擦干净。

**四喷洒** 饲养场及厩舍的所有地面、墙壁、道路等环境设施用消毒液交替喷洒。

**五熏蒸** 厩舍空气用福尔马林熏蒸消毒。

**六撒布** 阴沟、洼地、粪池周围撒布生石灰消毒。

### （八）影响消毒效果的因素

### 1. 消毒剂浓度、剂量和消毒时间

消毒剂量过小、浓度过高或过低、作用时间短等都会影响消毒效果。

### 2. 温湿度

大部分消毒剂在较高温度和湿度环境中可提高消毒效果，如福尔马林熏蒸时，舍内温度在 18℃以上，相对湿度在 60% ～ 80% 消毒效果最好。

### 3. 酸碱度

如新洁尔灭、洗必泰等阳离子消毒剂，在碱性环境中消毒作用强；石炭酸、来苏儿等阴离子消毒剂在酸性环境中消毒作用强。

### 4. 有机物的存在

如粪便、饲料残渣、分泌物等大量污染时，可降低消毒效果。因此，消毒前先清除干净，再进行化学消毒可明显提高消毒效果。

## 三、杀虫

多种昆虫（蚊、蝇、虻、蜱等）是动物传染病的重要传播媒介，杀灭这些媒介，在消灭传染源、切断传播途径、阻止传染病的发生、流行、保障人和动物健康等方面具有十分重要的意义。

### （一）物理杀虫法

指用物理方法杀虫。如机械拍打、捕捉和火焰喷烧等。对昆虫聚居的墙壁缝隙、铁制用具和垃圾等可用火焰喷灯喷烧杀虫。机械拍打、捕捉等方法，亦能杀灭部分昆虫。也可选用电子灭蚊、灭蝇灯具杀虫。

### （二）生物杀虫法

指用昆虫的天敌、病菌或雄虫绝育技术控制昆虫繁殖等方法来杀灭昆虫。由于具有不造成公害、不产生抗药性等优点，已广泛受到重视。比如养柳条鱼或草鱼等灭蚊；利用雄虫绝育控制昆虫繁殖；使用过量激素，抑制昆虫的变态或蜕皮，影响昆虫的生殖；利用病原微生物感染昆虫，使其死亡。

### （三）化学杀虫法

指在厩舍内、外的有害昆虫栖息地、孳生地大面积喷洒化学杀虫剂，以杀灭昆虫成虫、幼虫和虫卵的措施。

#### 1. 杀虫剂的种类

**胃毒剂** 经昆虫摄食，使虫体中毒死亡的，大多数杀虫剂具有胃毒作用。

**触杀型杀虫剂** 药物直接和虫体接触，由体表进入体内使之中毒死亡，或将其气门闭塞使之窒息而死的杀虫剂。

**熏蒸型杀虫剂** 通过吸入药物而使昆虫死亡的，如硫酰氟、氯化苦。

**内吸型杀虫剂** 药物喷于土壤或植物上，被植物根、茎、叶吸收，并分布于整个植物体，昆虫在摄取含有药物的植物组织或汁液后，发生中毒死亡的杀虫剂。

#### 2. 常用的杀虫剂

**有机磷类杀虫剂** 如倍硫磷、马拉硫磷、甲基嘧啶磷等，具有触杀作用。滞留喷洒在厩舍周围墙壁表面触杀害虫。

**氨基甲酸酯类** 如残杀威、噁虫威等，作用同有机磷杀虫剂。

**拟除虫菊酯类杀虫剂** 具有广谱、高效、毒性低、用量小等特点，目前应用广泛。如胺菊酯对蚊、蝇、蟑螂、虱、螨等均有较好的击杀作用，可与氯菊酯、氯氰菊酯、高效氯氰菊酯等复配使用。室内使用 0.3% 浓度胺菊酯 + 氯菊酯油剂喷雾，0.1～0.2 毫升 / 立方米，15～20 分钟内蚊、绳全部击倒，12 小时全部死亡。0.5 克 / 立方米可用于触杀蟑螂。

**驱避剂** 主要用于人畜体表。包括邻苯二甲酸甲酯、避蚊胺等。制成液体、膏剂或冷霜，直接涂布皮肤；制成浸染剂，浸染装具或防护网等；制成乳剂，喷涂门窗表面。

杀虫剂应选择国家有关部门登记的可用于卫生领域的产品。

## 四、灭鼠

灭鼠工作从两方面进行：一方面从厩舍建筑和卫生措施着手，控制或清除鼠类孳生环境和场所，断绝其生存所需的食物、饮水和藏身的条件，预防鼠类的孳生和活动；另一方面杀灭鼠类，灭鼠的方法包括物理灭鼠法、药物灭鼠法、生物灭鼠法。

### （一）物理灭鼠法

利用各种工具、灭鼠器械以不同方式扑杀鼠类的方法，可以使用鼠笼、鼠夹、粘鼠板之类工具捕鼠，应注意诱饵的选择、布放的方法和时间。诱饵以鼠类喜吃的为佳。捕鼠工具应安放在鼠类经常活动的地方，如墙脚、鼠的走道及洞口附近。晚上放，早晨收。

### （二）药物灭鼠法

利用化学毒鼠剂毒杀鼠类的方法。按毒物进入鼠体途径可分为经口灭鼠药和熏蒸灭鼠药两类。经口灭鼠药主要有杀鼠灵、敌鼠钠盐和溴敌隆、杀它仗；熏蒸灭鼠药包括磷化铝、氯化苦和灭鼠烟剂等。使用时可用器械将药物直接喷入洞内，并以土封洞口。常用毒饵灭鼠的配制及使用方法严格按使用说明书要求操作，并注意人、动物安全。

杀鼠剂的选择应为国家有关部门登记的产品。

### （三）生物灭鼠法

保护和利用鼠类的天敌来捕食鼠类，如猫。

## 五、动物检疫

### （一）检疫概述

**1.动物检疫概念（见本篇第一章相关内容）**

**2.检疫工作的意义**

一是保护农、林、牧、渔业生产。采取一切有效措施免受重大动物疫情危害，是动物检疫部门的重大任务。二是促进经济贸易的发展。在动物产品贸易中，动物检疫工作不可缺少、事关重要。三是保护人民身体健康。动物及其产品与人的生活密切相关，动物检疫对保护人民身体健康具有非常重要的现实意义。

**3.动物检疫相关法规**

主要有《中华人民共和国动物防疫法》《中华人民共和国进出境动植物检疫法》《中华人民共和国进出境动植物检疫实施条例》《中华人民共和国进境动物一、二、三类传染病、寄生虫病名录》《中华人民共和国禁止携带、邮寄进境动物、动物性产品及其他检疫物名录》等国家法规，《军马工作暂行规定》等军队法规。这些法规是检疫工作得以正常进行并发挥其应有作用的根本保证。

**4.动物检疫的作用**

**监督作用** 发现和纠正违反动物防疫法的行为，保证动物及动物产品生产经营者的合法经营，维护消费者的合法权益。动物检疫员通过监督检查，从而达到以检促防的目的。

**保护畜牧业生产** 通过动物检疫，可以及时掌握动物疫情，采取扑杀病畜、无害化处理等手段，防止动物疫病传播扩散，从而保障畜牧业生产健康发展。

**保护人类健康** 通过动物检疫，以检出患病动物或带菌（毒）动物，以及带菌（毒）动物产品，并通过相应措施进行合理处理和消毒，达到防止人畜共患病的传播扩散，保证动物及其产品的卫生质量，保护消费者的健康。

**维护经济贸易的信誉** 通过对进出口动物及动物产品的检疫，可保证畜产品质量，维护我国对外贸易信誉，同时减少贸易损失，对畜牧业发展和国民经济发展具有重要而深远的意义。

### 5. 动物检疫的特点

**强制性** 动物检疫是政府的强制性行政行为，任何单位和个人都必须服从并协助做好检疫工作。凡不按照规定或拒绝、阻挠、抗拒动物检疫的，都属于违法行为。

**法定的机构和人员** 法定的检疫机构是包括县级以上人民政府设立的动物卫生监督机构和出入境检验检疫机关，军队各级疾控机构。法定的检疫人员是指通过国务院人力资源和社会保障部门或省级人力资源和社会保障部门组织招考录用的，在规定范围内具体从事动物检疫的人员。只有符合相关条件，取得资格证书的检疫人员，才有权实施检疫行为，其签发的检疫证明（书）才具有法律效力。

**法定的检疫项目和检疫对象** 动物检疫员在实施检疫行为时，所进行的索验证件等方面的检查事项，称为动物检疫项目，我国防疫法律、法规对各环节的检疫工作项目，分别作了不同规定。动物检疫机构和检疫人员必须按规定的项目实施检疫，否则所出具的检疫证明（书）失去法律效力。法定检疫对象是指由国家或地方根据不同动物疫病的流行情况、分布区域及危害大小，以法律的形式规定的某些重要动物疫病。动物检疫时主要针对法定检疫对象进行检疫。农业农村部发布的三类动物疫病都是检疫对象，国内动物检疫对象共 157 种，进境检疫对象共 206 种，规定国内马检疫对象共 11 种，入境马检疫对象共 15 种，如非洲马瘟、马传染性贫血、马鼻疽、马腺疫等。农业农村部发布的动物检疫规程，规定了动物检疫对象应采取的标准、方法、结果判定及结果处理等。

**法定的检疫标准和方法** 法定的检疫方法称为动物检疫规程。动物检疫必须采用动物防疫法律、法规统一规定的检疫方法和判定标准。这样检疫的结果才具有法律效力。

**法定的处理方法** 检疫后的处理，必须执行统一的标准。根据检疫结果，分别做出除害、扑杀、销毁、退回、封存等相应的处理。

### 6. 动物检疫的方式

动物检疫的方式分现场检疫和隔离检疫两种。

**现场检疫** 是指在动物、动物产品等集中的现场进行的检疫。现场检疫的主要内容包括查证验物和三观一察。在某些特殊情况下，现场检疫还包括流行病学调查，病理剖检、采样送检等。

查证验物中查证是指查看有无检疫证明等以及这些证明是否合法，如检疫证明、免疫证是否在有效期内。验物是指核对被检动物、动物产品的种类、品种、数量及产地是否与证单相符，即核对物证是否相符。

三观一察中，三观是指临诊检查中对动物群体的静态、动态和饮食状态的观察，一察是指个体检疫。

**隔离检疫** 是指在指定的动物隔离场进行的检疫。如军马补充调运前 15 ～ 30 天在军马场进行检疫，到部队后根据需要所进行 15 ～ 30 天的隔离检疫。

隔离检疫的内容有临诊检查（临诊检疫）和实验室检验。在指定的隔离场内，正常的饲养条件下，对动物进行经常性的临诊检查；隔离期间按检疫规定进行规定项目的实验室检验。

## （二）临诊检疫

临诊检疫是应用兽医临床诊断学的方法对被检动物进行群体和个体检疫，以分辨病健并得出是否是某种检疫对象的结论和印象。临诊检疫的基本方法包括问诊、视诊、触诊、听诊和叩诊。

### 1. 群体检疫

是指对待检动物群体进行的现场临诊检疫。通过检查，及时发现患病动物，进一步采取隔离、诊断等处理措施，防止动物疫病在动物群体中蔓延；初步评价动物群体的健康状况，发现影响健康的隐患，及时采取预防措施。群体检疫方法以视诊为主。

**静态检查** 在动物安静的情况下，观察其精神状态、外貌、营养、立卧姿势、呼吸等，注意有无咳嗽、气喘、呻吟、嗜睡、流涎等反常现象。

健康马表现。精神饱满，被毛光亮整洁，整体协调。昂头站立，机警，对外界刺激敏感；头、颈、眼、耳、尾巴、四肢活动敏捷；多站少卧，卧时四肢自然弯曲并闭目；天然孔干净无异物，粪便球状，湿度适中。

患病马表现。精神萎靡不振，头低耳聋，被毛粗乱无光；躯体僵硬，站立不稳，频频回顾腹部或后蹄踢腹；睡卧不安，常取横卧；呼吸困难，咳嗽，天然孔有异物流出；粪便干硬或稀薄。

**动态检查** 先观察动物自然活动，后观察驱赶活动。观察其起立姿势、行动姿态、精神状态和排泄姿势。注意有无行动困难、肢体麻痹、跛行、屈背弓腰、离群掉队以及运动后咳嗽或呼吸异常现象，并注意排泄物的性质、颜色、混合物、气味等。

健康马表现。活泼好动，眼有神；步伐稳健有力，运步匀称、有节奏，昂首蹶尾；鸣叫声清脆响亮，合群随队。

患病马表现。精神沉郁，目光呆滞；行动迟缓，四肢无力，跛行掉队；呼吸困难，喘气。

**饮食状态检查** 检查饮食、咀嚼、吞咽时的反应状态。注意有无食欲减退、食欲废绝，贪饮、异常采食以及吞咽困难、呕吐、流涎等现象。

健康马表现。争饮抢食，食欲旺盛，咀嚼有力有节奏，饮水伴有唏唏声，饮食量大。

患病马表现。饮食减少或废绝，咀嚼无力，吞咽困难甚至痛苦。

## 2. 个体检疫

是指对群体检疫中检出的可疑动物或抽样检查的动物进行系统的个体临诊检查。通过个体检疫可初步鉴定动物是否患病、是否为检疫对象。个体检疫除对动物进行整体状态观察外，还应按动物体的自然部位，由头向尾对称性地进行头颈部、胸腹部及胸腹腔器官、脊柱、肢蹄等外部检查。必要时可进行特殊项目的检测，如腹腔穿刺、肺胸疾病的 X 线透视。

一般群体检疫无异常的，也要抽检 5% ～ 20% 做个体检疫。个体检疫的方法内容，一般有视诊、触诊、听诊和检测体温等（即看、听、摸、检等）。

**视诊** 主要检查精神状态、营养状况、姿势与步态、被毛和皮肤、呼吸、可视黏膜、排泄动作及排泄物。

**触诊**　主要检查皮肤的温度和湿度，皮肤弹性，胸廓，腹部敏感性，体表淋巴结大小、形状、硬度、活动性、敏感性等。

**听诊**　主要听叫声、咳嗽声。

**检查"三数"**　即体温、脉搏、呼吸数"三数"，其变化可预示动物疫病。

**叩诊**　主要叩诊心、肺、胃、肠、肝区的音响、位置和界限以及胸腹部敏感程度。

**实验室检查**　是指利用各种实验手段和设备对送检病料进行检查定性。主要有病原学检查、核酸检测、免疫学检查、病理学检查、常规检查等，如马传染性贫血进行血常规实验室检查时，会出现血沉加快，红、白细胞数减少，有吞铁细胞的变化。

### （三）产地检疫

### 1. 产地检疫概念

动物产地检疫是根据输入方要求在产地对拟输出动物进行的检疫。其目的是及时发现染疫动物、染疫动物产品及病死动物，将其控制在原产地，并且在原产地安全处理，防止进入流通环节，保障动物及动物产品安全，保护人类健康，维护公共卫生安全。

军马属于出售或调运动物，可随报随检，不需要提前报检，但必须在规定时间内运往目的地。关于马的产地检疫对象有马传染性贫血、马流行性感冒、马鼻疽、马鼻腔肺炎、马腺疫。

### 2. 动物产地检疫的分类及要求

**分类**　产地检疫分为产地常规检疫、售前检疫、隔离检疫。

**合格证明**　检疫人员（官方兽医）到指定地点进行现场检疫，结合当地动物疫情、疫病监测情况和临诊检查，合格者出具检疫合格证明。

**定期检疫**　检疫人员定期对本地动物进行检疫。

**隔离检疫**　严格隔离一定时间（一般大中动物45天，其他动物30天），确认无疫病后方可启运或投入生产、使役。

**售前检疫**　动物在出售前实施检疫，并对合格者出具《动物检疫合格证明》。

### 3. 动物产地检疫的方法

**疫情调查** 向畜主、防疫员询问饲养管理情况、近期当地疫病发生情况和邻近地区的疫情动态等情况，了解当地疫情。

**查验免疫档案** 向畜主索取动物的免疫档案，检查是否按规定进行免疫接种，并认真核对免疫有效期和免疫档案的真伪。

**临床健康检查** 主要检查被检动物是否健康，以感观检查为主。

**结果判定** 动物产地检疫的结果判定条件是，动物来自非疫区；动物具备有合格的免疫档案，并在免疫有效期内；群体和个体临床健康检查，结果合格；按规定的实验室检查项目检验，结果合格。

### 4. 动物产地检疫处理方法

**动物产地检疫合格的处理** 经检疫合格的动物、动物产品，由动物防疫监督机构出具检疫合格证明，动物产品同时加盖或者加封动物防疫监督机构使用的验讫标志。

**动物产地检疫不合格的处理** 经检疫不合格的动物、动物产品，出具检疫处理通知单，在当地动物防疫监督机构的监督下进行无害化处理，做好检疫工作记录。

### （四）动物检疫处理

动物检疫处理是指在动物检疫中根据检疫结果对被检动物、动物产品等依法作出处理措施。

### 1. 合格动物的处理

经检疫合格的动物，由动物卫生监督机构出具检疫证明。省境内进行交易的动物，出具《动物检疫合格证明（动物 B）》；运出省境的动物，出具《动物检疫合格证明（动物 A）》。

### 2. 不合格动物的处理

经检疫不合格的动物，由动物卫生监督机构出具《检疫处理通知单》，在动物卫生监督机构的监督下做好防疫消毒和其他无害化处理，无法进行无害化处理的，予以销毁。

若发现动物未按规定进行检疫的；无检疫证明的；检疫证明过期失效的；证物不符的，应进行补免、补检或重检。

### 3. 各类动物疫病的检疫处理

**一类动物疫病的处理** 应划定疫点、疫区、受威胁区，调查疫源，及时报请政府实行封锁，同时将疫情情况逐级上报，并展开疫情处置工作。

**二类动物疫病的处理** 应当划定疫点、疫区、受威胁区，采取隔离、扑杀、销毁、消毒、无害化处理、紧急免疫接种、限制易感染的动物和动物产品及有关物品出入等措施进行控制、扑灭。

**三类动物疫病的处理** 应当按照国务院兽医主管部门的规定组织防治和净化。

此外，二、三类动物疫病呈暴发性流行时的处理按照一类动物疫病处理。人兽共患病应当对疫区易感染的人群进行监测，并采取相应的预防、控制措施。

# 六、免疫接种

## （一）免疫接种的概念、分类

### 1. 免疫接种概念

免疫接种概念见本篇第一章相关内容。

免疫是动物机体对自身和非自身物质的识别，并清除非自身的大分子物质，保持机体内、外环境平衡的一种生理反应。机体抵抗感染的能力称为免疫力，分为先天性免疫（非特异性免疫）和获得性免疫（特异性免疫）。获得性免疫是动物在个体发育过程中受到某种病原体或其有毒产物刺激而产生的防御机能，分为主动免疫和被动免疫两类，二者均有天然和人工之分。

主动免疫是动物受到某种病原体抗原刺激后，自身所产生的针对该抗原的免疫力，包括天然主动免疫和人工主动免疫。天然主动免疫是指动物感染某种病原体后对该病原体的再次入侵呈不感染状态。人工主动免疫是给动物接种疫苗等抗原物质，刺激机体免疫系统发生免疫应答而产生的特异性免疫。被动免疫是动物依靠输入其他机体所产生的抗体或细胞因子而产生的免疫力，包括天然被动免疫和人工被动免疫。动物通过母体胎盘、初乳或卵黄获得某种特异性母源抗体，从而获得对某种病原的免疫力，称天然被动免疫。将含有特异性抗体的血清或细胞因子等制剂，人工输入动物体内使其获得对某种病原的免疫力，称为人工被动免疫，主要用于动物疫病的免疫治疗或紧急预防。

### 2. 免疫接种分类

**计划免疫接种**　为预防军马疫病的发生，平时用疫苗、类毒素等生物制品按规定有计划地给健康军马群进行的免疫接种，称计划免疫接种。计划免疫接种要有科学性和针对性，按照合理的免疫程序进行免疫。

**紧急免疫接种**　军马发生疫病时，为迅速控制和扑灭疫病的流行，对疫区和受威胁区内尚未发病军马进行的应急性免疫接种称紧急免疫接种。注意事项包括：①只能对临床健康者进行免疫接种，对于患病和处于潜伏期的不能接种，只能扑杀或隔离治疗。②对疫区、受威胁区域的所有易感动物，不论是否免疫过或免疫到期，发生地都要重新进行一次免疫，建立免疫隔离带。紧急免疫顺序应是由外到里，即从受威胁区到疫区。③紧急免疫必须使免疫密度达到100%，即易感动物要全部免疫，才能一致地获得免疫力。同时，操作人员必须做到一畜一针一消毒，避免人为导致的动物间交叉感染。④为了保证接种效果，有时疫苗剂量可加倍使用。并且，只有证明紧急接种有效的疫苗才能用于紧急接种。⑤紧急免疫必须与疫区的隔离、封锁、消毒及病害动物的生物安全处理等防疫措施相结合，才能收到好的效果。

**临时免疫接种**　临时为避免军马疫病发生而进行的免疫接种，称临时免疫接种。如补充入伍、外调、征用、支援地方、运输军马时，为避免运输途中或到达目的地后暴发疫病而临时进行的免疫接种；又如军马去势、手术时，为防止发生某些疫病（比如破伤风等），而进行的免疫接种。

为防止某些疫病从有疫情国家向无疫情国家扩散，而对国境线周围动物进行的免疫接种。军马免疫应按驻地有关防疫要求，落实免疫隔离屏障带的建设。

### （二）免疫接种方法

军马常用免疫注射方法为皮下注射、肌肉注射、静脉注射。注射接种剂量准确、免疫效果确实可靠，但费时费力，消毒不严格时容易造成病原体人为传播和局部感染，而且保定军马时易出现应激反应。

### 1. 接种器械

兽用连续注射器（图 3-2-3）的特点是能够按照防疫员调节好的免疫剂量自动吸取疫苗，以达到连续注射的目的。连续注射器每次最大注射

图 3-2-3 兽用连续注射器

剂量为 2 毫升，最大误差不超过 2%。连续注射器适宜作皮下、肌内注射。使用后要及时冲洗干净，消毒，晾干后备用。防疫用金属针头马使用 16～20 号（4.0 厘米）针头，防疫中要经常检查针头是否完好，有无针尖卷曲、起刺或堵塞等现象，已损坏的或无法再利用的均应无害化废弃。注射器和针头应洁净无菌。一支注射器一次只能用于一种疫苗的接种，接种时针头要逐匹更换。

### 2. 皮下注射

这种方法多用于灭活苗及免疫血清接种，选择皮薄、被毛少、皮肤松弛、皮下血管少的部位。一般在颈侧中上 1/3 部位。注射部位消毒后，注射者右手持注射器，左手食指与拇指将皮肤提起呈三角形，使之形成一个囊，沿囊下部刺入皮下约注射针头的 2/3，将左手放开后，再推动注射器活塞将疫苗徐徐注入。然后用酒精棉球按住注射部位，将针头拔出。

### 3. 肌内注射

多用于弱毒疫苗的接种。肌内注射操作简便、应用广泛、副作用较小，药液吸收快，免疫效果较好。应选择肌肉丰满、血管少、远离神经干的部位。疫苗要注入深层肌肉内。马注射部位在颈侧中部上 1/3 处。

### 4. 静脉注射

静脉注射主要用于紧急预防和治疗注射。注射部位在颈静脉。

### 5. 穴位注射

穴位免疫注射是近年来应用于兽医临床的一种新方法。它主要是

将具有免疫作用的生物制剂（抗原、抗体等）注入特定的穴位中，从而借助疫苗对穴位的刺激，放大疫苗的免疫作用。研究表明，后海穴（交巢穴）、风池穴、足三里穴能显著放大疫苗的免疫作用。后海穴是临床上进行穴位免疫常用的穴位。应用于穴位免疫的疫苗，如破伤风类毒素等。

### （三）免疫接种准备与反应处理

#### 1. 分析疫情动态和检查军马健康状况

分析本地、本马群疫病发生，以及军马需要执行任务地域疫病流行情况，依据疫病种类和流行特点（如流行季节），免疫工作要在疫病来临之前 30 天完成。为了保证免疫接种的安全和效果，最好于接种前对部分军马抗体进行监测，选择最佳时机进行接种。接种前要观察军马的营养和健康状况，凡疑似发病、体温升高、体质瘦弱等的军马均不宜接种疫苗，待康复、复壮后适时补充免疫。

#### 2. 选用合格的生物制品

结合免疫程序，选择合适的疫苗，特别是疫苗类型。产品要具有农业农村部正式生产许可证及批准文号。说明书应注明疫苗的安全性、有效性等。

#### 3. 详细了解疫苗使用操作说明

各种疫苗使用的稀释液、稀释倍数和稀释方法都有明确规定，必须严格按照产品的使用说明书进行。

稀释前，注射器、针头及瓶塞表面要消毒。稀释疫苗用的器械必须无菌，否则不但影响疫苗的效果，而且会造成污染。稀释后的疫苗，如一次不能吸完，吸液后针头不必拔出，用酒精棉球包裹，以便再次吸取。给军马注射过的针头不能吸液，以免污染疫苗。

#### 4. 免疫接种器械的消毒

免疫接种的注射器、针头和镊子等用具，应严格消毒。换下的针头浸入酒精、新洁尔灭或其他消毒液中，浸泡 20 分钟后，用灭菌蒸馏水冲洗后重新使用，或用一次性注射器。接种后的用具、空疫苗瓶也应进行消毒处理。已经打开瓶塞或稀释过的疫苗，必须当天用完，未用完的消毒处理后弃去。

### 5. 选择接种方法

根据疫苗的种类不同、剂型不同，采取不同的免疫接种途径，保证免疫效果。

### 6. 免疫接种记录

接种记录的内容包括疫苗的种类、批号、生产日期、厂家、剂量、稀释液、接种方法和途径、军马数量、接种时间、参加人员等。还应注明对漏免者补免的时间。

### 7. 接种后军马的护理

使用弱毒菌苗的前后各1周内不得使用抗微生物药。接种疫苗后，有的可发生暂时性的抵抗力降低现象，应加强护理。注意控制军马的使役，以免过分劳累而产生不良后果。如引起过敏反应，应详细观查1周左右。发生严重过敏者，应立即用肾上腺素等药物治疗，以免导致死亡。

### 8. 免疫接种的反应及处理

**产生免疫反应的原因** 免疫接种反应产生的主要原因有生物制品本身质量及运输与保存条件；免疫器械消毒不严；军马个体差异；军马健康状态等。主要有免疫接种途径错误，操作不规范；注射疫苗剂量过大，部位不准确；疫苗储藏、运输等不当，质量下降；接种前临床检查不细，带病接种疫苗；忽视品种和个体差异等。

**免疫接种反应的类型及处理**

正常反应是指由于疫苗本身的特性引起的反应。如一过性的精神沉郁、食欲下降、注射部位的短时轻度炎症等。如果出现反应的军马数量少、程度轻、时间短，一般不用处理。

异常反应是指军马反应的数量较多，表现为震颤、流涎、瘙痒等，要分析原因并及时对症治疗和抢救。

严重反应是指超敏反应和过敏性休克，轻则体温升高、黏膜发绀、皮肤出现丘疹等，重则全身淤血，呼吸困难，口吐白沫或血沫，骨骼肌痉挛、抽搐，最后循环衰竭导致猝死（多在0.5～1小时死亡）。需应用抗过敏药物和激素及时救治，如有全身感染，可配合抗菌素治疗。

### （四）军马疫病免疫参考程序

#### 1. 非洲马瘟

流行地区，使用非洲马瘟病毒灭活苗每年接种一次，选择在库蠓媒介活动频繁期（4～6月）进行接种。

#### 2. 马腺疫

流行地区，首次免疫两次，间隔3～4周，之后每6个月免疫一次。

#### 3. 马流感

使用 Equi-Flu 灭活细胞苗或马流感双价（A1和A2）佐剂苗进行免疫。首次免疫三次，第一次和第二次时间间隔3～4周，第二次与第三次间隔36个月。之后每6个月免疫一次。

#### 4. 马破伤风

首次免疫分两次，间隔3周。成年马使用破伤风类毒素皮下注射3毫升进行免疫，注射1个月后产生免疫力，免疫期较长，到第5年再免疫注射一次。在最近一次免疫6个月以后发生伤口或手术时，应加强免疫一次。在进行某些外科、产科及创伤治疗时，宜用破伤风类毒素进行预防注射。

#### 5. 马传染性脑脊髓炎

包括东部马脑炎（EEE）、西部马脑炎（WEE）和委内瑞拉马脑炎（VEE），使用东部马脑炎和西部马脑炎二价灭活细胞苗进行免疫，每年注射一次。也可用 Triple E 三价灭活组织苗进行免疫，免疫程序相同。委内瑞拉马脑炎仅用于高危流行发病情况的免疫，在全年流行区，每6个月免疫一次。

#### 6. 马鼻肺炎（EHV-1，EHV-4）

使用马鼻肺炎灭活苗免疫。首次免疫三次，每次间隔时间4～6周。之后每6个月免疫一次。

#### 7. 狂犬病

流行区内，使用狂犬病弱毒细胞冻干疫苗进行免疫。马颈部皮下注射1毫升，免疫期1年。

#### 8. 炭疽病

使用无毒炭疽芽孢苗或第U号炭疽芽孢苗免疫，于每年春季或秋季免疫一次。在马臀侧皮下注射 0.2 毫升，免疫期为 1 年；对于经常外出执行任务的马匹，要保持每年注射一次。

### 9. 日本乙型脑炎

流行地区，每年在蚊虫季节之前免疫两次，间隔时间 1 个月。

### 10. 马流行性淋巴管炎

该病流行地区，使用中国农业科学院兰州兽医研究所研制生产的弗氏不完全佐剂灭活苗或 T21 - 71 弱毒疫苗，定期进行免疫接种，间隔 10 天两次皮下注射 4 毫升。

## 七、疫病监测

### （一）疫病监测的概念、目的和意义

军马疫病按病原体种类分为军马传染病和寄生虫病。其中军马传染病分为病毒病、细菌、支原体病、衣原体病、螺旋体病、放线菌病、立克次氏体病和霉菌病等。军马传染病又分为病毒性传染病和细菌性传染病。军马寄生虫病可分为蠕虫病、昆虫病、吸虫病等。军马疫病按防控地位分为一般疫病和重大疫病。根据农业农村部动物疫病分类，马有 11 种疾病被纳入动物疫病名录，马鼻疽和马传染性贫血是国家优先防控的疫病，非洲马瘟是国家重点防控的疫病。

### 1. 疫病监测的概念

疫病监测的概念见本篇第一章相关内容。疫病监测应连续地、系统地和完整地收集某种疫病的有关调查、检测资料，经过分析、解释后及时反馈和利用信息，并制定有效防治对策的过程。疫病监测具有以下特征，即资料收集的连续性和系统性；收集的资料不仅包括发病和死亡，还包括与疫病发生、流行和防治有关的其他问题；不仅是将监测的原始资料进行汇总、分析和解释，还包括信息反馈和利用的过程。

### 2. 疫病监测的目的

目的是维持军马健康与福利，军马疫病监测的目的主要体现在，证实无特定疫病；分析军马群体的健康状态；评价疫病防控措施的有效性；快速预判疫病发生及其特性。

### 3. 疫病监测的意义

军马疫病监测是军队防疫工作的重要内容，是军马主管部门掌握

军马疫病分布特征和发展趋势以及评价疫病控制措施效果的重要方法。可为军队制订军马疫病控制规划提供决策依据，也可为正确评估军马饲养环境的卫生状况、免疫状况和消毒效果提供科学依据。

### （二）疫病监测的方法

#### 1. 监测程序

疫病监测程序包括资料的收集、整理和分析，疫情信息的反馈和利用等。

**资料的收集** 通常包括：疫病流行或暴发及发病和死亡等现场调查资料；血清学、病原学检测或分离鉴定等实验室检验资料；流行病学调查资料。资料收集时应注意完整性、连续性和系统性，以及方法的科学性。

**资料的整理和分析** 是指从原始资料归纳整理成有价值信息的过程。通常包括：对原始资料进行核对、整理，并对资料进行分析；利用统计学方法将资料数据转换为有关的指标；通过对不同指标的解释，说明疫病的发生过程、发展趋势等问题。

**信息的反馈和利用** 将整理和分析的疫病监测资料以及对结论的解释和评价，反馈给有关的机构或个人。这些机构或个人主要包括：动物使役单位或个人；参与疫病防治工作的机构或个人；上级卫生主管部门。监测信息的发送应采取定期发送和紧急情况下即时发送相结合的方式进行，以便机构和个人利用这些信息调整工作。

#### 2. 监测手段

监测手段多种多样，通常包括临床检查、病原学检测、血清学检测、疫病流行病学调查。

#### 3. 监测方式

监测方式通常包括被动监测和主动监测两种。

**被动监测** 被动监测是卫生部门收集、分析、反馈部队基层连队、军马所兽医或卫生员、骑乘人员和疾控机构兽医实验室等以常规疫病报告形式上报资料的过程。被动监测必须有主动监测系统作为补充，尤其对重大疫病更应强调主动监测。

疫病报告的内容包括：疑似疫病的种类；疫病暴发的地点；病死

军马数量；发病军马临床症状和剖检变化的简要描述；疫病初次暴发地点和蔓延情况；驻地易感动物近期的交易和往来情况；野生动物发生的疫病和昆虫的异常活动；初步采取的疫病控制措施等。

**主动监测** 是指根据特殊需要严格按照预先设计的监测方案，军马所兽医有目的地对军马进行疫病资料的全面收集和上报的过程。主动监测通常是按照军马主要疫病防控要求或检疫要求，军马所兽医开展的临床检查和流行病学调查，或采集样品送检测机构开展的病原学和血清学检测。

无论是主动监测还是被动监测，所获得的疫病监测资料均应留存，必要时主管部门需在较大范围内通报监测结果。

### （三）病料采集、保存和运送

**1. 病料采集原则**

**无菌** 采取病料的全过程必须无菌操作，器具均需灭菌处理。

**适量** 病料数量应满足检验需要，并留有余样以便复检使用。

**典型** 病料应具有代表性，且选取病原体含量高的组织采集。

**适时** 根据检疫要求及检测项目不同，选择适宜时间采集和送样保证其典型性和新鲜性。

**安全** 做好人员安全防护，防止病原污染环境。

**2. 采集前准备**

**人员** 应具备相应专业知识和技术水平，做好采样记录，样品应具有唯一标识，以防样品在传递和检疫过程中混淆。

**器具** 采集病料用具主要有采样箱；解剖刀、外科刀、外科剪、骨剪、镊子；灭菌的吸管、采血管、无菌棉拭子、注射器及针头、酒精灯等。盛放病料容器主要有青霉素瓶、1.5毫升塑料离心管、灭菌的试管、广口瓶、平皿、易封口病料袋；保温箱或保温瓶等。包装用具主要有塑料包装袋、塑料罐、冰袋、胶布等。

**器具消毒** 刀、剪、镊子、注射器和针头等用具可煮沸消毒30分钟，使用前用酒精擦拭，并在火焰上烧灼消毒。器皿（玻璃、陶制及珐琅制等）在高压灭菌器内121℃30分钟或干烤箱内160℃2小时灭菌；软木塞和橡皮塞置于0.5%石炭酸水溶液中煮沸10分钟，载玻片应在1%～2%的碳酸氢钠水中煮沸10～15分钟，水洗后再用清洁纱布擦干，保存于酒精、乙醚等溶液中备用。

**药品** 一般药品主要有生理盐水、0.1% 新洁尔灭溶液、5% 碘酊、3% 来苏儿、95% 酒精、75% 酒精棉、2% 硼酸水等。病料保存液主要有 30% 甘油生理盐水、50% 甘油生理盐水、pH 7.2 ~ 7.4 等渗磷酸盐缓冲液、棉拭子用抗生素磷酸盐缓冲液等。

**防护用品** 工作服或防护服、胶鞋、乳胶手套、橡皮或塑料围裙、口罩等。

**记录材料** 病料送检单、不干胶标签、记号笔、记录本等。

### 3. 部分常见病料的采集

**血液** 血液是最常用的检疫材料，根据检疫目的可采集全血、血清、血浆、血细胞等。马常在颈动脉中 1/3 与下 1/3 交界处采集，末梢血也可在耳尖部采集。术部应剪毛消毒，空腹采血。采全血时预先在采血管或注射器内放抗凝剂，并旋转湿润内壁，血液流入采血管或注射器内立即连续摇动充分混合。全血不能冻结，应于 4 ~ 6℃ 保存；采血清时采血不加抗凝剂，血液在室温下静置 2 ~ 4 小时（防止曝晒），待大部血清析出后用无菌剥离针剥离血块吸取血清，也可低速离心分离血清。供检血清短期保存可冷藏，长期保存应冰冻；采血细胞或血浆时采血管内应先加抗凝剂，采血后将采血管颠倒几次，使血液与抗凝剂充分混合再静置，下层为血细胞上层即为血浆，应冷冻保存。

**脓汁** 对开放性化脓灶，可用灭菌的棉拭子蘸取脓汁，剪下样品端，迅速放入有保存液的灭菌试管中，加塞密封。未破溃的脓肿，用灭菌注射器抽取；当脓汁黏稠时，可先向脓肿内注射灭菌生理盐水 1 ~ 2 毫升，然后抽取，放入灭菌试管中，加塞密封。

**胆汁** 可采取整个胆囊，装入塑料袋中，密封袋口；也可用灭菌注射器吸取胆汁数毫升，置于灭菌容器中，加塞密封。

**淋巴结及内脏** 采取病变组织器官邻近的淋巴结，将淋巴结与周围脂肪组织一并采集。实质器官选择病变明显的部位采取 2 ~ 5 立方厘米的小方块，分别置于灭菌容器内，加塞密封。

**粪便** 粪便应选择动物新排出的或直接从直肠内采取，根据检查目的，取适量粪便，装入洁净的容器内，冷藏送检。若怀疑为副结核时，可刮取直肠黏膜。

**镜检病料** 每一份病例制片应不少于 2～4 张。送检时为了不损坏涂面，可将 2 张载玻片的涂面彼此相对，中间夹以火柴棍，然后用细线缠紧，用灭菌纸包好后放入金属盒内，并注明号码，另附说明，送检。

### 4. 病料的保存

一种病料一个容器，不应混装，并在采集后立即送检。若不能立即检查，应尽快冷藏、冷冻（病毒样品）或加入保存液保存。供细菌检验的病料，多用 30% 甘油生理盐水、30% 甘油缓冲液保存。供病毒检验的病料常用 50% 甘油生理盐水、50% 甘油缓冲液或磷酸盐缓冲液（PBS）保存。寄生虫则常用福尔马林、甘油酒精、巴氏液保存。供病理组织学检查的病料常用 10% 福尔马林溶液固定。

### 5. 病料的运送

送检病料均应密封于塑料袋或塑料瓶、玻璃瓶中，外贴标签后放入有冰袋和防震材料的保温瓶、保温箱等外包装运输，并附病料送检单，外包装必须密封，防止渗漏。一般样品冷藏运输，24 小时内送达实验室。病毒样品若能在 4 小时内送达实验室，冷藏运输；超过 4 小时，应先冷冻，经冻结的样品须在 24 小时内送达实验室；超过 24 小时，应冷冻运输，即在运输过程中病料的环境温度应保持在 -20℃ 以下。若怀疑为危险传染病病料须派专人用专车以最快的速度运送。

## 八、重大动物疫情处理

### （一）重大动物疫情的概念及应急预案

#### 1. 重大动物疫情

相关概念见本篇第一章相关知识。

#### 2. 军队处置突发动物疫情应急预案

**预案制定依据** 依据《中华人民共和国动物防疫法》《中国人民解放军传染病防治条例》《军队处置突发事件总体应急预案》《军队兽医工作暂行规定》《军马工作暂行规定》，以及军队的有关条令、条例和规定，制定预案。

**应急预案内容** 应急指挥机构的职责、组成及分工；处置原则、程序及内容；组织指挥与协同；疫情处置保障；疫情分级标准。

**应急指挥机构** 军队处置突发公共卫生事件领导小组是军队处置突发动物疫情的领导指挥机构，其主要职责：贯彻落实党中央、国务院、中央军委有关处置突发动物疫情的命令、指示；组织领导有关单位做好军队突发动物疫情的各项准备和应急处置工作；负责军地协调工作。团以上单位处置突发公共卫生事件领导小组负责领导和指挥本单位突发动物疫情的应急处置工作。

**应急预案拟定** 卫生部门负责拟制突发重大动物疫情应急处置预案，负责重大动物疫情的收集、汇总、分析和报告，指导部队做好疫情处置和人兽共患病防治工作。

**应急处置技术力量** 军事科学院军事医学研究院是全军处置突发动物疫情的专业技术力量。负责动物疫情监测、现场调查处理、制定防控措施，疾病预防控制机构应指派人员督导防控措施落实。

## 3. 军用动物疫情分级

**特别重大突发动物疫情（Ⅰ级）** 部队军用动物发生下列情况之一的：

高致病性禽流感发生，或在1个省、市、自治区范围内部队疫点数达到10个以上，或出现人感染病例；口蹄疫在14日内，疫区连片，或在1个省、市、自治区范围内部队疫点数达到10个以上，或出现人感染病例；

人畜共患病感染到人，并继续大面积扩散蔓延；

国家农业农村部认定的其他特别重大突发动物疫情。

**重大突发动物疫情（Ⅱ级）** 部队军用动物发生下列情况之一的：

高致病性禽流感在21日内，在地级市范围内疫点数达到5个以上；

口蹄疫在14日内，在地级市范围内疫点数达到5个以上，或有新的口蹄疫亚型出现并发生疫情；

非洲马瘟等疫病传入或发生；

在1个平均潜伏期内，结核病、布鲁氏菌病、炭疽、狂犬病、马传染性贫血、马鼻疽等二级动物疫病呈暴发流行，或其中的人畜共患病发生感染人的病例，并有扩散趋势；

国家农业农村部认定的其他重大突发动物疫情。

**较大突发动物疫情（Ⅲ级）** 部队军用动物发生下列情况之一的：

高致病性禽流感在 21 日内，部队发生疫情，或在 1 个地级市范围内部队疫点数达到 3 个以上；

口蹄疫在 14 日内，部队发生疫情，或在 1 个地级市范围内部队疫点数达到 3 个以上；

在一个平均潜伏期内，5 只以上现役军（警）犬发生犬瘟热、犬细小病毒病等疫情；

在 1 个平均潜伏期内，部队发生结核病、布鲁氏菌病、炭疽、狂犬病、马传染性贫血、马鼻疽等二类动物疫情暴发流行；

高致病性禽流感、口蹄疫、炭疽等高致病性病原微生物菌种、毒种发生丢失；

国家农业农村部认定的其他较大的突发动物疫情。

**一般突发动物疫情（Ⅳ级）** 部队发生下列情况之一的：

非人兽共患的二、三类动物疫情呈暴发流行；

国家农业农村部认定的其他一般突发动物疫情。

### （二）军用动物疫情的报告

**1. 责任报告单位、责任报告人**

**责任报告单位** 各级军需和卫生主管部门；各级疾病预防控制机构；部队卫生机构；部队编有军用动物的单位等。

**责任报告人** 部队卫生机构的卫生人员、兽医、兽医卫生员兼肉食品检验员。

**2. 报告时限**

疫情报告应按规定要求，须在 2 小时内逐级上报。军马作为战斗力的组成部分，疫情报告还应报人力资源部门，作为核减军马实力和供给的依据。同时，按照属地管理原则，及时向当地动物防疫监督机构通报。重大紧急情况在逐级上报的同时，可越级上报，必要时可边核实边报告。

**3. 报告形式**

责任报告单位应按国家和军队有关规定要求书面报告疫情，重大紧急情况也可先电话报告，后上报疫情报告。其他责任报告个人可以电话或书面形式报告。

**4. 报告内容**

突发动物疫情的报告分为首次报告、进程报告和总结报告。首次报告应当包括疫情发生时间、地点，发病动物种类和数量、死亡情况，是否有人员感染，已采取的控制措施等。突发事件处置过程中，要及时报告进程情况。进程报告应当包括疫情的进展情况、对首次报告内容的补充和修正，并根据情况变化随时报告。突发事件处置结束后，要逐级上报总结报告。总结报告应当包括疫情性质、影响范围、危害程度、控制措施及效果等内容。

**5. 疫情信息发布**

军队处置突发动物疫情办公室与国务院有关部门拟制新闻通稿、统一对外口径，择机发布。未经授权，任何单位和个人不得擅自发布信息。

### （三）军马疫情隔离

**1. 隔离的意义**

隔离是控制传染源、防止动物疫病扩散的重要措施之一，隔离便于将疫情控制在最小范围内加以就地扑灭。

**2. 隔离的对象与方法**

可将全部受检军马分为患病军马、可疑感染军马和假定健康军马三类，加以区别对待。

**患病军马**　包括有典型症状或类似症状，或其他特殊检查阳性的军马。它们是主要的传染源，应选择不易散播病原体、消毒处理方便的场所或厩舍进行隔离。如患病马数目较多，可集中隔离在原来的厩舍里。隔离场所严格消毒，禁止闲杂人等出入和接近。工作人员出入应遵守消毒制度，隔离区内的用具、饲料、粪便等，未经彻底消毒处理，不得运出。患病马及时救治或根据国家有关规定进行无害化处理。隔离期限依该病的传染期而定。

**可疑感染军马**　在检疫中未发现任何症状，但与病马及其污染的环境有过明显的接触，如同群、同圈、同槽、同牧、使用共同的水源、用具等。这类马有可能处在潜伏期，并有排菌（毒）的危险，应在消毒后另选地方将其隔离、看管，限制其活动，详加观察，出现症状的则按患病马处理。隔离观察时间的长短，根据该传染病的潜伏期而定，经过该病一个最长潜伏期仍无症状者，可取消其限制，并转为假定健康马。

**假定健康军马** 除上述两类外，疫区内其他马匹（包括其他易感动物）都属于此类。应与上述两类严格隔离饲养，加强防疫消毒和相应的保护措施（进行紧急免疫接种或药物预防）。同时注意落实防疫卫生消毒制度。必要时可根据实际情况分散喂养或转移至偏僻地区。

### （四）军马疫情封锁

#### 1. 封锁的对象与原则

**封锁概念** 见本篇第一章相关知识。

**封锁适应对象与原则** 封锁适应对象是国家规定的一类疫病或当地新发现的动物疫病。军马发生疫情时需封锁的疫病是非洲马瘟。执行封锁时掌握"早、快、严、小"的原则，即发现疫情时报告和执行封锁要早，行动要快，封锁要严，范围要小。

#### 2. 封锁区的划分

根据动物疫病的特点、流行规律、地理环境、居民点以及交通等条件确定疫点、疫区和受威胁区。疫区是以疫点为中心，半径 3 公里范围内的区域。疫区划分时注意考虑饲养环境和天然屏障。

#### 3. 封锁实施

部队有关部门会同驻地县级以上地方人民政府，组织相关部门和单位采取隔离、扑杀、销毁、消毒、紧急免疫接种等强制性措施，迅速扑灭疫病，并通报毗邻地区。

在封锁期间，禁止染疫和疑似染疫的军马出疫区，禁止非疫区的马属动物进入疫区，并根据扑灭军马疫病的需要对出入封锁区的人员、运输工具及有关物品采取消毒和其他限制性措施；

封锁区的边缘设立明显标记，指明绕道路线，设置监督哨卡，禁止易感动物通过封锁线。在必要的交通路口设立消毒站，对必须通过的车辆、人员和非易感动物进行消毒。

#### 4. 采取的措施

**疫点内采取的措施** 扑杀所有患病马和同群马，并进行无害化处理。对马的排泄物、被污染饲料、垫料、污水等进行无害化处理。对被污染的物品、用具、饲养场所进行严格消毒。对发病期间及发病前一定时间内军马活动场所进行追踪，并按规定做好处理。

**疫区内采取的措施**　当军马处在疫区时，军马应实行圈养或者在指定地点放养，在疫区内使役。对军马厩舍、排泄物、垫料、污水和其他可能受污染的物品、场地，进行消毒或无害化处理。对军马进行监测，紧急免疫接种。

**受威胁区采取的措施**　当军马处在受威胁区时，对军马进行紧急强制免疫，防止疫情扩散。加强疫情监测和免疫、消毒效果检测，随时掌握疫情动态。

### 5. 解除封锁

疫区（点）内最后一头患病马扑杀后，经过该病一个最长潜伏期以上的检测，未再出现患病马时，经彻底消毒清扫，由行政管理部门检查合格后，经原发布封锁令的部门发布解除封锁，并通报毗邻地区和有关部门。

### （五）染疫军马的处理

#### 1. 染疫军马的扑杀

对于感染一、二类疫病的军马要立即扑杀，扑杀方法有：

**静脉注射法**　将染疫军马保定后，用静脉输液的办法将消毒药输入体内。注射用的消毒药有甲醛、来苏儿等。

**心脏注射法**　将染疫军马先麻醉使其卧地，用注射器吸取菌毒敌注入心脏。注射所用的药物为菌毒敌原液，药液进入体内，杀灭病原体，破坏肉质，再与焚烧深埋相结合，可有效防止马尸人为再利用现象。

**毒药灌服法**　用敌敌畏或尿素，加水，混合溶解后灌服。

**电击法**　利用电流对机体的破坏作用，达到扑杀疫马的目的。

#### 2. 军马尸体的运送

工作人员应穿戴工作服、口罩、风镜、胶鞋及胶手套。运送尸体最好用特制的运尸车（车的内壁衬铁皮，以防漏水）。装车前应将尸体各天然孔用蘸有消毒液的湿纱布、棉花严密填塞。在尸体躺过的地方，应用消毒液喷洒消毒，如为土壤地面，应铲去表层土，连同尸体一起运走。运送过尸体的用具、车辆，工作人员用过的手套、衣物及胶鞋等应进行消毒和处理。

### 3. 尸体的处理方法

尸体的处理方法主要有焚烧、掩埋、化制和发酵等。

**焚烧法** 是毁灭尸体最彻底的方法，如无焚尸炉，则可挖掘焚尸坑。焚尸坑有以下三种：

十字坑。按十字形挖两条沟，沟长2.6米，宽0.6米，深0.5米。在两沟交叉处坑底堆放干草和木柴。沟沿横架数条粗湿木头，将尸体放在架上，在尸体的周围及上面再放上木柴，然后在木柴上倒以煤油或柴油，从下面点火，直到把尸体烧成黑炭为止，并把它掩埋在坑内（图3-2-4）。

单坑。坑长2.5米，宽1.5米，深0.7米，将取出的土堆在坑沿的两侧。坑内用木柴架满，坑沿横架数条粗湿木头，将尸体放在架上（图3-2-5），以后处理如十字坑法。

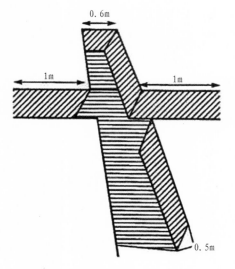

图 3-2-4　十字坑

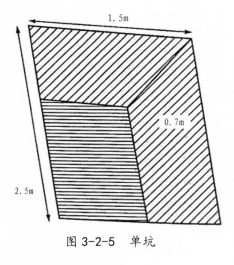

图 3-2-5　单坑

双层坑。坑长、宽各2米，深0.75米，在沟的底部再挖一条长2米，宽1米，深0.75米的小沟，在小沟沟底铺以干草和木柴，两端各留出18～20厘米空隙，以便吸入空气，在小沟沟沿横架数条粗湿木头，将尸体放在架上，以后处理如十字坑法。

**掩埋法** 这种方法虽不够可靠，但比较简单易行，所以在实际工作中仍常应用。选择地势高，地下水位低，远离住宅、农牧场、水源及主干道的僻静地方，土质干而多孔（沙土最好），以便尸体加快腐败分解。坑的长度和宽度能容纳侧卧尸体即可，从坑沿到尸体表面不得少于1.5～2米。坑底铺以2～5厘米厚的石灰，将尸体放入，使之侧卧，并将污染的土层、捆尸体的绳索一起抛入坑内，然后再铺2～5厘米厚的石灰，填土夯实。

**化制法** 一种较好的尸体处理方法，尸体做到了无害化处理。但此法要求在有一定设备的化制站进行。

**发酵法** 将尸体抛入专门的尸体坑内，利用生物热的方法将尸体发酵分解，以达到消毒的目的。选择远离住宅、农牧场、水源及道路的僻静地方。尸坑为圆井形，深9～10米，直径3米，坑壁及坑底用水泥筑成。坑口高出地面约30厘米，坑口有盖并可上锁，坑内有通气管。坑内尸体可以堆到距坑口1.5米处。经3～5个月后，尸体完全腐败分解。此法不适合于因炭疽、气肿疽等死亡的动物尸体的处理。

（本章编者：郭雨辰）

# 第四篇

## 诊疗知识

# 第一章　基础检查方法

## 一、临床检查的基本方法和顺序

### （一）临床检查的基本方法

#### 1. 视诊

视诊是利用视觉直觉或借助器械观察患病马匹整体状况或局部表现的诊断方法，是从大群里发现病马的一种最常用的方法。其内容包括以下几方面：观察全身状态；注意有无某些生理活动异常；观察体表各部分及口、鼻等腔洞的情况。其方法分为全身和局部两种。全身视诊应远距离进行观察，了解马的全貌。局部视诊应近距离观察，了解马体表各部分的细节情况，可按如下方式进行，即站在距病马 2～3 米远的地方，由左前方开始，从前向后边走边看，顺序地观察头部、颈部、胸部、腹部和四肢，走到正后方时，稍停留一下，观察尾部、会阴部，并对照观察两侧胸腹部及臀部的状态和对称性，再由右侧到正前方。如果发现异常按相反的方向再转一圈，对发现的异常变化做细致的观察。最后可进行牵遛，观察运步状态。

#### 2. 触诊

是利用触觉及实体觉直接或借助诊疗器械触压马体以了解组织器官有无变化的诊断方法。用手指或手掌对要检查的组织或器官进行触压和感觉，以判定病变的位置、大小、形状、硬度、湿度、温度及敏感性等，称为直接触诊，见图 4-1-1。此外，触诊也用于脉搏检查、直肠检查等。借助器械进行触诊，称为间接触诊。

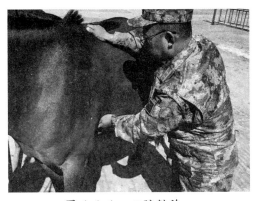

图 4-1-1　心脏触诊

触诊按用力的大小和使用的范围，可分为浅部触诊法和深部触诊法两种。浅部触诊法是将手指伸直平贴于体表，不加按压而轻轻滑动，依次进行感触。常用于检查体表的温度、湿度、敏感性等。浅部触诊也用于检查心搏动、肌肉的紧张性、骨骼和关节的肿胀变形等。深部触诊法，是用不同的力量对患部进行按压，以便进一步了解病变的硬度、大小和范围。

触诊时，应从健康区域或健康的一侧开始，然后移向患病的区域或患病的一侧，并行健病对比。由触诊所感觉到的病变性质，主要的有以下 5 种：

**捏粉样** 感觉稍柔软，如压生面团样，指压留痕，除去压迫后慢慢平复；

**波动性** 柔软有弹力，指压不留痕，行间歇压迫时有波动感；

**坚实感** 感觉坚实致密，硬度如肝；

**硬固感** 感觉组织坚硬如骨；

**气肿性** 感觉柔软稍具弹性，并感觉有气体向邻近组织逃窜，同时可听到捻发音。

**3. 叩诊**

用手指或借助器械对马体表的某一部位进行叩击，借以引起振动并发出声音，根据产生的音响特性来判断被检查器官、组织的状态有无异常的诊断方法。

**叩诊的方法** 按使用器械与否，分为直接叩诊与间接叩诊两种。直接叩诊法是以弯曲的手指或借助叩诊器械直接叩击马体表被检部位的方法。间接叩诊法是在被叩击的体表部位上，先放一振动能力较强的附加物，而后向附加物叩击的方法。有指叩诊法和槌板叩诊法两种，检查马多用槌板叩诊法。进行槌板叩诊时，一手持叩诊板密贴于马的体表，另一手持叩诊槌，以腕关节为轴向叩诊板上进行叩打，动作要短促急速，每次 2～3 下，间歇性地叩击。根据叩诊力量的强弱，可分轻重两种叩诊法。轻叩诊用于被检器官浅在、体积小、器官的边缘部分。重叩诊用于被检器官位于深部，发现某一器官的深部病变，特别是营养优良的马多用重叩诊。

**叩诊的注意事项** 叩诊板必须密贴马体表。叩诊的力量，应视病变部位深浅和叩诊目的而定。当发现异常叩诊音时，应与健康部位的叩诊音作比较，并与另一侧对称邻位作比较。叩诊要在关闭门窗的室内进行，叩诊时检查者的耳朵应尽量与叩诊槌保持在同一水平线上。

**马体的叩诊音** 根据被叩组织是否含有气体，分为清音和浊音两大类。清音包括正常肺叩诊音、鼓音和过清音三种。浊音包括相对浊音（半浊音）和绝对浊音（浊音或实音）。

### 4. 听诊

借助听诊器或直接听取马体内脏器官活动过程中发出的自然或病理性声音。根据声音特性判断其有无病变的诊断方法。临床上常用于心、肺、胃肠等的检查。

**直接听诊法** 不借助任何器械，通常垫一块听诊布，用耳直接贴附于马体表相应部位，听取脏器运动时发出的音响的听诊方法。

**间接听诊法** 即器械听诊法，借助听诊器进行听诊的诊断方法。见图4-1-2。

### 5. 嗅诊

以嗅觉发现、辨别马呼出气体、口腔臭味、排泄物及病理性分泌物异常气体的诊断方法。嗅诊仅在某些疾病时有临床意义。

图 4-1-2　间接听诊

### （二）临床检查顺序

在临床上，一般按照下列顺序进行检查。

### 1. 病马登记

包括马的品种、性别、年龄、役别等。

### 2. 病史调查

包括疾病史、生活史及环境调查。

### 3. 现症检查

通常包括以下几项：

**一般检查** 包括容态、被毛及皮肤、眼结膜和淋巴结的检查，以及体温、脉搏和呼吸数的测定。

**系统检查** 包括循环系统、呼吸系统、消化系统、泌尿生殖系统和神经系统的检查。

**实验室检查** 如血液、尿液、粪便、肝功及胸腹腔穿刺液的检查等。

**特殊检查** 如 X 射线透视、鼻疽菌素和结核菌素试验等。

## 二、一般检查

一般检查是对病马全身状态的概括性观察。检查方法主要应用视诊和触诊。

### （一）容态检查

指检查马的外貌形态和行为的综合表现，着重观察精神状态、体格、营养及姿势等。

**1. 精神状态检查**

通常观察马对外界的刺激反应是否灵敏，根据军马是否过度兴奋或沉郁，判定军马神经系统的机能状态。

**2. 体格检查**

通常用视诊检查马骨骼和肌肉的发育程度以及各部的比例，必要时也可用测量器械测定其体高、体长、体重和管围等。体格结论分为发育良好、发育中等和发育不良。

**3. 营养检查**

判定马营养的好坏，通常是以肌肉的丰满程度和皮下脂肪的蓄积量为依据，在临床上常将营养分为良好、中等和不良三级。

**4. 姿势检查**

健康马正常生理姿势是，终日站立，两后肢交换休息，偶尔卧地，有人接近则立即起立。

**不稳姿势** 马站立姿势不稳。在一些疼痛性疾患，特别是马的胃肠性腹痛病时，可见马前肢刨地，后肢蹴腹，回头顾腹，起卧滚转等。

**强迫站立** 患有某些疾病的马，常常被迫保持特别的站立姿势。

**5. 运动检查**

对于能够走动的病马，应检查其步样有无异常。如跛行、盲目运动、圆圈运动等。

### （二）被毛及皮肤的检查

检查被毛和皮肤主要是用视诊和触诊。

#### 1. 被毛的检查

检查被毛主要看其是否完整，生长是否牢固，有没有光泽等。

#### 2. 皮肤的检查

**皮肤温度**　用手背或手掌来感觉检查皮肤温度的增高、降低和分布是否均匀。

**皮肤湿度**　由于汗腺的分泌和汗液蒸发，正常可感觉到皮肤不干不湿而有黏腻感。

**皮肤弹性**　在颈部或肩后检查皮肤弹性，检查时，用手将皮肤捏成皱褶，然后放开，观察恢复原状的快慢。皮肤弹性良好的，立即恢复原状，皮肤弹性减退时，延迟恢复原状。

**皮肤肿胀**　临床上常见的有水肿、气肿、象皮肿、炎性水肿、血肿、脓肿及淋巴外渗等。

**皮肤气味**　健康马的皮肤，如果经常刷拭，保持体表清洁时，则没有特殊不良的气味。

**皮肤发疹**　皮肤发疹常常是某些传染病、中毒性疾病、皮肤病及其他一些物质的过敏反应等的早期症候。常见的有斑疹、丘疹、水疱、脓疱。

**皮肤溃疡**　其边缘清楚，表面污秽并伴有恶臭等。见于坏死杆菌病，皮肤鼻疽和褥创等。

### （三）眼结膜的检查

检查眼结膜时，着重观察其颜色。健康马的眼结膜呈粉红色。其次要注意有无肿胀和分泌物等，见图 4-1-3。眼结膜颜色的病理变化，临床上常见的有以下几种：结膜潮红、苍

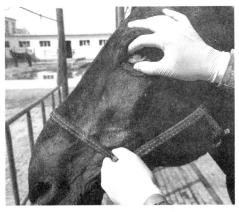

图 4-1-3　眼结膜检查

白、黄染、发绀和结膜出血点或出血斑。眼分泌物的性质呈浆液性、

黏液性及脓性的，多数为继发感染所致。

### （四）体表淋巴结检查

淋巴结附近的组织或器官有感染时，往往由于其机能增强而发生形态学变化。检查体表淋巴结，主要靠视诊和触诊，必要时也可用穿刺检查。检查时要注意淋巴结的位置、大小、形状、硬度、敏感性及移动性等。

#### 1. 触诊检查常用的淋巴结

**下颌淋巴结** 在下颌间隙，沿下颌支内侧，用力前后滑动手指，即可感到位于皮下疏松结缔组织中的不太坚实而可以移动的淋巴结。

**膝上淋巴结** 于髋结节和膝关节的中点，沿股阔筋膜张肌的前缘用手指前后滑动此肌，可感到较坚实的、上下伸展着的椭圆形淋巴结。

**腹股沟浅淋巴结** 在腹股沟皮下的疏松组织内触诊可感到稍坚实的淋巴结。

#### 2. 淋巴结的病理变化及临床意义

**急性肿胀** 淋巴结急性肿胀时，体积增大，触之温热、敏感，表面光滑、坚实，活动性受限，见于急性感染和某些传染病。马的下颌淋巴结肿胀，见于腺疫、流行性感冒和咽炎。

**慢性肿胀** 淋巴结坚硬，表面凹凸不平，无热无痛，无移动性。慢性鼻疽时下颌淋巴结呈慢性肿胀。

**化脓** 淋巴结肿胀、隆起，皮肤紧张，增温敏感，有波动。下颌淋巴结化脓常见于腺疫。

### （五）体温测定

在正常生活条件下，健康马的体温，保持恒定，为 37.5 ～ 38.5℃，一昼夜的温差一般不超过 1℃。马的体温在直肠内测定。

#### 1. 体温测定的方法

保定马匹，测温人立于马臀部的左侧，用左手将马尾提起置于臀部固定，右手拇指和食指持涂有润滑剂且刻度读数低于 35℃ 的体温计，先以中指或体温计探触肛门部皮肤，以免马匹惊慌，然后将体温计以回转的动作稍斜向前上方缓缓插入直肠内（见图 4-1-4），将系在体温计后端的夹子夹于尾根部的被毛上，左手将马尾放下。3 ～ 5 分钟后，取出体温计，将沾附在体温计上的粪便用酒精棉擦净，观察水银柱上升的刻度数。测温完毕，应将水银柱甩下，以备再用。对于性情暴烈或未经训练的马匹，应在柱栏内保定后再行检查。

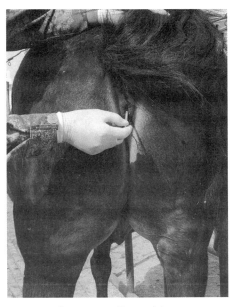

图 4-1-4　体温测定

### 2. 体温升高

机体产热过多或散热过少引起体温升高称为发热。发热是一种全身性反应，它是许多传染病和非传染性疾病的主要症状之一。可根据病程长短、发热程度和发热曲线的形状，分为以下不同的类型。

**按病程长短划分的四种发热类型**　①急性热：发热延续 1～2 周，见于急性传染病。②亚急性热：发热延续 3～6 周，见于马的血斑病、马鼻疽和亚急性马传染性贫血等。③慢性热：发热延续数月甚至 1 年以上，见于马的慢性鼻疽和慢性马传染性贫血等。④一过性热：或称暂时热，发热仅持续 1～2 日，即行下降，恢复至正常状态；见于注射血清、疫苗及一时的消化紊乱。

**按发热程度划分的四种发热类型**　①微热：升高不超过 1℃ 的体温，见于局部的炎症及消化不良等。②中等热：升高 1～2℃ 的体温，见于消化系统、呼吸系统的一般性炎症过程。③高热：升高 2～3℃ 的体温，见于急性传染病和广泛性炎症。④最高热：升高 3℃ 以上的体温，见于某些严重的急性传染病。

**按热曲线波型划分的五种发热类型**　①稽留热型：高热持续三天以上，而每日的温差在 1℃ 以内为其特点。②弛张热型：体温在一昼夜内的变动在 1～2℃ 或 2℃ 以上。③间歇热型：发热期和无热期交替出现，有热期短，无热期不定，有隔一日、二日或三日发热。④回归热型：类似间歇热，但有热期与无热期均以较长的间歇交互出现。⑤不定型热：体温无规律性地变化，如发热的持续时间长短不定，每日温差变化不等，有时极其有限，有时则波动很大。这种不定型热多见于一些非典型经过的疾病。

根据热型来鉴别疾病也不是绝对的，因为热曲线不但取决于马个体的反应性，还受治疗药物的影响。另外，在疾病过程中，由于继发或并发症的出现，也有两种或两种以上热型交互存在，所以，应该特别注意。

### 3. 体温低下

在病理过程中，由于体热散失过多，或产热不足，可导致体温降至常温以下，称为体温低下。麻醉中的马或使用镇静剂后和休克时，常见体温低下。在内脏破裂、大失血、严重脑病、中毒性疾病以及许多重症疾病的末期，也常发生体温低下。

### （六）脉搏数检查

在循环系统检查之前，一般先行脉搏数的检查。检查脉搏数是用触诊法，即将食指、中指和无名指置于浅在动脉上，感知其跳动，计其 1 分钟的跳动次数，或计半分钟的跳动次数，然后乘以 2，即为 1 分钟的脉搏数。在马安静状态下利用颌外动脉检查脉搏，见图 4-1-5。健康马脉搏数为 26 ～ 42 次 / 分钟。

图 4-1-5　脉搏检查

### （七）呼吸数检查

#### 1. 呼吸数检查的方法

检查呼吸数时，必须在马处于安静状态下进行。检查方法很多，一是站于胸部的前侧方或腹部的后侧方，观察不负重的后肢那一侧的胸腔部起伏运动，胸壁的一起一伏即为一次呼吸。二是将手背放在鼻孔前方的适当位置，感知呼出的气流（在冬季还可看到呼出的气流），呼出一次气流，为一次呼吸。也可观察鼻翼的扇动，计算呼吸数。呼吸数，以一分钟的次数为准，健康成年马一分钟呼吸数 8 ～ 16 次。在海拔 3000 米、气温 20℃以上时，马呼吸数增加 2 ～ 3 倍。

**2. 呼吸数的病理变化**

呼吸数的病理变化常表现为增多。

**（八）马的肢势、蹄形和步样检查**

肢势是指马在平地上立正站立时，四肢所呈现的状态。蹄形是指蹄的外部形态。步样是指马在行走时，每运行一步肢蹄在空中所呈现的方向、位置及踏着、负重的状态。可分为正肢势、正蹄形和正步样与不正肢势、不正蹄形和不正步样两大类。

**1. 正肢势、正蹄形和正步样**

**正肢势** 是指马驻立时，四肢与地面垂直而互相平行，体重的压力落在蹄的中心，并向四周扩散，较均匀地分布在全蹄负面，见图4-1-6。

**正蹄形** 前蹄表现：蹄冠内、外侧高低一致，蹄球大小相同，蹄尖壁对地角度为 50 ～ 55 度；蹄尖壁与蹄踵壁后缘比为 2.5 ∶ 1；蹄负面的形状为钝卵圆形，横径最广部在蹄负面的中央；蹄底穹窿度较小，蹄叉稍长而细，蹄叉中沟和侧沟稍广而浅。后蹄表现：蹄冠和蹄球的情况与前蹄相同；蹄尖壁对地角度为 55 ～ 60 度。蹄尖壁与蹄踵壁后缘比为 2 ∶ 1；蹄负面的形状为尖卵圆形，横径

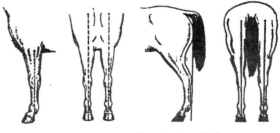

图 4-1-6　前、后肢正肢势

前蹄　　　后蹄　　　前蹄　　　后蹄

图 4-1-7　前、后蹄正蹄形

最广部位于后 1/3 与中 1/3 交界处；蹄底穹窿度较大，蹄叉稍短而粗，蹄叉中沟及侧沟较狭而深，见图 4-1-7。

**正步样** 正肢势、正蹄形马运步时呈现正步样。前看，肢蹄与马体纵轴呈平行的直线前移；侧看，蹄在空中呈对称的抛物线形，见图 4-1-8。

**2. 不正肢势、不正蹄形和不正步样**

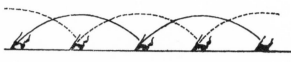

图 4-1-8 正步样（侧看）

凡是不符合正肢势及正蹄形标准的肢势和蹄形，称为不正肢势和不正蹄形。不正肢势和不正蹄形产生不正步样。

## 三、循环系统检查

循环系统检查包括心脏检查和血管检查，临床上主要是用视诊、触诊、叩诊、听诊等基本检查法。

### （一）心脏检查

**1. 心脏视诊和触诊**

**视诊、触诊心搏动的部位和方法** 检查心搏动，一般在左侧胸廓下 1/3 部的第 3～6 肋间，在第 5 肋间的下 1/3 的中间处最明显。

**心搏动的病理变化** 主要为心搏动增强、减弱、移位等。

**2. 心脏叩诊**

叩诊心脏的目的，在于确定心脏的大小、形状及其在胸腔内的位置，以及在叩打时有无疼痛表现。

**心脏叩诊法** 先将其左前肢向前牵引半步，叩诊时先沿第 3 肋间由上向下叩诊，在由肺的清音转变为半浊音处，以及由半浊音转变为浊音处，分别做出记号，再沿第 4、5、6 肋间由上向下叩诊，也在声音转变的部位分别做出记号。最后把转变为半浊音的记号连成一条曲线，即为相对浊音区的后上界，把转变为浊音的记号也连成曲线，即为绝对浊音区的上界。这种沿肋间隙由上向下的叩诊法，称为垂直叩诊法。

**心脏叩诊的病理变化** 心脏叩诊常见的变化为浊音区增大、浊音区缩小、呈鼓音、带痛。

### 3. 心脏听诊

听诊是检查心脏的重要方法之一，一般用间接诊断法。

**正常心音**　可以听到"噜—塔""噜—塔"有节律的交替而来的两个声音，称为心音。前一个叫第一心音，后一个叫第二心音。

**心音的最强听取点**　当马取立正姿势时，肘头后上方一、二指处为二尖瓣第一音听诊最清楚的部位，由此向前上方约二指处，为主动脉瓣第二音听诊最清楚的部位，在肘头顶端水平线稍下方（第三肋间）为肺动脉瓣第二音听诊最清楚的部位。

**心音的病理改变**　包括心音的频率、强度、性质和节律的变化等。主要表现有：心音不纯、音质低浊，含糊不清，两个心音缺乏明显的界限的现象。金属样心音，即心音异常高朗、清脆，带有金属样音响的现象。奔马调，即两个心音之外，又出现一个额外的声音，而形成的三音律，犹如马奔跑时的蹄音的现象。

**心脏杂音**　心音以外持续时间较长的附加声音，它可与心音分开或相连续甚至完全遮盖心音。其音性与心音完全不同，有的如吹风样、锯木样，有的如哨音、皮革摩擦音。

### （二）血压检查

血压是血管内流动的血液对单位面积血管壁的侧压力。心室收缩时，主动脉血压上升达到的最高值，称收缩压（高压）。心室舒张时，主动脉血压下降到最低值，称舒张压（低压）。收缩压与舒张压的差值，称脉搏压（脉压），它是了解血流速度的指标。

### 1. 方法

血压常用血压计于尾中动脉测量。测血压时，使马取站立姿势，先将听诊器的胸端放在绑气囊部的上方或下方，然后向气囊内打气至约200刻度以上，随后缓缓放气，当听诊器内听到第一个声音时，汞柱表面或指针所在的刻度，即为心收缩压。随着缓缓的放气，声音逐渐增强，以后又逐渐减弱，并且很快消失，在声音消失前血压计上的刻度，即代表心舒张压。血压的记录与报告方式为：收缩压／舒张压，单位为毫米汞柱（mmHg）。

**2. 正常值**

健康马的收缩压为 100 ～ 120 毫米汞柱，舒张压为 35 ～ 50 毫米汞柱。

# 四、呼吸系统检查

呼吸系统的检查主要是利用视诊、触诊、嗅诊、叩诊和听诊等检查方法，其中以叩诊和听诊更为重要。必要时可以应用 X 射线透视检查。呼吸系统的检查顺序一般是：呼吸运动的检查、上呼吸道的检查、胸部的检查和胸腔穿刺液的检查。

## （一）呼吸运动检查

呼吸运动主要是检查呼吸数、呼吸式、呼吸节律、呼吸困难和呼吸运动的对称性。

### 1. 呼吸数检查

呼吸数检查详见一般检查。

### 2. 呼吸式检查

马呼吸运动的形式，称为呼吸式。检查呼吸式时，应注意胸廓和腹壁起伏动作的协调性和强度。健康马的正常呼吸式是胸腹式呼吸，也称为混合式呼吸，即呼吸时，胸壁与腹壁的运动协调，强度也均匀一致。呼吸式的病理改变，有胸式呼吸和腹式呼吸两种：胸式呼吸时，胸壁运动较腹壁运动明显，表明病变多在腹部；腹式呼吸时，腹壁运动较胸壁运动明显，表明病变多在胸部。

### 3. 呼吸节律检查

正常呼吸，是准确而有节律性的相互交替运动。呼吸节律的病理改变主要有下列几种：

**吸气延长** 其特征是吸气时间显著延长。

**呼气延长** 其特征是呼气时间显著延长。

**节律性呼吸** 其特征是健康马在吸气之后紧接着呼气，每一次呼吸运动后稍有休歇，再开始第二次呼吸且每次呼吸之间的间隔相等，如此周而复始有节律的呼吸方式。

**潮式呼吸** 其特征是呼吸由浅逐渐加强、加深、加快，当达到高峰后，又逐渐变弱、变浅、变慢，而后呼吸中断，经 15 ～ 30 秒钟的短暂间隙，又以同样的方式重复出现的呼吸方式。多是神经系统疾病导致脑循环障碍的结果，是疾病危重的表现。

**比奥呼吸** 其特征是数次连续的深度大致相等的深呼吸和呼吸暂停交替出现，即周而复始的间停呼吸。多是呼吸中枢的敏感性极度降低，是病情危笃的标志。

**大呼吸** 其特征是呼吸不中断，发生深而慢的大呼吸，呼吸次少并且带有明显的呼吸杂音的呼吸，如啰音和鼾声等。提示到达呼吸中枢衰竭晚期，是病危征象。

### 4. 呼吸困难检查

呼吸困难是一种复杂的病理性呼吸障碍。表现为呼吸费力，辅助呼吸肌参与呼吸运动，并出现呼吸频率、类型、深度和节律的改变。高度的呼吸困难，称为气喘。呼吸困难最常见的原因是呼吸系统疾病，其次是循环系统疾病，少数是由于血原性、中毒性和中枢神经性等因素所引起的。此外，腹压增高时，也可引起呼吸困难。

### 5. 呼吸运动对称性检查

检查呼吸运动的对称性，可站在马的后方或站在后方高处，观察两侧胸廓和腹壁的起伏运动是否均匀一致。健康马呼吸时，两侧胸廓起伏运动的强度完全一致的状态，称为对称性呼吸。当出现某些疾患时，可以表现出一侧胸廓运动减弱，或运动消失，称为不对称性呼吸。不对称性呼吸，主要是由于胸部疾患局限于一侧，使患侧胸廓的呼吸运动显著减弱或消失，而健侧胸廓的呼吸运动出现代偿性加强的结果。

### （二）上呼吸道检查

上呼吸道检查，主要包括呼出气、鼻液、咳嗽、鼻腔、鼻旁窦、咽囊、喉及气管的检查，重点介绍以下几种检查。

### 1. 呼出气检查

一种诊断上呼吸道和肺脏疾病的重要辅助检查方法。检查时，应注意两侧鼻孔呼出气流的强度是否相等，呼出气体的温度和气味有无异常。

**呼出气流的强度检查** 可用两手背或羽毛置于两鼻孔前感觉之，如在冬季，则可以直接观察呼出的气流而判断之。健康马两侧鼻孔呼出气流的强度完全相等。

**呼出气体的温度检查**　以手背置于鼻孔前感觉之。健康马呼出的气体稍有温热感。呼出气体的温度升高，见于各种热性病。呼出气体的温度显著降低，检查时有冷凉感，见于内脏破裂、大失血、严重的脑病和中毒性疾病，以及许多重症疾病的末期。

**呼出气体的气味检查**　宜用手将病马呼出的气体扇向检查者的鼻端而嗅闻之。健康马呼出的气体，一般无特殊气味。如发现有臭味时，首先应注意判定其臭味是来自口腔还是来自鼻腔。

### 2. 鼻液检查

健康马一般不见鼻液流出，仅有的少量浆液性鼻液，马常以喷鼻的方式排出，如见有鼻液流出，多为病理状态。检查鼻液时，应注意鼻液的量、性状、一侧性或两侧性以及混合物等。多量鼻液，常见于呼吸系统的急性炎症性疾病和某些传染病。少量鼻液见于慢性呼吸系统疾病和某些传染病。常见病理性鼻液有浆液性鼻液、黏液性鼻液、脓性鼻液、腐败性鼻液、血液性鼻液、铁锈色鼻液等。

### 3. 咳嗽检查

临床检查病马时，往往不能观察到其自然发生的咳嗽，此时可用人工诱咳的方法进行检查。诱咳的方法是：检查人站在马颈侧，面向头方，一手放在鬐甲部做支点，另一手的拇指和食指压迫第一、二气管轮。健康马通常不发生咳嗽，或仅发生一两声咳嗽。如连续多次咳嗽则是病理表现。检查咳嗽时，应注意咳嗽的性质、次数、强弱、持续时间及有无疼痛。临床上常见的咳嗽及病理变化有以下几种。

**干咳**　咳嗽声音清脆，干而短，无痰，指示呼吸道内无分泌物或仅有少量的黏稠渗出物的咳嗽。常见于喉和气管干性异物、急性喉炎初期、胸膜炎。

**湿咳**　咳嗽声音钝而浊，湿而长，指示呼吸道内有多量的稀薄渗出物的咳嗽。随着咳嗽动作从鼻孔喷出多量渗出物，或咳嗽后出现咀嚼、吞咽动作。常见于咽喉炎、支气管炎、支气管肺炎、肺脓肿、异物性肺炎。

**稀咳**　每次仅出现一两声，常反复发作且有周期性的咳嗽，故又称为周期性咳嗽。常见于感冒、慢性支气管炎、肺结核等单发性咳嗽。

**连咳**　频繁且连续不断，严重时转为痉挛性的咳嗽。见于急性喉炎、传染性上呼吸道卡他、支气管炎、支气管肺炎等。

**痉咳** 痉挛性咳嗽或发作性咳嗽，剧烈且连续发作，指示呼吸道黏膜遭受强烈的刺激，或刺激因素不易排除。常见于异物进入上呼吸道及异物性肺炎。

**痛咳** 咳嗽带痛，咳嗽短而弱。咳嗽时，病马呈现头颈伸直、摇头不安、前肢刨地或呻吟等异常表现。常见于急性喉炎和胸膜炎。

### 4. 鼻腔检查

检查鼻腔时，主要应用视诊法，必要时可利用触诊法。应用视诊法检查时，应使马的鼻腔对向自然光线，必要时可用手电筒、反光镜或头灯照明。如马有鼻疽可疑时，检查人应戴护目镜、口罩及胶皮手套进行防护，并由一名助手帮助保定。鼻腔检查方法有单手检查法和双手检查法两种。

图 4-1-9　单手鼻腔检查法

**单手检查法** 检查一侧鼻腔时，站在马头侧前方，一手抓住笼头托举马头，另一手的食指和中指并拢插入鼻腔，向上推举鼻翼软骨，鼻黏膜即可充分显露，见图 4-1-9。

**双手检查法** 检查一侧鼻腔时，站在马头侧前方，助手将马头托起（也可不用助手保定），检查人一手拇指及中指捏住鼻翼软骨，另一手拇指及中指捏住外侧鼻翼，双手同时向上向外拉，则鼻孔即可开张。见图 4-1-10。

在进行鼻腔检查时，应先检查一下鼻孔周围组织和鼻甲

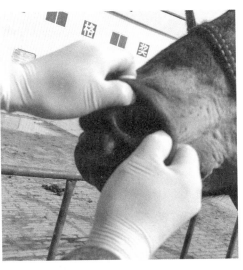

图 4-1-10　双手鼻腔检查法

骨有无异常变化，然后再打开鼻腔，进行鼻腔黏膜的检查。检查鼻腔黏膜时，应注意黏膜颜色、有无肿胀、出血斑点、水疱、结节、溃疡及瘢痕等。两侧鼻腔要比较观察。

**5. 喉及气管检查**

可分为外部检查和内部检查，以外部检查最为常用。外部检查可用视诊、触诊和听诊法。

*视诊* 应注意观察喉有无肿胀，气管有无变形，以及头颈部的姿势有无变化等。

*触诊* 应注意喉及气管有无肿胀、增温、疼痛和咳嗽等。触诊喉时，检查人站在马的颈侧，面向头方，一手放在鬐甲部或颈部做支点，另一手的拇指、食指和中指触压喉部；触诊气管时，检查人站在马的颈侧，面向尾方，用一手或两手自上而下地触压气管，直至触到胸腔入口处的气管为止。当喉及气管出现急性重剧炎症时，局部肿胀，触诊局部增温，疼痛明显，此时轻微触压，马即表现抗拒不安，并伴发咳嗽。

*听诊* 一般用间接听诊法判定喉及气管呼吸音有无改变。听诊健康马的喉时，可以听到明显的类似"赫"的声音，称为喉呼吸音。常见的喉及气管呼吸音病理变化有呼吸音增强、狭窄音和罗音。

**（三）胸部检查**

胸部检查的方法，常用的是视诊、触诊、叩诊和听诊，必要时还可进行胸腔穿刺液检查、X 射线检查等。

**1. 胸部视诊**

检查时，站在马前、后、左、右的适当位置，进行细致的比较观察，着重注意胸廓形状的改变。健康马胸廓两侧对称、脊柱平直、肋骨膨隆、肋间隙的宽度均匀。胸廓形状的病理改变，常见的有胸廓扩大、胸廓狭小和局限性形状改变。

**2. 胸部触诊**

检查时，站在马的胸侧，一手放在鬐甲部或背部做支点，用另一手的手指进行触诊。检查胸壁温度时，用手背感觉为宜；检查疼痛反应时，手指伸直并拢，垂直顶在肋间，指端不离体表，自上而下连续地进行短而急的触压；检查胸膜和支气管震颤时，以手掌或指腹平置于胸壁进行感触。

### 3. 胸部叩诊

根据叩诊音的变化，判定肺界的大小和肺内有无炎症变化。

**肺部叩诊区**　近似一直角三角形。其前界为自肩甲骨后角，沿肘肌向下至第 5 肋间所画的直线；上界为距背中线约一掌宽，与脊柱平行的直线；后界为向下向前并经下列三点所画的弓形线，此弓形线由第 17 肋骨与上界相交处开始，向下向前经宽结节水平线与第 16 肋骨的交点，坐骨结节水平线与第 14 肋骨的交点，肩关节水平线与第 10 肋骨的交点连接而成，此线向前下方伸延而止于第 5 肋间与前界相交。

**肺叩诊音**　肺的正常叩诊音为清音，其特征是音响较强、音调低、历时较长。肺中部的叩诊音较响亮而清长，而肺上部和肺边缘的叩诊音则较弱而钝浊，带有半浊音性质。病理叩诊音主要是浊音和半浊音。浊音的特征是音调较高、音响较弱、音时较短。类似叩打肌肉时所发出的声音，见于肺炎形成无气肺时；半浊音较弱而钝浊，稍带清音调，类似叩打肺边缘时所发出的音响，常见于支气管肺炎。水平浊音上界呈水平线，当胸腔内积有大量液体（渗出液、漏出液、血液）时，液体沉积于下部，叩诊积液部位时呈现浊音。见于渗出性胸膜炎、胸水和血胸。

### 4. 胸部听诊

**肺听诊区及听诊方法**　肺听诊区和叩诊区一致。胸部听诊有直接听诊法或间接听诊法。

**胸部的听诊音**　胸部正常听诊音类似"夫"的肺泡呼吸音。肺泡呼吸音是由呼吸气在细支管和肺泡内进出所致的声音，一般健康动物的肺区内可以听到。

肺泡呼吸音增强见于支气管肺炎、传染性胸膜肺炎及其他热性病；肺泡呼吸音减弱或消失见于肺炎肝变期、胸膜炎、慢性肺泡气肿等；干性罗音（笛音）类似笛哨声，特征为音调强、长而高朗，见于支气管炎；湿性罗音（水泡音）类似泡沫移动或泡浪形成或水泡破裂而发出的声音，见于肺炎中期、支气管炎及肺水肿等；捻发音类似在耳边捻转一簇头发时发出的声音。为一种极细微而均匀的噼啪音，见于肺炎充血期、肺水肿等。

# 五、消化系统检查

消化系统的临床检查，多用视诊、触诊和听诊。检查的主要内容包括：饮食欲及采食状态的检查，口腔、咽及食管的检查，腹部检查，排粪状态检查及直肠检查等。

## （一）饮食欲及采食状态的检查

### 1. 食欲检查

马的食欲可通过观察对饲料的要求欲望和采食量来加以判断。食欲良好时，在饲喂前听到饲喂人员走动的脚步声或准备草料的响动，常发出呼叫声，或表现前肢刨地和伸颈张望等动作。食欲发生改变常见的有食欲减损、食欲废绝、异嗜、食欲不定和食欲亢进。原因有饲料品质不良、饲喂制度改变、饲养环境变化、病理因素所致等。

### 2. 饮欲检查

主要是检查马饮水量的多少。健康马的饮水量与使役程度、气温高低和饲料的含水量有密切的关系。饮欲的病理变化有饮欲增强和饮欲减损。

### 3. 采食、咀嚼和吞咽障碍的检查

**采食障碍**　表现为采食不灵活，或不能用唇、舌裹食，或采食后不能利用唇、舌运动将饲料送至臼齿间进行咀嚼，见于唇、舌、齿的疼痛性疾病和畸形。

**咀嚼障碍**　健康马匹进行咀嚼时，是借助舌和颊的运动，使饲料保持在上下臼齿之间，只有一侧发生咀嚼。咀嚼障碍表现为咀嚼缓慢、咀嚼音减弱，或咀嚼带痛。

**吞咽障碍**　患马在实行吞咽时，表现摇头、伸颈、咳嗽，或由鼻孔逆流出混有饲料残渣的唾液和饮水。吞咽障碍，见于咽的疼痛性肿胀、异物、肿瘤等。

**咽下障碍**　病马在吞咽后不久，呈现伸颈、摇头，或食管的逆蠕动，然后由鼻孔逆流出混唾液的液状饲料残渣，沾附于鼻孔周围，或流出蛋清样唾液。咽下障碍，见于食管梗塞、食管炎、食管痉挛及食管狭窄等。

### 4. 呕吐检查

马在呕吐时，表现出惊恐不安、低头伸颈、鼻孔扩张、发抖、站

立不稳、全身出汗，腹肌强烈收缩，胃内容物借食管的逆蠕动经鼻咽部而由鼻孔排出。马只在严重胃扩张时，才发生呕吐，而且常为胃破裂前的征兆。对于呕吐的检查，应注意呕吐出现的时间、次数、呕吐物的数量、气味、反应和混合物等。

### （二）口腔、咽及食管的检查

#### 1. 口腔检查

**检查内容** 口腔黏膜颜色、口温、湿度、气味、舌苔及牙齿状态。

**开口方法** 一般采用徒手开口法（见图 4-1-11），检查人站在马头左侧方，面向前，左手抓住笼头，右手的食指及中指从左侧口角伸入口腔，抓住舌体，将舌牵出口外，随之将右手翻转，用拇指顶住硬腭，同时将抓笼头的左手放开，这时检查人转为面向后，站在马的侧前方，用左手打开马的右侧颊腔，即可进行检查。如需检查左侧颊腔时，可

图 4-1-11　徒手开口法

改为左手握舌并顶住硬腭，用右手打开左侧颊腔进行检查。如仅以检查口黏膜颜色为目的，可以一手抓住笼头，另一手食指和中指从口角伸入口腔，将食指和中指上下支开，即可观察黏膜颜色。当马骚动不安，或进行口腔深部检查时，则需使用器械开口法。

**口黏膜颜色检查** 健康马的口腔黏膜呈粉红色，有光泽。患病马的口色，有红、白、黄及青色四种。

**温度检查** 可用手指伸入口腔中感知。通常与体温一致。

**湿度检查** 可用食、中指伸入口腔，转动一下后取出观察。检指上干湿相间的为湿度正常；检指干燥的，为口腔稍干；检指湿润的，为口腔稍湿。健康马口腔湿度中等。口腔过分湿润或流涎，见于口炎、咽炎等。口腔干燥，见于热性病、脱水或阿托品中毒时。

**舌苔检查** 检查舌面上的苔样物质。舌苔黄厚，一般表示病情重或

病程长；舌苔薄白，一般表示病情轻或病程短。

**口腔气味检查** 通常是嗅闻被唾液湿润的手指。健康马口腔无特殊气味。当食欲减损及患口腔疾病时，口内有异常的臭味；当口腔有坏死性炎症时，有特异的腐败臭。

**牙齿状态** 主要检查牙齿的磨灭情况，有无锐齿、过长齿、波状齿以及牙齿脱落、损坏等情况。

**2. 咽和食管检查**

咽部发炎时，吞咽困难，触诊局部发热、肿及疼痛。食管硬物阻塞时，在左侧颈沟部有局限性臌隆，触诊有硬固物。必要时可用投药管或胃管进行探诊。食管探诊是用橡胶胃管或塑料制的胃管进行，一般采用长为 2.0～2.5 米、内径为 10～20 毫米、管壁厚度为 3～4 毫米的软硬度适宜的胃管。检查时确实保定，尤其要固定好头部。检查人站在马头一侧，一手握住马的对侧鼻翼软骨，另一手持胃管沿对侧下鼻道缓慢插入，当胃管前端抵达咽部可感觉有抵抗，此时不要强行推进，可轻轻来回抽动胃管，待马发生吞咽动作时，趁势插入食管。如马不吞咽，可由助手捏压咽部或将手指插入马的口腔，诱使马产生吞咽动作，以便于插入食管。胃管通过咽后，应立即进行试验，判定胃管是在食管内还是在气管内。用向胃管内吹气或用胶皮球打气的方法来判定，即胃管在食管内，吹得动，吸得住；胃管在气管内，吹得动，吸不住；胃管折转，吹不动，吸得住。

**（三）腹痛检查**

腹痛可分为三大类。由胃肠疾病所引起的腹痛称为真性腹痛，常见于马的肠痉挛、便秘、肠变位、胃扩张等；由肾脏、膀胱、子宫等胃肠以外器官疾病所引起的腹痛称为假性腹痛，见于膀胱括约肌痉挛、泌尿道结石等；由感染因素或寄生虫所引起的腹痛称为症候性腹痛。根据病马腹痛的表现程度，将腹痛分为轻度、中度和剧烈三种。

**1. 轻度腹痛**

病马前肢刨地，后肢踢腹，伸展背腰似公马排尿姿势，回顾腹部。有的卧地，并长期取侧卧姿势，仅偶尔抬头回顾体侧和腹部，很少滚转。腹痛间歇期长，往往在 30 分钟以上。多见于不全阻塞性大肠便秘。

### 2. 中度腹痛

除有刨地、顾腹等表现外，病马往往低头蹲尻，细步急走，有时低头闻地，不断走动，卧地缓慢或行滚转。腹痛间歇期较短，一般为10～30分钟。多见于肠痉挛、完全阻塞性大肠便秘。

### 3. 剧烈腹痛

病马闹动不安，急起急卧，有时猛然摔倒，急剧滚转，不听吆喝，甚至驱赶不起。有的仰卧抱胸，有的呈犬坐姿势。腹痛的间歇期很短甚至呈持续性。多见于急性胃扩张、小肠积食、肠变位等。

## （四）腹部检查

### 1. 腹部视诊

主要观察腹围的大小及有无局限性肿胀。经常喂给大量粗饲料的马，腹围一般都比较大。经常骑乘使役的马，肚腹比较紧缩。

**腹围增大** 积气时腹部上方显著膨大，叩诊可发清朗的鼓音或过清音；积食时膨大部叩诊多呈浊音；积液时腹部下方膨大，触诊有波动感，叩诊有水平浊音。

**腹围缩小** 见于急性或慢性腹泻、长期发热和后肢剧痛性疾病。

**局限性膨大** 常见于腹壁疝。患部听诊有肠蠕动音，触诊时可感到皮下有肠管，肠管可还纳，一般可触到疝环（腹肌裂孔），并有腹壁钝性挫伤病史。

### 2. 腹部触诊

主要是了解腹壁的疼痛性及紧张度。触诊时，检查人站在马的胸侧，面向尾方，一手放在背部作为支点，另一手平放在腹部用手掌或以拇指固定做支点，其余四指做间歇性触压动作。

### 3. 腹部听诊

主要是听肠蠕动音。听诊部位：左肷部听小结肠音和小肠音，左侧腹下1/3听左侧大结肠音，右肷部听盲肠音，右侧肋骨弓下方听右侧大结肠音。正常肠音清晰易听，小肠音如流水声、含漱声，大肠音如雷鸣音、远炮音。小肠音平均8～12次/分钟，大肠音平均4～6次/分钟。病理性肠音有以下几种：

**肠音增强** 肠音高朗连绵不断，有时离数步远也能听到，见于肠痉挛、肠臌胀、消化不良及胃肠炎的初期。

**肠音减弱** 次数稀少，短促而微弱，见于重剧胃肠炎及便秘等。

**肠音消失** 肠音完全停止，见于便秘及肠变位的后期等。

**肠音不整** 肠音次数不定、时快时慢，时强时弱，见于消化不良及大肠便秘的初期。

**金属性肠音** 如水滴落在金属板上的声音，多见于肠痉挛及肠臌胀初期等。

### （五）排粪状态及粪便性状的检查

#### 1. 排粪姿势

正常状态下排粪时，马先吸气，胸廓固定于吸气状态，肛门括约肌弛缓，借腹肌及直肠的收缩，粪便由肛门排出体外。马排粪时背腰稍拱起，后肢稍开张并略向前伸。马在行进中就能排粪。

**排粪带痛** 马排粪时，表现出疼痛不安，惊惧、努责、呻吟等状态。见于腹膜炎、胃肠炎、直肠炎、直肠嵌入异物及直肠损伤等。马频频摆出排粪姿势，并强力努责，而每次只能排出少量的带有黏液粪便的状态称为里急后重，这是直肠炎的表现。

**排粪失禁** 亦称失禁自利，马不经采取固有的排粪动作而不自主地排出粪便的状态。见于肛门括约肌弛缓或麻痹、荐部脊髓损伤、炎症等。

#### 2. 排粪次数及排粪量的检查

健康马一昼夜排粪 8～12 次，10～25 千克。

**排粪次数减少** 排粪次数少、粪量少、排粪费力，临床上称为排粪迟滞，此时粪便干固而色暗，常被覆多量黏液，见于便秘初期及热性病等。肠管完全阻塞时，排粪停止。

**排粪次数增多** 排粪次数增多，排粪量增加，甚至排粪失禁，同时粪便不成形，质地呈稀粥状，甚至水样的现象，称为腹泻，见于重症肠炎。

#### 3. 粪便性状的检查

**粪便的硬度及形状** 健康马粪便成球形，有一定硬度，落地后一部分破碎。病理状态下粪便稀软，甚至呈水样，见于肠炎等。粪便硬固，粪球干小，见于马便秘初期等情况。

**粪便颜色** 因饲料种类及有无异常混合物而不同。如放牧或喂青草时，粪便一般为暗绿色。舍饲喂谷草或稻草时，为黄褐色。前部肠管出血，粪呈褐色或黑色。后部肠管出血，粪便表面附有鲜红色血液。阻塞性黄疸时粪呈灰白色。内服铁剂、铋剂或木炭末时，粪便呈黑色。

**气味**　马粪便无恶臭气味。马患消化不良或胃肠炎以及粪便长期停滞时，粪有难闻的酸臭或腐败臭。

**混合物**　正常粪便，表面有微薄的黏液层。黏液量增多，表示肠管有炎症或排粪迟滞；粪便含有多量粗纤维及未消化谷粒，多为咀嚼不全、消化不良的结果。

## 六、泌尿系统检查

### （一）排尿状态的检查

#### 1. 排尿姿势的检查

健康马排尿时，都取一定的姿势。公马排尿时，前后肢向前后开张站立，背腰下沉，伸出阴茎，举尾排尿，最后部分尿液是借助腹肌的收缩而断断续续地射出。排尿姿势的病理改变，常见的有尿失禁和痛尿。

**尿失禁**　病马未采取一定的准备动作和排尿姿势、尿液不自主地自行流出的现象。

**痛尿**　某些泌尿器官疾病可使马排尿时感到非常不适，甚至呈现腹痛样症状和排尿困难的现象。排尿不适表现，如呻吟，两后肢交互踏地。轻度腹痛样表现，如前肢刨地，后肢踢腹，摇尾等。排尿后仍长时间保持排尿姿势。

#### 2. 排尿次数和尿量的检查

健康马一昼夜排尿次数为 5～8 次，尿量为 3～6 升。排尿次数和排尿量的病理情况如下：

**多尿**　病马 24 小时内尿的总量增多，表现为排尿次数增多而每次尿量并不减少，或排尿次数虽不明显增加但每次尿量增多的现象，称为多尿；排尿次数增多，而每次尿量不多，甚至减少或呈滴状排出，24 小时尿的总量并不多的现象，称为尿频；尿液不断呈点滴状排出的现象，称为尿淋沥。

**少尿**　马 24 小时内尿总量减少，临床表现为排尿次数和每次尿量均减少的现象，称为少尿；24 小时内几乎没有尿液排出的现象，称为无尿。

### （二）泌尿器官检查

#### 1. 肾脏检查

采用外部触诊和直肠内触诊。外部触诊时可用双手在腰部施加轻重不同的捏压，或将左手平放在马的腰部，右手握拳向左手背上捶击，如马呈现躲避压迫，拱背摇尾，或蹴踢等反抗动作，则可能与肾脏敏感性增高有关，如急性肾炎等。直肠内触诊难以掌握，在此不叙述。此外，尿液的眼观变化（如血尿、脓性尿等），以及肾性浮肿等，亦有助于间接判断肾脏有无病理变化。

#### 2. 尿道检查

公马的尿道，可经由直肠触诊，连同精囊及前列腺一并检查，或用导尿管进行探诊。

## 七、神经系统检查

### （一）精神状态检查

马的精神状态包括精神兴奋和精神抑制两种现象，它反映着脑的机能状态。观察马的精神状态，主要是注意其颜面部表情，眼、耳的动作，身体的姿势以及鸣叫、踢咬等各种防卫性反应。

#### 1. 精神兴奋

大脑皮质兴奋性增高的表现。此时马容易惊恐，对轻微的刺激即表现出强烈的反应。过度兴奋时，则病马的活动性增强，狂躁不安。病马呈现不可遏制地向前暴进或向后暴退，甚至攀登饲槽，或顶撞墙壁。精神兴奋多见于脑炎、狂犬病及某些中毒等。

#### 2. 精神抑制

**精神沉郁** 又称为嗜睡，病马对周围事物的注意力减弱，反应迟钝，离群呆立，不愿运动，耳聋头低，眼半闭。如有人接近或进行检查时，对外界刺激，尚能做出有意识的反应，各种反射均存在。

**昏睡** 病马陷入沉睡状态，头部常抵在饲槽或墙壁上，或躺卧入睡，只在给以强烈的刺激时才能使之觉醒，但反应极为迟钝，并很快又陷入沉睡状态。见于脑炎及颅内压增高等。

**昏迷** 病马卧地不起，呼唤不应，昏迷不醒，意识完全丧失，各种反射均消失，甚至瞳孔散大，粪、尿失禁。给以强刺激也无反应，心搏和呼吸虽仍存在，但多变慢，而且心律失常、呼吸节律不齐。

### （二）运动机能检查

#### 1. 强迫运动

指不受意识支配和外界因素影响而出现的强制性不自主运动，常见的有盲目运动和圆圈运动。检查时，只有将病马的缰绳松开，任其自由活动，方能客观地观察其运动情况。

**盲目运动**　病马作无目的的徘徊、向前走动，常数小时不止，不注意周围事物，对外界刺激缺乏反应。一般在脑髓损伤或意识障碍时发生盲目运动，如马的脑炎等。

**圆圈运动**　病马按同方向做转圈运动且圆圈直径不变的现象。病马以一肢为中心，其余三肢围绕这一肢而在原地转圈的现象，称为时针运动。

#### 2. 体位平衡失调和运动失调

**静止性失调**　指马在站立状态下出现的共济失调，不能保持体位平衡的现象，又名体位平衡失调。临床表现为：病马站立时，头部摇晃，体躯偏斜或左右摆动，四肢叉开，关节屈曲，力图保持平衡，见于小脑或前庭传导路受损伤时。

**运动性失调**　指马在站立时共济失调不明显，而在运动时出现共济失调的现象。临床表现为：病马运动时，后躯跟跄、体躯摇晃、步样不稳、动作笨拙、四肢高抬、着地用力，如涉水样步态，有的不能准确地接近饲槽或饮水桶。

#### 3. 不随意运动

指病马意识清楚而不能自行控制肌肉的病态运动。检查不随意运动时，应注意观察不随意运动的类型、幅度、频率、发生的部位及出现的时间等。

**痉挛**　指肌肉不随意地急剧收缩，又叫抽搐。按照肌肉不随意收缩的形式，痉挛可分为阵发性痉挛和强直性痉挛两种。阵发性痉挛，单个肌群发生短暂、迅速、如触电样一个接着一个重复的收缩，且收缩与收缩之间间隔肌肉松弛的痉挛。常见于重剧的传染病、饲料中毒、肠道性自体中毒和脑贫血等。强直性痉挛，指肌肉长时间均等地持续收缩，如同凝结在某种状态一样的痉挛，常见于破伤风、脑炎、士的宁中毒、有机磷中毒等。

**震颤**　是由于相互拮抗，肌肉的快速、有节律、交替而不太强的收缩所产生的颤抖现象。检查时应注意观察其部位、频率、幅度和发生的时间（静止时或运动时）。按震颤的幅度，分为局限性的、大范围的和全身性的震颤。按震颤发生的时间，可分为静止性的、运动性的和混合性的震颤。静止性震颤是在静止时出现的震颤，运动后震颤消失。运动性震颤又叫意向性震颤，是在运动时出现的震颤。混合性震颤是静止时和运动时都发生的震颤，临床上常见于过劳、中毒、脑炎和脊髓病。

**纤维性震颤**　是指个别肌束纤维的蠕动样轻微抽搐，并不引起肢体或关节活动的一种不随意运动。

**4. 瘫痪**

横纹肌完全不能随意收缩的状态，称为完全瘫痪（简称全瘫）；随意运动减弱但仍能不完善地运动的状态，称为不完全瘫痪（简称轻瘫）。按其发生的肢体部位，可分为单瘫，少数神经节支配的某一肌肉或肌肉群瘫痪的状态，多为脊髓的损伤，也可见于脑的疾病；偏瘫，一侧大脑半球或椎体传导径路受损而引起的半边身体麻痹和运动障碍，常见于前后肢、面肌和舌肌；截瘫，脊柱受损后，躯体双侧发生的瘫痪，如后躯瘫痪。瘫痪若按神经系统的损伤部位，又可分为中枢性瘫痪，因脑、脊髓的上运动神经元的任何一部分病变而发生的瘫痪；周围性瘫痪，下运动神经元的病变所发生的瘫痪。

**（三）感觉机能检查**

马的感觉除了视、嗅、听、味及平衡感觉外，还包括浅感觉（皮肤的痛觉、温觉和触压觉）、深感觉（肌、腰、关节的本体感觉和深部压觉等）和内脏感觉。兽医临床上常检查的感觉，有以下几种：

**1. 浅感觉的痛觉检查**

应先把马的眼睛遮住，然后用针头以不同的力量针刺皮肤，观察马的反应。一般先由感觉较差的臀部开始，再沿脊柱两侧向前，至颈侧、头部。对于四肢，作环形针刺，较易发现不同神经区域的异常。健康马，针刺后立即出现反应，表现出相应部位的肌肉收缩，被毛颤动，或迅速回头、竖耳，或做踢咬动作。感觉的病理性改变，有感觉过敏、减退或消失。

**感觉过敏** 指给予轻微刺激或抚触即可引起强烈反应的现象。常在病变早期出现。除局部炎症外，见于脊髓膜炎。

**感觉减退或消失** 指感觉能力降低或感觉程度减弱，严重时感觉完全缺失的现象。见于脊髓损伤、周围性瘫痪和意识障碍等。体躯两侧对称性的感觉消失，见于脊髓横贯性损伤。

### 2. 深感觉检查

临床检查深感觉时，人为地使动物的四肢采取不自然的姿势，如使马的两前肢交叉站立，或将两前肢广为分开，或将前肢向前远放等，以观察马的反应。健康马，当人为地使其采取不自然的姿势后，能自动地迅速恢复原来的自然姿势；深感觉有障碍的马，则可在较长的时间内保持人为的姿势而不改变肢体的位置。

### 3. 视觉检查

视觉器官检查在于诊断眼的疾病和确定眼的视觉能力如何。兽医临床上检查视觉，多用视诊法，通常检查以下几个项目：

**眼睑** 主要是注意观察眼睑皮肤有无创伤、肿胀和闭眼情况等。

**眼结膜** 见一般检查。

**角膜** 应注意角膜有无混浊、创伤、肿胀等。角膜混浊，是角膜炎、混睛虫病和周期性眼炎的常见症状，也可见于马的流行性感冒等。

**眼球** 检查时应注意眼球的大小、位置及异常运动。

**瞳孔** 检查瞳孔时，应首先观察瞳孔的形状、大小，两侧是否对称，然后进行瞳孔对光反射检查。

**视力** 检查马的视力时，可用长缰绳牵引病马前进，使其通过障碍物，如病马的视力有障碍时，则头部撞于物体上。检查视力还可以用手在马眼前上下或左右来回晃动，做欲打击的动作，看其是否知道躲闪或有无闭眼反应。

### 4. 瞳孔对光反射检查

检查方法是用手电筒光从侧方迅速照射瞳孔，并观察瞳孔的动态反应。健康马，在强光照射时，瞳孔迅速缩小，除去强光照射，随即恢复原态。病理状态下，瞳孔可以表现为扩大、缩小或大小不等。

## 八、肢蹄病视诊

肢蹄病的诊断步骤，通常于问诊后，随即进行检查，然后结合病史和检查的结果，进行分析和鉴别。必要时进行全身检查和特殊检查，以获得正确的诊断。

### （一）视诊注意事项

视诊时，必须做到：一要仔细，二要耐心，三要有顺序地看，有比较地看，反复地看。

第一，检查者和病马要保持一定的距离，观察马体的全部。视诊时要做到前看、后看、内外侧看。第二，重点和一般相结合看。重点是指好发病的部位、不容易发现的部位，要细致地观察，不要轻易错过。对易发现的发病部位要认真观察。第三，问诊中有参考意义的内容，在视诊时把两者结合起来思考，这样有利于早期发现病变部位，及决定所需要的检查方法。

### （二）视诊主要内容

#### 1. 看病马站立的肢势和负重状态

当病马的某一肢患病时，由于发病的部位、受伤组织的种类和病的轻重不同，病马站立的肢势和负重状态也不一样。一般表现为患肢伸于前方、后方、内方、外方，患肢不敢完全着地，患肢呈屈曲或悬垂状态。病马站立时的某些特异肢势对疾病的诊断有重要的意义，如两前肢前伸，以蹄踵着地负重，蹄尖翘起，是急性蹄叶炎的主要症状之一。病马站立时，某后肢经常提举，保持悬垂状态，这是慢性变形性膝关节炎、飞节内肿的表现。

#### 2. 看病肢局部有无异常变化

看病肢局部的异常变化，就是看病肢局部有无肿胀、创伤、变形、肌肉萎缩等情况。前肢主要是由鬐甲至蹄部，但是主要着眼点为肩甲部、肩关节、臂肌、肘关节、伸肌、屈肌、腕关节、掌骨及屈腱、球关节、系部、蹄冠及蹄部，重点是腕关节至蹄部。

后肢主要是由臀部至蹄部，主要着眼点为髋结节、臀肌、髋关节、股二头肌、半腱肌、半膜肌、股四头肌、膝关节、伸肌、屈肌、跗关节，以下部位同于前肢。重点是臀肌股、后肌群、股四头肌、膝关节、跗关节、蹄部。

### 3. 看病肢跛行的种类

确定跛行的种类，是肢蹄病定位诊断中的一个重要内容。

当病马运动时，患肢呈现支跛，落地缓慢，负重时间短，呈现后方短步，中兽医称此为"敢抬不敢踏，病痛在腕下"。出现支跛的原因，主要是患肢负重时，由于下部关节处于紧张状态，骨、关节、韧带、腱和关节囊承受的压力较大，压迫患部引起疼痛。所以支跛的病变，大多数是腕关节（跗关节）以下的骨、关节、关节囊、韧带、腱及蹄病存在。临床上支跛比较多见，前肢比后肢多发。支跛常见于球关节扭伤、冠关节扭伤、跗关节扭伤、球关节挫伤、球关节滑膜炎、球关节脱位、屈腱炎、掌骨骨化性骨膜炎、钉伤、蹄踵创，肩胛上神经麻痹、股神经麻痹等。

当病马运动时，患肢呈现运跛，提举伸扬不充分，运步缓慢不灵活，前方短步，中兽医称此为"敢踏不敢抬，病痛在胸怀"。出现运跛的原因，是因为病肢提举时，四肢下部关节屈曲，处于松弛状态，此时，主要靠四肢上部肌肉收缩来完成运动，推动体躯前进，所以呈现运跛。因此，运跛多为腕关节（跗关节）以上的伸肌、屈肌、筋膜等发生疾病。临床上运跛少见。运跛常见于臂二头肌腱下黏液囊炎、髋结节骨折、坐骨结节骨折等。

必须指出的是，少数病例有病变在上部而呈现支跛的，如肩胛上神经麻痹、股神经麻痹。这种情况的出现，是由于神经分布区的肌肉随神经麻痹的出现，不能固定关节及支柱肢，因而呈现支跛。发生掌骨骨化性骨膜炎时，骨赘发生在前臂筋膜和腕斜伸肌的抵止点时，呈现运跛。

病马在运动过程中，有时出现支跛，有时出现运跛，二者交替出现时，称为混合跛行。在检查时要注意区分是以支跛为主的混合跛行，还是以运跛为主的混合跛行。混合跛行的发生见于：肢的支柱和运动器官同时患病，如肩关节、髋关节、跗关节；四肢上部骨折；韧带的疾病；肢的上部及下部同时有疾病存在等。支跛为主的混合跛行，常见于膝关节及跗关节扭伤、飞节内肿、腕关节挫伤、慢性腕关节周围炎等。运跛为主的混合跛行，常见于肩关节挫伤、臂二头肌剧伸、胫神经麻痹、坐骨神经麻痹等。

### 4. 看运动时病肢关节屈曲和伸展状态

病肢的任何一种组织、器官，如肌肉、骨、关节、韧带、腱、腱鞘、黏液囊及神经等发生疾病后，都要引起关节屈伸不全或完全不能屈伸。所以我们在观察病马运动时，可以根据关节屈伸状态，判定患病的部位及其病变的组织。如慢性腕关节炎、屈腱炎及掌骨骨化性骨膜炎三个疾病，病马在运动中都要出现腕关节屈伸不全。看到此种表现，再做细致的观察，可发现患慢性腕关节炎时，主要表现为腕关节屈曲不全或不敢屈曲；患屈腱炎时，可看到腕关节伸展缓慢而不完全，此为屈腱不敢伸展而引起。患掌骨骨化性骨膜炎时，腕关节屈曲和伸展缓慢，主要表现在关节屈曲伸展接近正常时，变得比较缓慢不敢做正常的屈伸，因为稍一正常屈伸就能引起疼痛。当飞节内肿时，主要表现在运动开始时，关节伸展特别困难，经过一定时间的运动后，又表现为屈曲困难，或只有保持一定的角度。

（本章编者：张海洋）

# 第二章 常用医疗技术

## 一、保定法

保定法是以人力或借助器械、药物限制军马反抗，使其驯服的方法。临床上常用的保定器具有笼头、水勒（见图4-2-1）、鼻捻棒（见图4-2-2）、耳夹子（见图4-2-3）、开口器、头套及眼罩等。保定时应保证人、马安全。

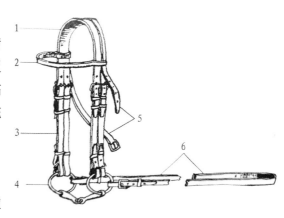

1. 项革　2. 额革　3. 颊革　4. 衔环　5. 咽革　6. 水勒缰

图 4-2-1　水勒构造

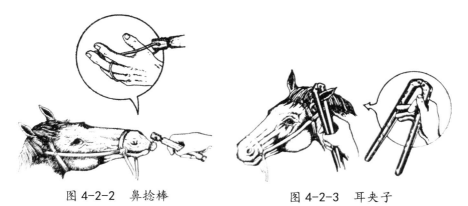

图 4-2-2　鼻捻棒

图 4-2-3　耳夹子

## （一）站立保定法

### 1. 单柱保定法

用绳子将马颈部捆缚在柱子上，限制其活动。捆缚的颈绳必须打活结，以便马骚动或卧倒时能迅速解脱。孤立的树桩或大树可作临时性单柱保定用。见图4-2-4。

### 2. 二柱栏保定法

适用于削装蹄及其他诊疗操作。保定时，颈部用脖绳保定在前柱的右侧，缰绳系在横梁前端的铁环上；围绳绕过前柱、后柱，将马固定在二柱之间。前、后吊绳经横梁上方、马的胸腹下把马吊起；然后进行诊疗操作，见图4-2-5。野外，临时性二柱栏可选适当距离的两树之间，上方捆绑一横木杠代替横梁。

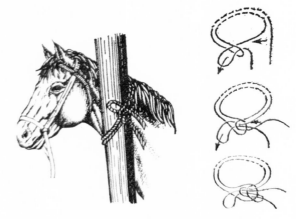

图4-2-4　单柱保定法

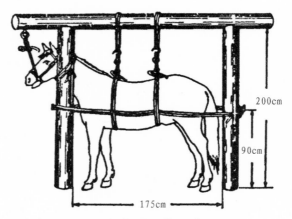

图4-2-5　二柱栏的结构及其保定法

### （二）倒卧保定法

#### 1. 单绳倒马法

单绳倒马法操作简单，倒卧迅速。方法是：圆绳一端绕颈基部结一颈环；另一端从两后肢间引向后方，绕倒卧侧后肢系部，将绳端穿过颈环，并压向倒卧对侧；用力拉绳，同时保定马头的助手用力将马头压向倒卧侧，使马体失去平衡而倒下。倒卧后，迅速固定四肢。见图4-2-6。

#### 2. 双环倒马法

倒马时，在绳的中央做一双重绳套，两个铁环分别套在每个绳套

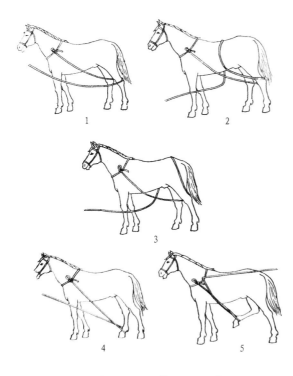

图 4-2-6　单绳倒马法

上，把两个绳套自下而上缠绕在颈基部，在颈背部的倒卧对侧将两绳套相互套叠并用小木棒固定，使两铁环各悬吊于左右侧肩部；倒绳的两游离端从胸前通过两前肢之间导向后方，各自经后肢的内、后方，由外侧返回而绕过系部，再导向前方，穿过颈部铁环后又导向后方，两绳端各由一助手拉住。当两助手用力向后拉绳时，马即可倒下。为使倒卧方向准确，倒卧侧的绳子应先用力拉紧，同时保定马头的助手应向倒卧侧按压马头，这样就比较容易地使马倒向指定方向。马倒卧后，可利用倒绳的余端做双环结分别固定四肢。见图 4-2-7。

解除保定时，先解脱固定四肢的绳结，再将颈部绳套的木棒拔出，马即可起立。

图 4-2-7　双环倒马法

## （三）吊支法

吊支法，用于站立困难或须限制起卧动作的马，在治疗或休养期间应用吊支器，施行人工吊起辅助站立的方法。吊支器大体分悬吊式及架座（柱栏）式两类。

### 1. 悬吊式吊支器

一般用 1.5 ～ 2 米长的帆布，两端各缝在木棒上，木棒两端有铁环，铁环连有铁链，上有滑车，便于吊起。帆布的前后各有胸、臀革带，便于固定，以防前后移位。组装时，先将吊支器悬吊于屋梁上，再装于马体，扣好胸、臀革带，最后牵引吊支器滑车，将马吊起。（见图 4-2-8、图 4-2-9）

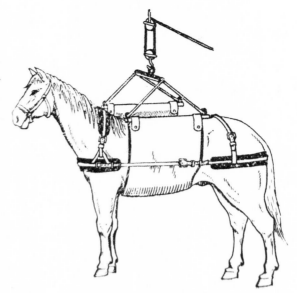

图 4-2-8　吊支器及装着法

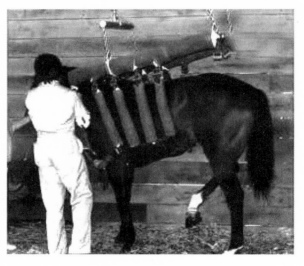

图 4-2-9　吊支器及装着法

### 2. 架座式吊支器

类似于四柱栏。但胸腹带最好用宽幅帆布代替，或用麻袋、布片等将扁绳包裹。装着时，必须用扁绳将鬐甲部压定，防止马匹向后仰坐，参见图 4-2-10。

应用吊支器时应注意，被吊支的马最少能以三肢支持体重才会有益。对于完全不能站立的马，采用吊起与倒卧交替应用。吊起的高度，应以四蹄刚刚接触地面为标准。所用绳索及革带必须结实并尽量减少其对马体的压迫及摩擦，同时要容易解脱。在病马条件允许时，应定时卸下吊支器给予适当的运动。

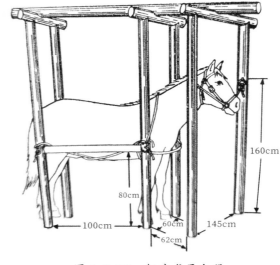

图 4-2-10　架座式吊支器

### （四）化学保定法

指应用化学药剂（也称化学保定剂）使动物暂时失去其正常运动能力，以便人员对其接近、运输和诊疗的保定法。化学保定只是动物出现运动能力暂时性丧失，感觉依然存在，与麻醉的概念是有区别的。

化学保定常取肌肉注射给药，保定宁 0.8 ～ 1.2 毫克 / 千克，或静松灵 0.5 ～ 1.2 毫克 / 千克，或氯丙嗪 1.0 ～ 2.0 毫克 / 千克，或氯胺酮 1.0 毫克 / 千克。实行化学保定时，应依动物种类、体重、体质、健康状况等因素，选择保定药剂和给药量，给药量不宜一次给足，以保安全。

## 二、灭菌与消毒

灭菌是杀灭包括细菌芽胞在内的全部微生物的方法。消毒是应用适宜的化学药剂消灭病原微生物和其他有害微生物的方法。防腐则是防止或抑制体外细菌生长繁殖的方法。

### （一）灭菌法

#### 1. 煮沸灭菌法

用普通水加热煮沸，煮沸后开始计算时间，煮沸器械物品 10 ～ 15 分钟，即可灭菌，但对接触过芽胞细菌的器械或物品，必须煮沸 45 ～ 60 分钟才能灭菌。如在普通水中加入碳酸氢钠，使成 2%

的溶液，则可提高沸点至105℃，加强灭菌能力，同时也可防止金属器械生锈。

在煮沸灭菌时，应将金属器械表面的保护油类擦拭干净并要注意将器械和物品浸没于水面以下。玻璃器皿应在凉水时放入，胶制品、金属器械应等水煮沸后放入。注射针头及缝合针要装入金属盒内或别在纱布上放入水内。煮沸器盖应严密，以保持沸水的温度。

## 2. 高压蒸汽灭菌法

用高压蒸汽灭菌器进行灭菌，温度可达130℃以上，可在短时间内杀死所有的病原微生物，效果可靠。但过高的温度或过长的时间能损毁物品，尤其是橡胶制品。一般常用蒸汽压为1.05千克/平方厘米，温度达121℃时，经30分钟就可达到可靠的灭菌效果。

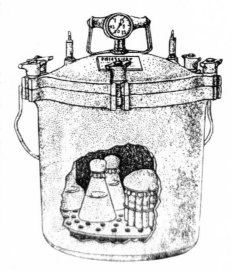

图4-2-11　手提式高压蒸汽灭菌器

高压蒸汽灭菌器内的物品包裹不宜包得过紧，不宜过大，包裹排列不宜过密。少量的敷料、纱布块可放在贮槽内进行高压灭菌。经过高压蒸汽灭菌的物品，如未打开，有效期为2周。高压灭菌器型号繁多（见图4-2-11手提式），必须严格按说明书操作，注意安全。

## 3. 化学消毒法

常用的化学消毒剂和浸泡时间如下：75%酒精浸泡1小时，每2周更换一次；0.1%新洁尔灭溶液每1000毫升溶液中加入5克医用亚硝酸钠，使成为0.5%浓度，可防止金属器械生锈，浸泡30分钟；0.1%洗必泰溶液浸泡15分钟；0.1%度米芬溶液浸泡5～10分钟；10%甲醛溶液消毒导尿管和塑料制品，浸泡30分钟；5%来苏儿溶液消毒器械浸泡30分钟或纯来苏儿溶液5分钟。临床上常用2%～5%来苏儿溶液消毒手术台，或喷洒地面等。

涂有油脂的器械或物品必须在浸泡前擦净油脂。而且化学消毒剂具有刺激性，凡用化学消毒剂浸泡过的器械，在使用前要用灭菌生理盐水冲洗。

### （二）器械和物品的消毒

#### 1. 金属器械

可用高压蒸汽灭菌法或煮沸灭菌法灭菌。紧急情况下，也可用化学消毒剂浸泡。消毒灭菌前，应事先检查金属器械的数量是否够，能否使用，并擦净油脂。灭菌时，钳、夹宜打开，使各部均能直接受热。锐利器械煮沸灭菌时，要用纱布条缠裹其锋刃部，以免撞钝。手术刀片和缝针常浸泡在 0.5%亚硝酸钠新洁尔灭溶液中消毒。

#### 2. 搪瓷类器皿

可用煮沸灭菌法或高压蒸汽灭菌法。大型搪瓷类器皿，一般采用高压蒸汽灭菌，小型器皿亦可用煮沸法灭菌。在紧急情况下，对搪瓷类器皿可用酒精火焰燃烧灭菌，即在要消毒的瓷盆里倒入适量 96% 酒精，使酒精通布盆底，然后点燃酒精，将酒精烧尽。

#### 3. 缝合材料

可吸收的肠线、聚乙醇酸线等在制作过程中已消毒或灭菌过，并密封于玻璃管内。使用时先用酒精消毒玻璃管，然后打破玻璃管，用灭菌镊子取出肠线，放入灭菌生理盐水中浸泡片刻，或用温湿灭菌纱布慢慢将其拉直，即可使用。丝线、尼龙线、金属线等一般采用高压蒸汽或煮沸灭菌，也可用化学消毒剂浸泡。

#### 4. 橡胶制品

橡胶手套可用高压蒸汽灭菌或煮沸灭菌，导管、塑料薄膜等常用化学消毒剂浸泡消毒。手套灭菌前，必须检查其是否完好，内外应撒布滑石粉，以布包裹。煮沸灭菌橡胶制品时，水中不宜加入碱性药物。高压蒸汽灭菌橡胶制品时，时间不宜过长，一般 15 分钟即可。

#### 5. 敷料、手术巾、手术衣等物品

常用的敷料有小纱布块和大纱布块。手术巾的大小依手术区而定，一般大手术巾为 200 厘米 ×160 厘米；中手术巾为 120 厘米 ×85 厘米；小手术巾为 85 厘米 ×85 厘米。手术衣一般以 4～5 件为一包，分别整理折叠并将每件手术衣领露出，而后用布单包好。为确实保证以上所有物品的灭菌效果，在 121℃的温度下，必须维持 30～45 分钟。

### （三）诊疗室的消毒

#### 1. 化学消毒剂喷洒法

可用 2%～3% 来苏儿或石炭酸液喷洒地面和擦洗操作台、器械台等。或将上述药液装入喷雾器内，进行喷雾消毒，而后关闭门窗 1 小时即可。

#### 2. 化学消毒剂熏蒸法

**甲醛加热熏蒸法** 每立方米空间用 40% 甲醛 2 毫升，倒入容器内加热蒸发，密闭门窗 2 小时。

**乳酸加热熏蒸法** 每 100 立方米空间用 80% 乳酸 12 毫升，倒入容器内加热蒸发，密闭门窗 30 分钟。

**高锰酸钾氧化法** 每立方米空间用高锰酸钾粉 2 克，倒入 40% 甲醛 2 毫升，立即氧化产生甲醛气，密闭门窗 7 小时。

#### 3. 紫外线灯照射法

主要用于室内空气灭菌。一般直接照射距离地面不应超过 3 米，照射时间一般为 1～3 小时。停止照射后，方可入室操作。

### （四）野外诊疗场所消毒

在野外诊疗时，为了减少经空气感染的机会，应在晴朗无风的天气进行，选择避风平坦的空地或草地。事先要彻底清理场地，采用消毒剂喷洒法进行消毒。

## 三、注射与穿刺

注射是通过注射器或注入器，将药液送入机体的组织、体腔或血管内的给药方法。穿刺是将特殊的穿刺针或注射针，刺入机体的某一体腔、脏器或部位，以证实其中有无病理产物并采取体腔内液、病理产物或组织，用于检查与诊断疾病。同时也可进行放气、放液、冲洗和注药等急救与治疗。临床上常用的注射法有皮内、皮下、肌肉内、静脉内、腹腔内注射等。穿刺术有胸腔、腹腔穿刺术等。

### （一）皮内注射

选择不易受摩擦及舐、咬处的皮肤将药液注射于皮肤的表皮与真皮之间。多用于预防接种、过敏试验、鼻疽和结核菌素皮内注射等。见图 4-2-12。

局部剪毛消毒后，以左手的拇、食指将皮肤捏成皱襞，右手持注射器使针头与皮肤呈 30 度角刺入皮内，缓慢地注入药液（一般不超过 0.5 毫升）。推进药液时感到阻力很大，在注射部位呈现一个小丘疹状隆起为注射正确。注射完毕，拔出针头，用酒精棉球轻轻压迫针孔，避免药液外溢。

### （二）皮下注射

选择富有皮下组织，皮肤容易移动，且不易被摩擦和啃咬的部位，将药液注射于皮下结缔组织内。易溶解、无强刺激性的药品以及菌苗等可作皮下注射。见图 4-2-13。

图 4-2-12　皮内注射法

局部剪毛消毒后，以左手的拇指与中指捏起皮肤，食指压其顶点，使其成三角形凹窝。右手如执笔状持注射器垂直于凹窝中心，迅速刺入针头于皮下 2 厘米以上（深度以注入药液量多少而定，必要时可抽移针头向不同方向注入药液）。右手继续固定注射器，左手放开皮肤，抽动活塞不见回血时，推动活塞注入药液。注射完毕，以酒精棉球压迫针孔，拔出注射针头，最后以 5% 碘酊涂布针孔。

### （三）肌肉内注射

选择肌肉丰富的部位，将药液注射于肌肉内。

图 4-2-13　皮下注射法

局部剪毛消毒后，为防止损坏注射器或针头折断，可用分解动作进行注射。即先刺入针头，而后连接注射器注射。用分解动作時，先以右手拇指与食指捏住注射针基部，中指标定针刺入深度，用腕力将针头垂直皮肤迅速刺入肌肉内，然后右手持注射器与针头连接，回抽活塞，以抽出针头内的空气及检查有无回血，随即推进活塞，注入药液。注射完毕，拔出注射针，涂布5%碘酊。见图4-2-14。

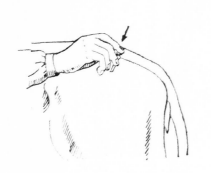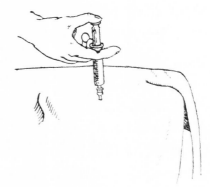

图 4-2-14　肌肉内注射法

## （四）静脉内注射

选择颈静脉上1/3与中1/3交界处或胸外静脉将药液直接注入静脉管内。局部刺激性大的药液如水合氯醛、氯化钙、高渗盐水等均可采用本法。见图4-2-15。

局部剪毛消毒后，以左手拇指横压于注射部位的稍下方，使静脉显露。如不明显时，可稍抬高马头或使马头稍偏向对侧。此时，左手拇指紧压静脉，右手拿注射器或注射针，针斜面朝外，在指压点上方约2厘米处，与静脉呈45度角，准确迅速地刺入静脉内，刺入正确时，可见回血，放开左手后徐徐注入药液。注

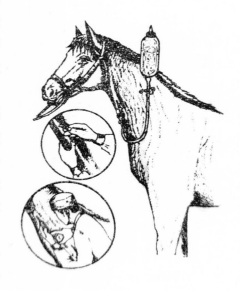

图 4-2-15　静脉内注射法和注入法

入完毕，左手拿酒精棉球紧压针孔，同时注入器放低见有回血时，右手迅速拔出针头，为了防止血肿，继续紧压局部片刻，最后涂抹5%碘酊。

### （五）胸腔内注射与穿刺

#### 1. 适应证

检查胸膜腔内有无渗出液以及渗出液的性质，从而确诊疾病；排除胸膜腔内的病理性积液和血液；洗涤胸膜腔及注入药液。

#### 2. 器械

穿胸套管针或普通静脉注射针、注射器及止血钳等。

#### 3. 穿刺部位

在左侧胸壁第 7 或第 8 肋间，右侧胸壁第 5 或第 6 肋间，胸外静脉上方 2～5 厘米处。见图 4-2-16。

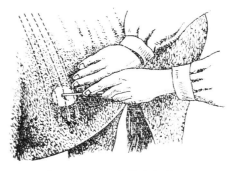

图 4-2-16　胸膜腔部位

#### 4. 穿刺方法

采取站立保定，穿刺部位剪毛消毒后，左手将穿刺部位皮肤稍向侧方移动，右手将穿刺针或带胶管的注射针，在紧靠肋骨前缘处、垂直皮肤慢慢刺入。刺入肋间肌时产生一定的阻力，当阻力消失，有空虚感时，则表明已刺入胸膜腔内。刺入深度一般为 3～5 厘米。如有多量积液可自行流出，如需注入药液或洗涤液可连接注入器操作。操作完毕，拔出针头，穿刺部位涂碘酊消毒。

### （六）腹腔内注射与穿刺

#### 1. 适应证

心脏衰竭，静脉注射困难时，通过腹腔内注射进行补液。腹腔穿刺还用于肠变位、胃肠破裂、内脏出血等疾病的诊断，以及行腹腔内麻醉和腹水的排出。

#### 2. 穿刺部位

注射时在左肷窝中央。穿刺时在剑状软骨斜后方 10～15 厘米，腹白线两侧 2～3 厘米处；或在左下腹部，由髋关节到脐部的连线与通过膝盖骨的水平线所形成的交点处，见图 4-2-17。盲肠穿刺在右䏚窝中央，见图 4-2-18。

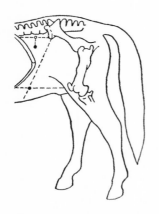 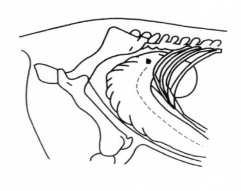

图 4-2-17　腹腔注射穿刺部位　　　　图 4-2-18　盲肠穿刺部位

### 3. 穿刺方法

柱栏内站立保定，也可采用侧卧保定。局部剪毛消毒后，针头垂直腹壁刺入腹腔。放液、冲洗、注药完毕后，拔出针头，针孔用碘酊消毒。

## 四、投药法与洗胃法

### （一）投药法

### 1. 水剂投药法

有经鼻投药法和经口投药法两种。投药时，要注意勿使药液误入气管以免发生异物性肺炎。另外，当咽喉有疾病时，尽量采用其他途径给药。

**经鼻投药法**　是投服大量药液时常用的方法。投药时，投药管插入方法见食管探诊，然后接上漏斗，将药液倒入漏斗内，高举漏斗超过马头，药液即自动流入胃内，见图 4-2-19。药液灌完后，再灌少量清水，以冲洗

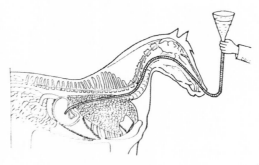

图 4-2-19　经鼻投药法

漏斗及投药管。而后拔掉漏斗，用拇指堵住投药管外口，或将投药管外端折转并握住，缓慢拔出。

**经口投药法** 在二柱栏内仰头保定，将盛药的灌角，顺口角送至舌后，将药灌下，另一手拿药盆置于口下，以便接收从口角流出的药物。

### 2. 丸（片）剂投药法

将马保定好，一手持装好药丸的丸剂投药器，另一手将舌拉出口外，同时将投药器沿硬腭送至舌根部，迅速把药丸推出，抽出投药器，将舌松开，并托住下颌部，稍抬高马头，待其将药丸咽下后再松开。若没有丸剂投药器，可用手将药丸投掷到舌根部，使其咽下即可。

### 3. 舐剂投药法

助手保定马头，并略抬高。先把舐剂涂在投药板的前端，然后一手将舌拉出口外，同时拇指顶住硬腭，另一手将舐剂板从口角送至舌根部，翻转舐剂板，将舐剂抹在舌面上，迅速抽出舐剂板。然后把舌松开，托住下颌部，待其咽下即可。

## （二）洗胃法

### 1. 适应证

用于治疗急性胃扩张、中毒等疾病。

### 2. 洗胃方法

将马保定好，把胃管插入胃内，方法如经鼻投药法，接上漏斗，每次灌入 36 ～ 39℃的温水或其他药液 1000 ～ 2000 毫升。高举漏斗，不待药液流尽，随即放低马头和漏斗，或用抽气筒反复抽吸，以洗出胃内容物。

# 五、蹄部护理要求

## （一）平时工作要求

经常保持马厩、系马场的清洁。每天刷马时，要清除蹄底的污物；有条件的每天应洗蹄一次。

定期改装蹄铁。一般 30 ～ 45 天装蹄一次；在补装蹄铁时，为使左右蹄同高，应做到落一补二，落三补四。

使役前、中、后要注意检查蹄部有无蹄病、外伤，蹄铁是否松动、脱落。

当军马通过木桥、铁路、丛林、石路等地区，或用车船运送时，要牵马慢行，在通过以后，应进行一次检查，发现问题及时处理。

长期在干燥或潮湿地区的军马，应根据当地的情况，对马蹄采取防干或防湿措施。

不常使役的军马可以不装蹄铁，但应及时削蹄和修整蹄形。

### （二）战时工作要求

在野战条件下，马厩、系马场应选择隐蔽、安全、交通方便、容易疏散、平坦、干燥的树林、山沟、背敌坡或村庄等地方，要及时清除场地的尖锐物体，以防损伤肢蹄。

在行军休息和战斗间隙，结合遛马、刷马，检查蹄部有无伤病和清除蹄底污物。

在干燥地区或湿洼地带驻扎，为了预防蹄角质干裂或蹄角质过度湿润、脆弱或变形，应及早对蹄部采取防护措施。

## 六、战伤急救技术

### （一）止血

止血常用于外科手术中和外伤时，是一种急救措施。尤其当大血管断裂时，如不能制止出血，常导致死亡。急性失血常发生在战地前沿，如能及时抢救和止血，可挽救伤马的生命。

**1. 急救止血**

**手压止血法** 用手指、手掌或拳头压在伤部动脉的近心端、静脉的远心端的经路上，或直接按压在伤部。

**加压包扎止血法** 用急救包绷带或白布等包扎伤部，达到止血作用，如能适当地加压，止血效果更好。

**填塞止血法** 用急救包、纱布、毛巾、布等，填塞入较大的伤腔内，或用上述包扎材料包石块等塞入伤腔内，其外包扎固定或缝合固定。

**钳夹止血法** 用止血钳夹住出血的血管断端或行捻转止血。如伤腔较深且大血管出血，可留钳压迫，外装绷带包扎，以保护伤部并固定止血钳。

**止血带止血法** 止血带常用橡胶管、布、卷轴带或柔软细绳等制作，主要用于四肢下部出血的止血，用加压包扎法不见效时，应装着于伤部的上方，最好选在肌肉厚的部位，前肢宜装在前臂部，后肢宜装在胫部，也可装在掌（跖）部。装着前多加厚层衬垫，不能直接装在皮肤上。装着时，以恰能止血为度，过松只压迫静脉，而动脉继续供血，促进出血或伤肢肿痛，过紧可能造成软组织坏死。止血带装着的总时间不应超过两小时，如后送距离较远，可于 0.5～1 小时慢慢放松一次止血带，对装着止血带部的软组织按摩 1～2 分钟，再于原处装着。解除止血带前，必须做好伤部的外科处理，然后再取下止血带，以防因解除止血带，组织吸收伤部长期因缺血、缺氧而产生的大量组织胺类毒素，突然发生因止血带休克或急性肾功能衰竭而死亡。

**2. 彻底止血**

彻底止血主要是行血管结扎止血。结扎血管通常在原创口内进行结扎血管断端，也可行扩创术或另做切口结扎血管。大血管的结扎要用粗线做双重结扎，两个结扎之间距离为 0.5～1.0 厘米。见图 4-2-20，图 4-2-21。

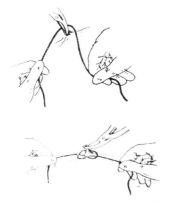 

图 4-2-20　单纯结扎止血法　　　图 4-2-21　贯穿结扎止血法

**3. 止血剂止血**

对小血管的出血，应用止血剂有促进止血作用，如能与急救止血法同时应用，效果更好。

常用的全身性止血剂有安络血 10～20 毫升，肌肉注射；止血敏 10～20 毫升，肌肉注射；维生素 K 40 毫升，肌肉注射；0.1%

肾上腺素液 2～5 毫升，皮下注射；10% 枸橼酸钠液 100～150 毫升，静脉内注射。也可应用增强血液凝固性的药剂，如 10% 氯化钙液 100～150 毫升，静脉内注射。

对于创伤弥漫性出血，较小的动脉和静脉管出血，可撒布外用止血粉后包扎。

## （二）包扎

包扎伤口的目的是保护伤口不被再污染、再损伤，且能防止空气及异物刺激引起的疼痛；包扎时的压迫具有止血和固定作用。包扎材料尚能吸收创伤分泌物和具有保温的作用。战时常用的包扎材料有军马急救包、卷轴绷带、三角巾、复绷带，以及清洁的毛巾、衣物和褥单等。

### 1. 军马急救包包扎

**一号军马急救包**　由黏合剂、灭菌纱布和棉垫组成，适用于头部、躯干及四肢上部创伤的包扎。应用时，打开包装，将黏合剂的尾部展开，挤出黏合剂涂在布边上，最好将创口周围也涂上，稍停片刻，把纱布敷于伤部，将棉垫的布边粘于创伤周围的被毛上，按压贴敷。要一次粘好，待干后再运动，否则影响黏合力。包扎时应注意切勿污染纱布面。

**三号军马急救包**　由灭菌纱布、棉花垫和绷带组成。用于四肢下部创伤，有保护创面、防止感染、压迫止血的作用。

### 2. 卷轴绷带包扎

**一般包扎规则**　卷轴绷带主要用于四肢，在患部创伤处置及放置敷料或加衬垫后，以右手拿绷带，左手拉开绷带的外侧头，使展开外侧头的卷轴带背向患部，边展开边缠绕。第一圈缠完后，将绷带起始端的上角向下折转，继续缠第二圈并将前者覆盖，使两圈重叠。以后按不同种类的包扎形式装着之。最后两圈也按起初的缠法使之重叠，并将绷带的末端剪成两半，打方结固定。卷轴带的任何一种包扎形式，均应以环形起、环形止，操作中应该用力均匀、松紧适度、绷带平整无褶。

**异常情况处理** 装着卷轴绷带后，应经常检查伤部的绷带有无异常和伤马的全身变化，如发现下列情况，应立即更换绷带：绷带松弛、移位；粪尿泥土污染绷带；伤口引流不畅或创内有大量分泌物湿透绷带；过度压迫伤部而引起血液循环障碍、疼痛或麻痹；创伤发生后出血；体温升至39℃以上；体温虽不高，但伤部剧痛，有厌氧菌感染的可疑。

**六种常见包扎形式：**

环形带：主要用于系部、掌部和跖部等较小创伤的包扎。包扎时，从第二圈起至最后一圈止，每圈均相互重叠。

螺旋带：主要用于掌部、跖部及尾部。从第三圈起，每缠一圈要覆盖前一圈的一半，如此由下向上呈螺旋式包扎。包扎尾绷带时，每包扎1～2圈，应将尾毛向上折过前一圈绷带，随即以下一圈绷带压住，以防止绷带滑落。

折转带：主要用于上粗下细的部位，如前臂或小腿部。即每螺旋式包扎一圈的同时，在肢的外侧方将绷带向外向下折转一次，再斜向上方继续包扎并覆盖前一圈的一半。折转部务须平整。

交叉带：主要用于球节、腕关节或跗关节。即在关节的上方以环形带起始，然后经关节前面斜向关节的上方，作两圈环形包扎，再从关节上方斜向返回关节下方；如此，反复在关节前面交叉，直至将患部完全包扎住为止，最后以环行带结束。腕关节的交叉绷带，其上方的环行包扎应在副腕骨的上方。因副腕骨有防止绷带滑脱的作用。

蹄绷带：仅用于蹄部。将绷带的外侧头置于系凹部并留出约20厘米长做支点。在系部先做环行包扎，继之，将绷带经蹄底绕过蹄尖壁返回至系凹部，再折转绕过支点，并继续绕蹄返回包扎，直至将蹄完全包住为止，最后在系部与游离的支点打结固定。为防止绷带被污染，可于其外面涂松馏油或装着帆布、橡胶蹄套。

蹄冠绷带：用于蹄冠及蹄球部。包扎法类似于蹄绷带，但仅包扎于蹄冠及蹄球，而不经蹄底。此外，其支点应位于伤口的对侧。

### 3. 三角巾包扎

是战伤救治时常用的一种绷带，见图 4-2-22。主要用于头部、四肢关节，也用于蹄部等处。三角巾是用白布制成，附一个敷料垫。有大有小，依部位而定。常用的三角巾尺寸是：底边长180 厘米，高为 65 厘米。

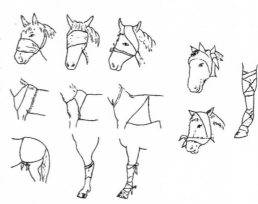

图 4-2-22 三角巾包扎法

依创伤面积大小，三角巾可折叠或展开使用。三角巾折叠或展开对准料垫，用别针从外面把敷料垫固定于三角巾上，然后用三角巾的底边包扎一圈或数圈，最后在伤口的对侧打结固定。展开使用时，敷料如不包紧易松动、移位。包扎枕部应使两耳露出。三角巾包扎鬐甲、胸、腹、臀等部位不够长时，可用卷轴带连接。

### 4. 复绷带

按照损伤部位形态特点，利用棉布、纱布、棉花或木棉等材料而制成具有足够大小，并与患部相适合的包扎物。常用的有眼绷带、前胸绷带、鬐甲绷带、背腰绷带等。见图 4-2-23。

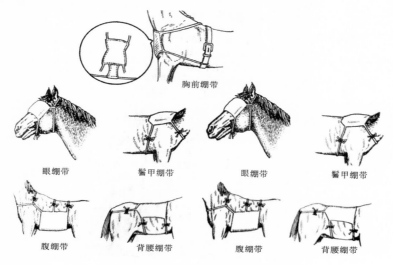

图 4-2-23 复绷带的形式与包扎法

## （三）固定

固定技术常用于四肢中、下部骨折和关节脱位，肌腱断裂，重度关节扭伤和火器创，以及颈椎骨折和脱位等。良好的固定能维持原发损伤的程度，减轻疼痛，避免骨折时继发神经、血管及其周围软组织的损伤，从而减少出血及感染。

### 1. 夹板绷带固定

**适应证**　夹板绷带多用于四肢部、胸部及腹部等，是战时急救的最有效的固定器材。

**固定方法**　若装着于前臂或小腿部、胸部和腹部时，可用竹板、木板、树枝等制成帘子（见图 4-2-24），装于伤部，外部用绳子固定牢靠。用长 30～32 厘米，宽 2 厘米，厚 1 厘米的竹板 7 块，于两端 5 厘米处连接两条细绳制成帘子。伤部包扎好后，装着帘子，用绳扎紧。

**注意事项**　装着帘子后，帘子可随肢体运动而发生松动，致使包扎材料或敷料脱落，尤以胸、腹腔穿透伤时更应特别注意。为防止敷料脱落，可于伤部涂一层鱼石脂或黏合剂、胶等，然后再进行包扎，最外面装着帘子，见图 4-2-25、图 4-2-26。

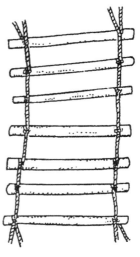

图 4-2-24　竹帘

图 4-2-25　腹部竹帘的装着

图 4-2-26　四肢竹帘的装着

### 2. 支架绷带固定

支架绷带为一种固定敷料，起到支架或梁架作用的绷带，能保护创面和固定绷带。见图 4-2-27。

飞节支架绷带　　　　　　前臂支架绷带　　　　　　鬐甲支架绷带

图 4-2-27　支架绷带的形式与包扎法

**鬐甲、背腰部支架绷带固定**　此绷带可防止蚊蝇、尘土落于创面，而又不影响创伤引流。用铁丝做成骨架，然后缝上纱布，另附数个布条以固定骨架。

**飞节支架绷带固定**　由橡皮管或软质电线、细绳等制成 8～10 厘米直径的圆环，环上系布带四条。装上敷料后，将此环放于飞节前面，分别固定于飞节上、下端，从而起到固定绷带的作用。

（本章编者：宋文静）

# 第五篇

# 法规与资料

# 第一章 军马卫生法规

## 一、中华人民共和国动物防疫法
### 中华人民共和国主席令
### 第六十九号

《中华人民共和国动物防疫法》已由中华人民共和国第十三届全国人民代表大会常务委员会第二十五次会议于 2021 年 1 月 22 日修订通过，现予公布，自 2021 年 5 月 1 日起施行。

中华人民共和国主席　习近平

**目录**

**第一章 总则**

**第一条** 为了加强对动物防疫活动的管理，预防、控制、净化、消灭动物疫病，促进养殖业发展，防控人畜共患传染病，保障公共卫生安全和人体健康，制定本法。

**第二条** 本法适用于在中华人民共和国领域内的动物防疫及其监督管理活动。

进出境动物、动物产品的检疫，适用《中华人民共和国进出境动植物检疫法》。

**第三条** 本法所称动物，是指家畜家禽和人工饲养、捕获的其他动物。

本法所称动物产品，是指动物的肉、生皮、原毛、绒、脏器、脂、血液、精液、卵、胚胎、骨、蹄、头、角、筋以及可能传播动物疫病的奶、蛋等。

本法所称动物疫病，是指动物传染病，包括寄生虫病。

本法所称动物防疫，是指动物疫病的预防、控制、诊疗、净化、消灭和动物、动物产品的检疫，以及病死动物、病害动物产品的无害化处理。

**第四条** 根据动物疫病对养殖业生产和人体健康的危害程度，本法规定的动物疫病分为下列三类：

（一）一类疫病，是指口蹄疫、非洲猪瘟、高致病性禽流感等对人、动物构成特别严重危害，可能造成重大经济损失和社会影响，需要采取紧急、严厉的强制预防、控制等措施的；

（二）二类疫病，是指狂犬病、布鲁氏菌病、草鱼出血病等对人、动物构成严重危害，可能造成较大经济损失和社会影响，需要采取严格预防、控制等措施的；

（三）三类疫病，是指大肠杆菌病、禽结核病、鳖腮腺炎病等常见多发，对人、动物构成危害，可能造成一定程度的经济损失和社会影响，需要及时预防、控制的。

前款一、二、三类动物疫病具体病种名录由国务院农业农村主管部门制定并公布。国务院农业农村主管部门应当根据动物疫病发生、流行情况和危害程度，及时增加、减少或者调整一、二、三类动物疫病具体病种并予以公布。

人畜共患传染病名录由国务院农业农村主管部门会同国务院卫生健康、野生动物保护等主管部门制定并公布。

**第五条** 动物防疫实行预防为主，预防与控制、净化、消灭相结合的方针。

**第六条** 国家鼓励社会力量参与动物防疫工作。各级人民政府采取措施，支持单位和个人参与动物防疫的宣传教育、疫情报告、志愿服务和捐赠等活动。

**第七条** 从事动物饲养、屠宰、经营、隔离、运输以及动物产品生产、经营、加工、贮藏等活动的单位和个人，依照本法和国务院农业农村主管部门的规定，做好免疫、消毒、检测、隔离、净化、消灭、无害化处理等动物防疫工作，承担动物防疫相关责任。

**第八条** 县级以上人民政府对动物防疫工作实行统一领导，采取有效措施稳定基层机构队伍，加强动物防疫队伍建设，建立健全动物防疫体系，制定并组织实施动物疫病防治规划。

乡级人民政府、街道办事处组织群众做好本辖区的动物疫病预防与控制工作，村民委员会、居民委员会予以协助。

**第九条** 国务院农业农村主管部门主管全国的动物防疫工作。

县级以上地方人民政府农业农村主管部门主管本行政区域的动物防疫工作。

县级以上人民政府其他有关部门在各自职责范围内做好动物防疫工作。

军队动物卫生监督职能部门负责军队现役动物和饲养自用动物的防疫工作。

**第十条** 县级以上人民政府卫生健康主管部门和本级人民政府农业农村、野生动物保护等主管部门应当建立人畜共患传染病防治的协作机制。

国务院农业农村主管部门和海关总署等部门应当建立防止境外动物疫病输入的协作机制。

**第十一条** 县级以上地方人民政府的动物卫生监督机构依照本法规定，负责动物、动物产品的检疫工作。

**第十二条** 县级以上人民政府按照国务院的规定，根据统筹规划、合理布局、综合设置的原则建立动物疫病预防控制机构。

动物疫病预防控制机构承担动物疫病的监测、检测、诊断、流行病学调查、疫情报告以及其他预防、控制等技术工作；承担动物疫病净化、消灭的技术工作。

**第十三条** 国家鼓励和支持开展动物疫病的科学研究以及国际合作与交流，推广先进适用的科学研究成果，提高动物疫病防治的科学技术水平。

各级人民政府和有关部门、新闻媒体，应当加强对动物防疫法律法规和动物防疫知识的宣传。

**第十四条** 对在动物防疫工作、相关科学研究、动物疫情扑灭中做出贡献的单位和个人，各级人民政府和有关部门按照国家有关规定给予表彰、奖励。

有关单位应当依法为动物防疫人员缴纳工伤保险费。对因参与动物防疫工作致病、致残、死亡的人员，按照国家有关规定给予补助或者抚恤。

**第二章 动物疫病的预防**

**第十五条** 国家建立动物疫病风险评估制度。

国务院农业农村主管部门根据国内外动物疫情以及保护养殖业生产和人体健康的需要，及时会同国务院卫生健康等有关部门对动物疫病进行风险评估，并制定、公布动物疫病预防、控制、净化、消灭措施和技术规范。

省、自治区、直辖市人民政府农业农村主管部门会同本级人民政府卫生健康等有关部门开展本行政区域的动物疫病风险评估，并落实动物疫病预防、控制、净化、消灭措施。

**第十六条** 国家对严重危害养殖业生产和人体健康的动物疫病实施强制免疫。

国务院农业农村主管部门确定强制免疫的动物疫病病种和区域。

省、自治区、直辖市人民政府农业农村主管部门制定本行政区域的强制免疫计划；根据本行政区域动物疫病流行情况增加实施强制免疫的动物疫病病种和区域，报本级人民政府批准后执行，并报国务院农业农村主管部门备案。

**第十七条** 饲养动物的单位和个人应当履行动物疫病强制免疫义务，按照强制免疫计划和技术规范，对动物实施免疫接种，并按照国家有关规定建立免疫档案、加施畜禽标识，保证可追溯。

实施强制免疫接种的动物未达到免疫质量要求，实施补充免疫接种后仍不符合免疫质量要求的，有关单位和个人应当按照国家有关规定处理。

用于预防接种的疫苗应当符合国家质量标准。

**第十八条** 县级以上地方人民政府农业农村主管部门负责组织实施动物疫病强制免疫计划，并对饲养动物的单位和个人履行强制免疫义务的情况进行监督检查。

乡级人民政府、街道办事处组织本辖区饲养动物的单位和个人做好强制免疫，协助做好监督检查；村民委员会、居民委员会协助做好相关工作。

县级以上地方人民政府农业农村主管部门应当定期对本行政区域的强制免疫计划实施情况和效果进行评估，并向社会公布评估结果。

**第十九条** 国家实行动物疫病监测和疫情预警制度。

县级以上人民政府建立健全动物疫病监测网络，加强动物疫病监测。

国务院农业农村主管部门会同国务院有关部门制定国家动物疫病监测计划。省、自治区、直辖市人民政府农业农村主管部门根据国家动物疫病监测计划，制定本行政区域的动物疫病监测计划。

动物疫病预防控制机构按照国务院农业农村主管部门的规定和动物疫病监测计划，对动物疫病的发生、流行等情况进行监测；从事动物饲养、屠宰、经营、隔离、运输以及动物产品生产、经营、加工、贮藏、无害化处理等活动的单位和个人不得拒绝或者阻碍。

国务院农业农村主管部门和省、自治区、直辖市人民政府农业农村主管部门根据对动物疫病发生、流行趋势的预测，及时发出动物疫情预警。地方各级人民政府接到动物疫情预警后，应当及时采取预防、控制措施。

**第二十条** 陆路边境省、自治区人民政府根据动物疫病防控需要，合理设置动物疫病监测站点，健全监测工作机制，防范境外动物疫病传入。

科技、海关等部门按照本法和有关法律法规的规定做好动物疫病监测预警工作，并定期与农业农村主管部门互通情况，紧急情况及时通报。

县级以上人民政府应当完善野生动物疫源疫病监测体系和工作机制，根据需要合理布局监测站点；野生动物保护、农业农村主管部门按照职责分工做好野生动物疫源疫病监测等工作，并定期互通情况，紧急情况及时通报。

**第二十一条** 国家支持地方建立无规定动物疫病区，鼓励动物饲养场建设无规定动物疫病生物安全隔离区。对符合国务院农业农村主管部门规定标准的无规定动物疫病区和无规定动物疫病生物安全隔离区，国务院农业农村主管部门验收合格予以公布，并对其维持情况进行监督检查。

省、自治区、直辖市人民政府制定并组织实施本行政区域的无规定动物疫病区建设方案。国务院农业农村主管部门指导跨省、自治区、直辖市无规定动物疫病区建设。

国务院农业农村主管部门根据行政区划、养殖屠宰产业布局、风险评估情况等对动物疫病实施分区防控，可以采取禁止或者限制特定动物、动物产品跨区域调运等措施。

**第二十二条** 国务院农业农村主管部门制定并组织实施动物疫病净化、消灭规划。

县级以上地方人民政府根据动物疫病净化、消灭规划，制定并组织实施本行政区域的动物疫病净化、消灭计划。

动物疫病预防控制机构按照动物疫病净化、消灭规划、计划，开展动物疫病净化技术指导、培训，对动物疫病净化效果进行监测、评估。

国家推进动物疫病净化，鼓励和支持饲养动物的单位和个人开展动物疫病净化。饲养动物的单位和个人达到国务院农业农村主管部门规定的净化标准的，由省级以上人民政府农业农村主管部门予以公布。

第二十三条 种用、乳用动物应当符合国务院农业农村主管部门规定的健康标准。

饲养种用、乳用动物的单位和个人，应当按照国务院农业农村主管部门的要求，定期开展动物疫病检测；检测不合格的，应当按照国家有关规定处理。

第二十四条 动物饲养场和隔离场所、动物屠宰加工场所以及动物和动物产品无害化处理场所，应当符合下列动物防疫条件：

（一）场所的位置与居民生活区、生活饮用水水源地、学校、医院等公共场所的距离符合国务院农业农村主管部门的规定；

（二）生产经营区域封闭隔离，工程设计和有关流程符合动物防疫要求；

（三）有与其规模相适应的污水、污物处理设施，病死动物、病害动物产品无害化处理设施设备或者冷藏冷冻设施设备，以及清洗消毒设施设备；

（四）有与其规模相适应的执业兽医或者动物防疫技术人员；

（五）有完善的隔离消毒、购销台账、日常巡查等动物防疫制度；

（六）具备国务院农业农村主管部门规定的其他动物防疫条件。

动物和动物产品无害化处理场所除应当符合前款规定的条件外，还应当具有病原检测设备、检测能力和符合动物防疫要求的专用运输车辆。

第二十五条 国家实行动物防疫条件审查制度。

开办动物饲养场和隔离场所、动物屠宰加工场所以及动物和动物产品无害化处理场所，应当向县级以上地方人民政府农业农村主管部门提出申请，并附具相关材料。受理申请的农业农村主管部门应当依照本法和《中华人民共和国行政许可法》的规定进行审查。经审查合格的，发给动物防疫条件合格证；不合格的，应当通知申请人并说明理由。

动物防疫条件合格证应当载明申请人的名称（姓名）、场（厂）址、动物（动物产品）种类等事项。

第二十六条 经营动物、动物产品的集贸市场应当具备国务院农业农村主管部门规定的动物防疫条件，并接受农业农村主管部门的监督检查。具体办法由国务院农业农村主管部门制定。

县级以上地方人民政府应当根据本地情况，决定在城市特定区域禁止家畜家禽活体交易。

**第二十七条** 动物、动物产品的运载工具、垫料、包装物、容器等应当符合国务院农业农村主管部门规定的动物防疫要求。

染疫动物及其排泄物、染疫动物产品，运载工具中的动物排泄物以及垫料、包装物、容器等被污染的物品，应当按照国家有关规定处理，不得随意处置。

**第二十八条** 采集、保存、运输动物病料或者病原微生物以及从事病原微生物研究、教学、检测、诊断等活动，应当遵守国家有关病原微生物实验室管理的规定。

**第二十九条** 禁止屠宰、经营、运输下列动物和生产、经营、加工、贮藏、运输下列动物产品：

（一）封锁疫区内与所发生动物疫病有关的；

（二）疫区内易感染的；

（三）依法应当检疫而未经检疫或者检疫不合格的；

（四）染疫或者疑似染疫的；

（五）病死或者死因不明的；

（六）其他不符合国务院农业农村主管部门有关动物防疫规定的。

因实施集中无害化处理需要暂存、运输动物和动物产品并按照规定采取防疫措施的，不适用前款规定。

**第三十条** 单位和个人饲养犬只，应当按照规定定期免疫接种狂犬病疫苗，凭动物诊疗机构出具的免疫证明向所在地养犬登记机关申请登记。

携带犬只出户的，应当按照规定佩戴犬牌并采取系犬绳等措施，防止犬只伤人、疫病传播。

街道办事处、乡级人民政府组织协调居民委员会、村民委员会，做好本辖区流浪犬、猫的控制和处置，防止疫病传播。

县级人民政府和乡级人民政府、街道办事处应当结合本地实际，做好农村地区饲养犬只的防疫管理工作。

饲养犬只防疫管理的具体办法，由省、自治区、直辖市制定。

**第三章 动物疫情的报告、通报和公布**

**第三十一条** 从事动物疫病监测、检测、检验检疫、研究、诊疗以及动物饲养、屠宰、经营、隔离、运输等活动的单位和个人，发现动物染疫或者疑似染疫的，应当立即向所在地农业农村主管部门或者动物疫病预防控制机构报告，并迅速采取隔离等控制措施，防止动物疫情扩散。其他单位和个人发现动物染疫或者疑似染疫的，应当及时报告。

接到动物疫情报告的单位，应当及时采取临时隔离控制等必要措施，防止延误防控时机，并及时按照国家规定的程序上报。

**第三十二条** 动物疫情由县级以上人民政府农业农村主管部门认定；其中重大动物疫情由省、自治区、直辖市人民政府农业农村主管部门认定，必要时报国务院农业农村主管部门认定。

本法所称重大动物疫情，是指一、二、三类动物疫病突然发生，迅速传播，给养殖业生产安全造成严重威胁、危害，以及可能对公众身体健康与生命安全造成危害的情形。

在重大动物疫情报告期间，必要时，所在地县级以上地方人民政府可以作出封锁决定并采取扑杀、销毁等措施。

**第三十三条** 国家实行动物疫情通报制度。

国务院农业农村主管部门应当及时向国务院卫生健康等有关部门和军队有关部门以及省、自治区、直辖市人民政府农业农村主管部门通报重大动物疫情的发生和处置情况。

海关发现进出境动物和动物产品染疫或者疑似染疫的，应当及时处置并向农业农村主管部门通报。

县级以上地方人民政府野生动物保护主管部门发现野生动物染疫或者疑似染疫的，应当及时处置并向本级人民政府农业农村主管部门通报。

国务院农业农村主管部门应当依照我国缔结或者参加的条约、协定，及时向有关国际组织或者贸易方通报重大动物疫情的发生和处置情况。

第三十四条 发生人畜共患传染病疫情时，县级以上人民政府农业农村主管部门与本级人民政府卫生健康、野生动物保护等主管部门应当及时相互通报。

发生人畜共患传染病时，卫生健康主管部门应当对疫区易感染的人群进行监测，并应当依照《中华人民共和国传染病防治法》的规定及时公布疫情，采取相应的预防、控制措施。

第三十五条 患有人畜共患传染病的人员不得直接从事动物疫病监测、检测、检验检疫、诊疗以及易感染动物的饲养、屠宰、经营、隔离、运输等活动。

第三十六条 国务院农业农村主管部门向社会及时公布全国动物疫情，也可以根据需要授权省、自治区、直辖市人民政府农业农村主管部门公布本行政区域的动物疫情。其他单位和个人不得发布动物疫情。

第三十七条 任何单位和个人不得瞒报、谎报、迟报、漏报动物疫情，不得授意他人瞒报、谎报、迟报动物疫情，不得阻碍他人报告动物疫情。

### 第四章 动物疫病的控制

第三十八条 发生一类动物疫病时，应当采取下列控制措施：

（一）所在地县级以上地方人民政府农业农村主管部门应当立即派人到现场，划定疫点、疫区、受威胁区，调查疫源，及时报请本级人民政府对疫区实行封锁。疫区范围涉及两个以上行政区域的，由有关行政区域共同的上一级人民政府对疫区实行封锁，或者由各有关行政区域的上一级人民政府共同对疫区实行封锁。必要时，上级人民政府可以责成下级人民政府对疫区实行封锁。

（二）县级以上地方人民政府应当立即组织有关部门和单位采取封锁、隔离、扑杀、销毁、消毒、无害化处理、紧急免疫接种等强制性措施。

（三）在封锁期间，禁止染疫、疑似染疫和易感染的动物、动物产品流出疫区，禁止非疫区的易感染动物进入疫区，并根据需要对出入疫区的人员、运输工具及有关物品采取消毒和其他限制性措施。

第三十九条 发生二类动物疫病时，应当采取下列控制措施：

（一）所在地县级以上地方人民政府农业农村主管部门应当划定疫点、疫区、受威胁区；

（二）县级以上地方人民政府根据需要组织有关部门和单位采取隔离、扑杀、销毁、消毒、无害化处理、紧急免疫接种、限制易感染的动物和动物产品及有关物品出入等措施。

**第四十条** 疫点、疫区、受威胁区的撤销和疫区封锁的解除，按照国务院农业农村主管部门规定的标准和程序评估后，由原决定机关决定并宣布。

**第四十一条** 发生三类动物疫病时，所在地县级、乡级人民政府应当按照国务院农业农村主管部门的规定组织防治。

**第四十二条** 二、三类动物疫病呈暴发性流行时，按照一类动物疫病处理。

**第四十三条** 疫区内有关单位和个人，应当遵守县级以上人民政府及其农业农村主管部门依法作出的有关控制动物疫病的规定。

任何单位和个人不得藏匿、转移、盗掘已被依法隔离、封存、处理的动物和动物产品。

**第四十四条** 发生动物疫情时，航空、铁路、道路、水路运输企业应当优先组织运送防疫人员和物资。

**第四十五条** 国务院农业农村主管部门根据动物疫病的性质、特点和可能造成的社会危害，制定国家重大动物疫情应急预案报国务院批准，并按照不同动物疫病病种、流行特点和危害程度，分别制定实施方案。

县级以上地方人民政府根据上级重大动物疫情应急预案和本地区的实际情况，制定本行政区域的重大动物疫情应急预案，报上一级人民政府农业农村主管部门备案，并抄送上一级人民政府应急管理部门。县级以上地方人民政府农业农村主管部门按照不同动物疫病病种、流行特点和危害程度，分别制定实施方案。

重大动物疫情应急预案和实施方案根据疫情状况及时调整。

**第四十六条** 发生重大动物疫情时，国务院农业农村主管部门负责划定动物疫病风险区，禁止或者限制特定动物、动物产品由高风险区向低风险区调运。

**第四十七条** 发生重大动物疫情时，依照法律和国务院的规定以及应急预案采取应急处置措施。

**第五章 动物和动物产品的检疫**

**第四十八条** 动物卫生监督机构依照本法和国务院农业农村主管部门的规定对动物、动物产品实施检疫。

动物卫生监督机构的官方兽医具体实施动物、动物产品检疫。

**第四十九条** 屠宰、出售或者运输动物以及出售或者运输动物产品前，货主应当按照国务院农业农村主管部门的规定向所在地动物卫生监督机构申报检疫。

动物卫生监督机构接到检疫申报后，应当及时指派官方兽医对动物、动物产品实施检疫；检疫合格的，出具检疫证明、加施检疫标志。实施检疫的官方兽医应当在检疫证明、检疫标志上签字或者盖章，并对检疫结论负责。

动物饲养场、屠宰企业的执业兽医或者动物防疫技术人员，应当协助官方兽医实施检疫。

**第五十条** 因科研、药用、展示等特殊情形需要非食用性利用的野生动物，应当按照国家有关规定报动物卫生监督机构检疫，检疫合格的，方可利用。

人工捕获的野生动物，应当按照国家有关规定报捕获地动物卫生监督机构检疫，检疫合格的，方可饲养、经营和运输。

国务院农业农村主管部门会同国务院野生动物保护主管部门制定野生动物检疫办法。

**第五十一条** 屠宰、经营、运输的动物，以及用于科研、展示、演出和比赛等非食用性利用的动物，应当附有检疫证明；经营和运输的动物产品，应当附有检疫证明、检疫标志。

**第五十二条** 经航空、铁路、道路、水路运输动物和动物产品的，托运人托运时应当提供检疫证明；没有检疫证明的，承运人不得承运。

进出口动物和动物产品，承运人凭进口报关单证或者海关签发的检疫单证运递。

从事动物运输的单位、个人以及车辆，应当向所在地县级人民政府农业农村主管部门备案，妥善保存行程路线和托运人提供的动物名称、检疫证明编号、数量等信息。具体办法由国务院农业农村主管部门制定。

运载工具在装载前和卸载后应当及时清洗、消毒。

**第五十三条** 省、自治区、直辖市人民政府确定并公布道路运输的动物进入本行政区域的指定通道，设置引导标志。跨省、自治区、直辖市通过道路运输动物的，应当经省、自治区、直辖市人民政府设立的指定通道入省境或者过省境。

**第五十四条** 输入到无规定动物疫病区的动物、动物产品，货主应当按照国务院农业农村主管部门的规定向无规定动物疫病区所在地动物卫生监督机构申报检疫，经检疫合格的，方可进入。

**第五十五条** 跨省、自治区、直辖市引进的种用、乳用动物到达输入地后，货主应当按照国务院农业农村主管部门的规定对引进的种用、乳用动物进行隔离观察。

**第五十六条** 经检疫不合格的动物、动物产品，货主应当在农业农村主管部门的监督下按照国家有关规定处理，处理费用由货主承担。

**第六章　病死动物和病害动物产品的无害化处理**

**第五十七条** 从事动物饲养、屠宰、经营、隔离以及动物产品生产、经营、加工、贮藏等活动的单位和个人，应当按照国家有关规定做好病死动物、病害动物产品的无害化处理，或者委托动物和动物产品无害化处理场所处理。

从事动物、动物产品运输的单位和个人，应当配合做好病死动物和病害动物产品的无害化处理，不得在途中擅自弃置和处理有关动物和动物产品。

任何单位和个人不得买卖、加工、随意弃置病死动物和病害动物产品。

动物和动物产品无害化处理管理办法由国务院农业农村、野生动物保护主管部门按照职责制定。

**第五十八条** 在江河、湖泊、水库等水域发现的死亡畜禽，由所在地县级人民政府组织收集、处理并溯源。

在城市公共场所和乡村发现的死亡畜禽，由所在地街道办事处、乡级人民政府组织收集、处理并溯源。

在野外环境发现的死亡野生动物，由所在地野生动物保护主管部门收集、处理。

**第五十九条** 省、自治区、直辖市人民政府制定动物和动物产品集中无害化处理场所建设规划，建立政府主导、市场运作的无害化处理机制。

**第六十条** 各级财政对病死动物无害化处理提供补助。具体补助标准和办法由县级以上人民政府财政部门会同本级人民政府农业农村、野生动物保护等有关部门制定。

**第七章 动物诊疗**

**第六十一条** 从事动物诊疗活动的机构，应当具备下列条件：

（一）有与动物诊疗活动相适应并符合动物防疫条件的场所；

（二）有与动物诊疗活动相适应的执业兽医；

（三）有与动物诊疗活动相适应的兽医器械和设备；

（四）有完善的管理制度。

动物诊疗机构包括动物医院、动物诊所以及其他提供动物诊疗服务的机构。

**第六十二条** 从事动物诊疗活动的机构，应当向县级以上地方人民政府农业农村主管部门申请动物诊疗许可证。受理申请的农业农村主管部门应当依照本法和《中华人民共和国行政许可法》的规定进行审查。经审查合格的，发给动物诊疗许可证；不合格的，应当通知申请人并说明理由。

**第六十三条** 动物诊疗许可证应当载明诊疗机构名称、诊疗活动范围、从业地点和法定代表人（负责人）等事项。

动物诊疗许可证载明事项变更的，应当申请变更或者换发动物诊疗许可证。

**第六十四条** 动物诊疗机构应当按照国务院农业农村主管部门的规定，做好诊疗活动中的卫生安全防护、消毒、隔离和诊疗废弃物处置等工作。

**第六十五条** 从事动物诊疗活动，应当遵守有关动物诊疗的操作技术规范，使用符合规定的兽药和兽医器械。

兽药和兽医器械的管理办法由国务院规定。

**第八章 兽医管理**

**第六十六条** 国家实行官方兽医任命制度。

官方兽医应当具备国务院农业农村主管部门规定的条件，由省、自治区、直辖市人民政府农业农村主管部门按照程序确认，由所在地县级以上人民政府农业农村主管部门任命。具体办法由国务院农业农村主管部门制定。

海关的官方兽医应当具备规定的条件，由海关总署任命。具体办法由海关总署会同国务院农业农村主管部门制定。

**第六十七条** 官方兽医依法履行动物、动物产品检疫职责，任何单位和个人不得拒绝或者阻碍。

**第六十八条** 县级以上人民政府农业农村主管部门制定官方兽医培训计划，提供培训条件，定期对官方兽医进行培训和考核。

**第六十九条** 国家实行执业兽医资格考试制度。具有兽医相关专业大学专科以上学历的人员或者符合条件的乡村兽医，通过执业兽医资格考试的，由省、自治区、直辖市人民政府农业农村主管部门颁发执业兽医资格证书；从事动物诊疗等经营活动的，还应当向所在地县级人民政府农业农村主管部门备案。

执业兽医资格考试办法由国务院农业农村主管部门商国务院人力资源主管部门制定。

**第七十条** 执业兽医开具兽医处方应当亲自诊断，并对诊断结论负责。

国家鼓励执业兽医接受继续教育。执业兽医所在机构应当支持执业兽医参加继续教育。

**第七十一条** 乡村兽医可以在乡村从事动物诊疗活动。具体管理办法由国务院农业农村主管部门制定。

**第七十二条** 执业兽医、乡村兽医应当按照所在地人民政府和农业农村主管部门的要求，参加动物疫病预防、控制和动物疫情扑灭等活动。

**第七十三条** 兽医行业协会提供兽医信息、技术、培训等服务，维护成员合法权益，按照章程建立健全行业规范和奖惩机制，加强行业自律，推动行业诚信建设，宣传动物防疫和兽医知识。

### 第九章 监督管理

**第七十四条** 县级以上地方人民政府农业农村主管部门依照本法规定，对动物饲养、屠宰、经营、隔离、运输以及动物产品生产、经营、加工、贮藏、运输等活动中的动物防疫实施监督管理。

**第七十五条** 为控制动物疫病，县级人民政府农业农村主管部门应当派人在所在地依法设立的现有检查站执行监督检查任务；必要时，经省、自治区、直辖市人民政府批准，可以设立临时性的动物防疫检查站，执行监督检查任务。

**第七十六条** 县级以上地方人民政府农业农村主管部门执行监督检查任务，可以采取下列措施，有关单位和个人不得拒绝或者阻碍：

（一）对动物、动物产品按照规定采样、留验、抽检；

（二）对染疫或者疑似染疫的动物、动物产品及相关物品进行隔离、查封、扣押和处理；

（三）对依法应当检疫而未经检疫的动物和动物产品，具备补检条件的实施补检，不具备补检条件的予以收缴销毁；

（四）查验检疫证明、检疫标志和畜禽标识；

（五）进入有关场所调查取证，查阅、复制与动物防疫有关的资料。

县级以上地方人民政府农业农村主管部门根据动物疫病预防、控制需要，经所在地县级以上地方人民政府批准，可以在车站、港口、机场等相关场所派驻官方兽医或者工作人员。

**第七十七条** 执法人员执行动物防疫监督检查任务，应当出示行政执法证件，佩带统一标志。

县级以上人民政府农业农村主管部门及其工作人员不得从事与动物防疫有关的经营性活动，进行监督检查不得收取任何费用。

**第七十八条** 禁止转让、伪造或者变造检疫证明、检疫标志或者畜禽标识。

禁止持有、使用伪造或者变造的检疫证明、检疫标志或者畜禽标识。

检疫证明、检疫标志的管理办法由国务院农业农村主管部门制定。

## 第十章 保障措施

**第七十九条** 县级以上人民政府应当将动物防疫工作纳入本级国民经济和社会发展规划及年度计划。

**第八十条** 国家鼓励和支持动物防疫领域新技术、新设备、新产品等科学技术研究开发。

**第八十一条** 县级人民政府应当为动物卫生监督机构配备与动物、动物产品检疫工作相适应的官方兽医，保障检疫工作条件。

县级人民政府农业农村主管部门可以根据动物防疫工作需要，向乡、镇或者特定区域派驻兽医机构或者工作人员。

**第八十二条** 国家鼓励和支持执业兽医、乡村兽医和动物诊疗机构开展动物防疫和疫病诊疗活动；鼓励养殖企业、兽药及饲料生产企业组建动物防疫服务团队，提供防疫服务。地方人民政府组织村级防疫员参加动物疫病防治工作的，应当保障村级防疫员合理劳务报酬。

**第八十三条** 县级以上人民政府按照本级政府职责，将动物疫病的监测、预防、控制、净化、消灭，动物、动物产品的检疫和病死动物的无害化处理，以及监督管理所需经费纳入本级预算。

**第八十四条** 县级以上人民政府应当储备动物疫情应急处置所需的防疫物资。

**第八十五条** 对在动物疫病预防、控制、净化、消灭过程中强制扑杀的动物、销毁的动物产品和相关物品，县级以上人民政府给予补偿。具体补偿标准和办法由国务院财政部门会同有关部门制定。

**第八十六条** 对从事动物疫病预防、检疫、监督检查、现场处理疫情以及在工作中接触动物疫病病原体的人员，有关单位按照国家规定，采取有效的卫生防护、医疗保健措施，给予畜牧兽医医疗卫生津贴等相关待遇。

## 第十一章 法律责任

**第八十七条** 地方各级人民政府及其工作人员未依照本法规定履行职责的，对直接负责的主管人员和其他直接责任人员依法给予处分。

**第八十八条** 县级以上人民政府农业农村主管部门及其工作人员

违反本法规定，有下列行为之一的，由本级人民政府责令改正，通报批评；对直接负责的主管人员和其他直接责任人员依法给予处分：

（一）未及时采取预防、控制、扑灭等措施的；

（二）对不符合条件的颁发动物防疫条件合格证、动物诊疗许可证，或者对符合条件的拒不颁发动物防疫条件合格证、动物诊疗许可证的；

（三）从事与动物防疫有关的经营性活动，或者违法收取费用的；

（四）其他未依照本法规定履行职责的行为。

**第八十九条** 动物卫生监督机构及其工作人员违反本法规定，有下列行为之一的，由本级人民政府或者农业农村主管部门责令改正，通报批评；对直接负责的主管人员和其他直接责任人员依法给予处分：

（一）对未经检疫或者检疫不合格的动物、动物产品出具检疫证明、加施检疫标志，或者对检疫合格的动物、动物产品拒不出具检疫证明、加施检疫标志的；

（二）对附有检疫证明、检疫标志的动物、动物产品重复检疫的；

（三）从事与动物防疫有关的经营性活动，或者违法收取费用的；

（四）其他未依照本法规定履行职责的行为。

**第九十条** 动物疫病预防控制机构及其工作人员违反本法规定，有下列行为之一的，由本级人民政府或者农业农村主管部门责令改正，通报批评；对直接负责的主管人员和其他直接责任人员依法给予处分：

（一）未履行动物疫病监测、检测、评估职责或者伪造监测、检测、评估结果的；

（二）发生动物疫情时未及时进行诊断、调查的；

（三）接到染疫或者疑似染疫报告后，未及时按照国家规定采取措施、上报的；

（四）其他未依照本法规定履行职责的行为。

**第九十一条**　地方各级人民政府、有关部门及其工作人员瞒报、谎报、迟报、漏报或者授意他人瞒报、谎报、迟报动物疫情，或者阻碍他人报告动物疫情的，由上级人民政府或者有关部门责令改正，通报批评；对直接负责的主管人员和其他直接责任人员依法给予处分。

**第九十二条**　违反本法规定，有下列行为之一的，由县级以上地方人民政府农业农村主管部门责令限期改正，可以处一千元以下罚款；逾期不改正的，处一千元以上五千元以下罚款，由县级以上地方人民政府农业农村主管部门委托动物诊疗机构、无害化处理场所等代为处理，所需费用由违法行为人承担：

（一）对饲养的动物未按照动物疫病强制免疫计划或者免疫技术规范实施免疫接种的；

（二）对饲养的种用、乳用动物未按照国务院农业农村主管部门的要求定期开展疫病检测，或者经检测不合格而未按照规定处理的；

（三）对饲养的犬只未按照规定定期进行狂犬病免疫接种的；

（四）动物、动物产品的运载工具在装载前和卸载后未按照规定及时清洗、消毒的。

**第九十三条**　违反本法规定，对经强制免疫的动物未按照规定建立免疫档案，或者未按照规定加施畜禽标识的，依照《中华人民共和国畜牧法》的有关规定处罚。

**第九十四条**　违反本法规定，动物、动物产品的运载工具、垫料、包装物、容器等不符合国务院农业农村主管部门规定的动物防疫要求的，由县级以上地方人民政府农业农村主管部门责令改正，可以处五千元以下罚款；情节严重的，处五千元以上五万元以下罚款。

**第九十五条**　违反本法规定，对染疫动物及其排泄物、染疫动物产品或者被染疫动物、动物产品污染的运载工具、垫料、包装物、容器等未按照规定处置的，由县级以上地方人民政府农业农村主管部门责令限期处理；逾期不处理的，由县级以上地方人民政府农业农村主管部门委托有关单位代为处理，所需费用由违法行为人承担，处五千元以上五万元以下罚款。

造成环境污染或者生态破坏的，依照环境保护有关法律法规进行处罚。

**第九十六条** 违反本法规定，患有人畜共患传染病的人员，直接从事动物疫病监测、检测、检验检疫，动物诊疗以及易感染动物的饲养、屠宰、经营、隔离、运输等活动的，由县级以上地方人民政府农业农村或者野生动物保护主管部门责令改正；拒不改正的，处一千元以上一万元以下罚款；情节严重的，处一万元以上五万元以下罚款。

**第九十七条** 违反本法第二十九条规定，屠宰、经营、运输动物或者生产、经营、加工、贮藏、运输动物产品的，由县级以上地方人民政府农业农村主管部门责令改正、采取补救措施，没收违法所得、动物和动物产品，并处同类检疫合格动物、动物产品货值金额十五倍以上三十倍以下罚款；同类检疫合格动物、动物产品货值金额不足一万元的，并处五万元以上十五万元以下罚款；其中依法应当检疫而未检疫的，依照本法第一百条的规定处罚。

前款规定的违法行为人及其法定代表人（负责人）、直接负责的主管人员和其他直接责任人员，自处罚决定作出之日起五年内不得从事相关活动；构成犯罪的，终身不得从事屠宰、经营、运输动物或者生产、经营、加工、贮藏、运输动物产品等相关活动。

**第九十八条** 违反本法规定，有下列行为之一的，由县级以上地方人民政府农业农村主管部门责令改正，处三千元以上三万元以下罚款；情节严重的，责令停业整顿，并处三万元以上十万元以下罚款：

（一）开办动物饲养场和隔离场所、动物屠宰加工场所以及动物和动物产品无害化处理场所，未取得动物防疫条件合格证的；

（二）经营动物、动物产品的集贸市场不具备国务院农业农村主管部门规定的防疫条件的；

（三）未经备案从事动物运输的；

（四）未按照规定保存行程路线和托运人提供的动物名称、检疫证明编号、数量等信息的；

（五）未经检疫合格，向无规定动物疫病区输入动物、动物产品的；

（六）跨省、自治区、直辖市引进种用、乳用动物到达输入地后未按照规定进行隔离观察的；

（七）未按照规定处理或者随意弃置病死动物、病害动物产品的；

（八）饲养种用、乳用动物的单位和个人，未按照国务院农业农村主管部门的要求定期开展动物疫病检测的。

**第九十九条** 动物饲养场和隔离场所、动物屠宰加工场所以及动物和动物产品无害化处理场所，生产经营条件发生变化，不再符合本法第二十四条规定的动物防疫条件继续从事相关活动的，由县级以上地方人民政府农业农村主管部门给予警告，责令限期改正；逾期仍达不到规定条件的，吊销动物防疫条件合格证，并通报市场监督管理部门依法处理。

**第一百条** 违反本法规定，屠宰、经营、运输的动物未附有检疫证明，经营和运输的动物产品未附有检疫证明、检疫标志的，由县级以上地方人民政府农业农村主管部门责令改正，处同类检疫合格动物、动物产品货值金额一倍以下罚款；对货主以外的承运人处运输费用三倍以上五倍以下罚款，情节严重的，处五倍以上十倍以下罚款。

违反本法规定，用于科研、展示、演出和比赛等非食用性利用的动物未附有检疫证明的，由县级以上地方人民政府农业农村主管部门责令改正，处三千元以上一万元以下罚款。

**第一百零一条** 违反本法规定，将禁止或者限制调运的特定动物、动物产品由动物疫病高风险区调入低风险区的，由县级以上地方人民政府农业农村主管部门没收运输费用、违法运输的动物和动物产品，并处运输费用一倍以上五倍以下罚款。

**第一百零二条** 违反本法规定，通过道路跨省、自治区、直辖市运输动物，未经省、自治区、直辖市人民政府设立的指定通道入省境或者过省境的，由县级以上地方人民政府农业农村主管部门对运输人处五千元以上一万元以下罚款；情节严重的，处一万元以上五万元以下罚款。

**第一百零三条** 违反本法规定，转让、伪造或者变造检疫证明、检疫标志或者畜禽标识的，由县级以上地方人民政府农业农村主管部门没收违法所得和检疫证明、检疫标志、畜禽标识，并处五千元以上五万元以下罚款。

持有、使用伪造或者变造的检疫证明、检疫标志或者畜禽标识的，由县级以上人民政府农业农村主管部门没收检疫证明、检疫标志、畜禽标识和对应的动物、动物产品，并处三千元以上三万元以下罚款。

**第一百零四条** 违反本法规定，有下列行为之一的，由县级以上地方人民政府农业农村主管部门责令改正，处三千元以上三万元以下罚款：

（一）擅自发布动物疫情的；

（二）不遵守县级以上人民政府及其农业农村主管部门依法作出的有关控制动物疫病规定的；

（三）藏匿、转移、盗掘已被依法隔离、封存、处理的动物和动物产品的。

**第一百零五条** 违反本法规定，未取得动物诊疗许可证从事动物诊疗活动的，由县级以上地方人民政府农业农村主管部门责令停止诊疗活动，没收违法所得，并处违法所得一倍以上三倍以下罚款；违法所得不足三万元的，并处三千元以上三万元以下罚款。

动物诊疗机构违反本法规定，未按照规定实施卫生安全防护、消毒、隔离和处置诊疗废弃物的，由县级以上地方人民政府农业农村主管部门责令改正，处一千元以上一万元以下罚款；造成动物疫病扩散的，处一万元以上五万元以下罚款；情节严重的，吊销动物诊疗许可证。

**第一百零六条** 违反本法规定，未经执业兽医备案从事经营性动物诊疗活动的，由县级以上地方人民政府农业农村主管部门责令停止动物诊疗活动，没收违法所得，并处三千元以上三万元以下罚款；对其所在的动物诊疗机构处一万元以上五万元以下罚款。

执业兽医有下列行为之一的，由县级以上地方人民政府农业农村主管部门给予警告，责令暂停六个月以上一年以下动物诊疗活动；情节严重的，吊销执业兽医资格证书：

（一）违反有关动物诊疗的操作技术规范，造成或者可能造成动物疫病传播、流行的；

（二）使用不符合规定的兽药和兽医器械的；

（三）未按照当地人民政府或者农业农村主管部门要求参加动物疫病预防、控制和动物疫情扑灭活动的。

**第一百零七条** 违反本法规定，生产经营兽医器械，产品质量不符合要求的，由县级以上地方人民政府农业农村主管部门责令限期整改；情节严重的，责令停业整顿，并处二万元以上十万元以下罚款。

**第一百零八条** 违反本法规定，从事动物疫病研究、诊疗和动物饲养、屠宰、经营、隔离、运输，以及动物产品生产、经营、加工、贮藏、无害化处理等活动的单位和个人，有下列行为之一的，由县级以上地方人民政府农业农村主管部门责令改正，可以处一万元以下罚款；拒不改正的，处一万元以上五万元以下罚款，并可以责令停业整顿：

（一）发现动物染疫、疑似染疫未报告，或者未采取隔离等控制措施的；

（二）不如实提供与动物防疫有关的资料的；

（三）拒绝或者阻碍农业农村主管部门进行监督检查的；

（四）拒绝或者阻碍动物疫病预防控制机构进行动物疫病监测、检测、评估的；

（五）拒绝或者阻碍官方兽医依法履行职责的。

**第一百零九条** 违反本法规定，造成人畜共患传染病传播、流行的，依法从重给予处分、处罚。

违反本法规定，构成违反治安管理行为的，依法给予治安管理处罚；构成犯罪的，依法追究刑事责任。

违反本法规定，给他人人身、财产造成损害的，依法承担民事责任。

**第十二章 附则**

**第一百一十条** 本法下列用语的含义：

（一）无规定动物疫病区，是指具有天然屏障或者采取人工措施，在一定期限内没有发生规定的一种或者几种动物疫病，并经验收合格的区域；

（二）无规定动物疫病生物安全隔离区，是指处于同一生物安全管理体系下，在一定期限内没有发生规定的一种或者几种动物疫病的若干动物饲养场及其辅助生产场所构成的，并经验收合格的特定小型区域；

（三）病死动物，是指染疫死亡、因病死亡、死因不明或者经检验检疫可能危害人体或者动物健康的死亡动物；

（四）病害动物产品，是指来源于病死动物的产品，或者经检验检疫可能危害人体或者动物健康的动物产品。

**第一百一十一条** 境外无规定动物疫病区和无规定动物疫病生物安全隔离区的无疫等效性评估，参照本法有关规定执行。

**第一百一十二条** 实验动物防疫有特殊要求的，按照实验动物管理的有关规定执行。

**第一百一十三条** 本法自 2021 年 5 月 1 日起施行。

## 二、《一、二、三类动物疫病病种名录》 及《人畜共患传染病名录》

根据《中华人民共和国动物防疫法》有关规定，我部对原《一、二、三类动物疫病病种名录》进行了修订，现予发布，自发布之日起施行。2008 年发布的中华人民共和国农业部公告第 1125 号、2011 年发布的中华人民共和国农业部公告第 1663 号、2013 年发布的中华人民共和国农业部公告第 1950 号同时废止。

农业农村部

2022 年 6 月 23 日

### 一、二、三类动物疫病病种名录

**一类动物疫病（11 种）**

口蹄疫、猪水疱病、非洲猪瘟、尼帕病毒性脑炎、非洲马瘟、牛海绵状脑病、牛瘟、牛传染性胸膜肺炎、痒病、小反刍兽疫、高致病性禽流感。

**二类动物疫病（37 种）**

**多种动物共患病（7 种）**：狂犬病、布鲁氏菌病、炭疽、蓝舌病、日本脑炎、棘球蚴病、日本血吸虫病

**牛病**（3 种）：牛结节性皮肤病、牛传染性鼻气管炎（传染性脓疱外阴阴道炎）、牛结核病

**绵羊和山羊病**（2 种）：绵羊痘和山羊痘、山羊传染性胸膜肺炎

**马病**（2 种）：马传染性贫血、马鼻疽

**猪病**（3 种）：猪瘟、猪繁殖与呼吸综合征、猪流行性腹泻

**禽病**（3 种）：新城疫、鸭瘟、小鹅瘟

**兔病**（1 种）：兔出血症

**蜜蜂病**（2 种）：美洲蜜蜂幼虫腐臭病、欧洲蜜蜂幼虫腐臭病

**鱼类病**（11 种）：鲤春病毒血症、草鱼出血病、传染性脾肾坏死

病、锦鲤疱疹病毒病、刺激隐核虫病、淡水鱼细菌性败血症、病毒性神经坏死病、传染性造血器官坏死病、流行性溃疡综合征、鲫造血器官坏死病、鲤浮肿病

**甲壳类病**（3 种）：白斑综合征、十足目虹彩病毒病、虾肝肠胞虫病

**三类动物疫病（126 种）**

**多种动物共患病**（25 种）：伪狂犬病、轮状病毒感染、产气荚膜梭菌病、大肠杆菌病、巴氏杆菌病、沙门氏菌病、李氏杆菌病、链球菌病、溶血性曼氏杆菌病、副结核病、类鼻疽、支原体病、衣原体病、附红细胞体病、Q 热、钩端螺旋体病、东毕吸虫病、华支睾吸虫病、囊尾蚴病、片形吸虫病、旋毛虫病、血矛线虫病、弓形虫病、伊氏锥虫病、隐孢子虫病

**牛病**（10 种）：牛病毒性腹泻、牛恶性卡他热、地方流行性牛白血病、牛流行热、牛冠状病毒感染、牛赤羽病、牛生殖道弯曲杆菌病、毛滴虫病、牛梨形虫病、牛无浆体病

**绵羊和山羊病**（7 种）：山羊关节炎 / 脑炎、梅迪 - 维斯纳病、绵羊肺腺瘤病、羊传染性脓疱皮炎、干酪性淋巴结炎、羊梨形虫病、羊无浆体病

**马病**（8 种）：马流行性淋巴管炎、马流感、马腺疫、马鼻肺炎、马病毒性动脉炎、马传染性子宫炎、马媾疫、马梨形虫病

**猪病**（13 种）：猪细小病毒感染、猪丹毒、猪传染性胸膜肺炎、猪波氏菌病、猪圆环病毒病、格拉瑟病、猪传染性胃肠炎、猪流感、猪丁型冠状病毒感染、猪塞内卡病毒感染、仔猪红痢、猪痢疾、猪增生性肠病

**禽病**（21 种）：禽传染性喉气管炎、禽传染性支气管炎、禽白血病、传染性法氏囊病、马立克病、禽痘、鸭病毒性肝炎、鸭浆膜炎、鸡球虫病、低致病性禽流感、禽网状内皮组织增殖病、鸡病毒性关节炎、禽传染性脑脊髓炎、鸡传染性鼻炎、禽坦布苏病毒感染、禽腺病毒感染、鸡传染性贫血、禽偏肺病毒感染、鸡红螨病、鸡坏死性肠炎、鸭呼肠孤病毒感染

**兔病**（2种）：兔波氏菌病、兔球虫病

**蚕、蜂病**（8种）：蚕多角体病、蚕白僵病、蚕微粒子病、蜂螨病、瓦螨病、亮热厉螨病、蜜蜂孢子虫病、白垩病

**犬猫等动物病**（10种）：水貂阿留申病、水貂病毒性肠炎、犬瘟热、犬细小病毒病、犬传染性肝炎、猫泛白细胞减少症、猫嵌杯病毒感染、猫传染性腹膜炎、犬巴贝斯虫病、利什曼原虫病

**鱼类病**（11种）：真鲷虹彩病毒病、传染性胰脏坏死病、牙鲆弹状病毒病、鱼爱德华氏菌病、链球菌病、细菌性肾病、杀鲑气单胞菌病、小瓜虫病、粘孢子虫病、三代虫病、指环虫病

**甲壳类病**（5种）：黄头病、桃拉综合征、传染性皮下和造血组织坏死病、急性肝胰腺坏死病、河蟹螺原体病

**贝类病**（3种）：鲍疱疹病毒病、奥尔森派琴虫病、牡蛎疱疹病毒病

**两栖与爬行类病**（3种）：两栖类蛙虹彩病毒病、鳖腮腺炎病、蛙脑膜炎败血症

## 人畜共患传染病名录

牛海绵状脑病、高致病性禽流感、狂犬病、炭疽、布鲁氏菌病、弓形虫病、棘球蚴病、钩端螺旋体病、沙门氏菌病、牛结核病、日本血吸虫病、猪乙型脑炎、猪II型链球菌病、旋毛虫病、猪囊尾蚴病、马鼻疽、野兔热、大肠杆菌病（O157：H7）、李氏杆菌病、类鼻疽、放线菌病、肝片吸虫病、丝虫病、Q热、禽结核病、利什曼病。

# 三、兽药管理条例

（根据 2014 年 7 月 29 日中华人民共和国国务院令第 653 号《国务院关于修改部分行政法规的决定》第一次修订。 根据 2016 年 2 月 6 日中华人民共和国国务院令第 666 号《国务院关于修改部分行政法规的决定》第二次修订。 根据 2020 年 3 月 27 日中华人民共和国国务院令第 726 号《国务院关于修改和废止部分行政法规的决定》第三次修订。）

## 第一章　总则

**第一条**　为了加强兽药管理，保证兽药质量，防治动物疾病，促进养殖业的发展，维护人体健康，制定本条例。

**第二条**　在中华人民共和国境内从事兽药的研制、生产、经营、进出口、使用和监督管理，应当遵守本条例。

**第三条**　国务院兽医行政管理部门负责全国的兽药监督管理工作。

县级以上地方人民政府兽医行政管理部门负责本行政区域内的兽药监督管理工作。

**第四条**　国家实行兽用处方药和非处方药分类管理制度。兽用处方药和非处方药分类管理的办法和具体实施步骤，由国务院兽医行政管理部门规定。

**第五条**　国家实行兽药储备制度。

发生重大动物疫情、灾情或者其他突发事件时，国务院兽医行政管理部门可以紧急调用国家储备的兽药；必要时，也可以调用国家储备以外的兽药。

## 第二章　新兽药研制

**第六条**　国家鼓励研制新兽药，依法保护研制者的合法权益。

**第七条**　研制新兽药，应当具有与研制相适应的场所、仪器设备、专业技术人员、安全管理规范和措施。

研制新兽药，应当进行安全性评价。从事兽药安全性评价的单位，应当经国务院兽医行政管理部门认定，并遵守兽药非临床研究质量管理规范和兽药临床试验质量管理规范。

**第八条**　研制新兽药，应当在临床试验前向临床试验场所所在地省、自治区、直辖市人民政府兽医行政管理部门备案，并附具该新兽药实验室阶段安全性评价报告及其他临床前研究资料。

研制的新兽药属于生物制品的，应当在临床试验前向国务院兽医行政管理部门提出申请，国务院兽医行政管理部门应当自收到申请之日起 60 个工作日内将审查结果书面通知申请人。

研制新兽药需要使用一类病原微生物的，还应当具备国务院兽医行政管理部门规定的条件，并在实验室阶段前报国务院兽医行政管理部门批准。

**第九条**　临床试验完成后，新兽药研制者向国务院兽医行政管理部门提出新兽药注册申请时，应当提交该新兽药的样品和下列资料：

（一）名称、主要成分、理化性质；

（二）研制方法、生产工艺、质量标准和检测方法；

（三）药理和毒理试验结果、临床试验报告和稳定性试验报告；

（四）环境影响报告和污染防治措施。

研制的新兽药属于生物制品的，还应当提供菌（毒、虫）种、细胞等有关材料和资料。菌（毒、虫）种、细胞由国务院兽医行政管理部门指定的机构保藏。

研制用于食用动物的新兽药，还应当按照国务院兽医行政管理部门的规定进行兽药残留试验并提供休药期、最高残留限量标准、残留检测方法及其制定依据等资料。

国务院兽医行政管理部门应当自收到申请之日起 10 个工作日内，将决定受理的新兽药资料送其设立的兽药评审机构进行评审，将新兽药样品送其指定的检验机构复核检验，并自收到评审和复核检验结论之日起 60 个工作日内完成审查。审查合格的，发给新兽药注册证书，并发布该兽药的质量标准；不合格的，应当书面通知申请人。

**第十条**　国家对依法获得注册的、含有新化合物的兽药的申请人提交的其自己所取得且未披露的试验数据和其他数据实施保护。

自注册之日起 6 年内，对其他申请人未经已获得注册兽药的申请人同意，使用前款规定的数据申请兽药注册的，兽药注册机关不予注册；但是，其他申请人提交其自己所取得的数据的除外。

除下列情况外，兽药注册机关不得披露本条第一款规定的数据：

（一）公共利益需要；

（二）已采取措施确保该类信息不会被不正当地进行商业使用。

### 第三章　兽药生产

**第十一条**　从事兽药生产的企业，应当符合国家兽药行业发展规划和产业政策，并具备下列条件：

（一）与所生产的兽药相适应的兽医学、药学或者相关专业的技术人员；

（二）与所生产的兽药相适应的厂房、设施；

（三）与所生产的兽药相适应的兽药质量管理和质量检验的机构、人员、仪器设备；

（四）符合安全、卫生要求的生产环境；

（五）兽药生产质量管理规范规定的其他生产条件。

符合前款规定条件的，申请人方可向省、自治区、直辖市人民政府兽医行政管理部门提出申请，并附具符合前款规定条件的证明材料；省、自治区、直辖市人民政府兽医行政管理部门应当自收到申请之日起 40 个工作日内完成审查。经审查合格的，发给兽药生产许可证；不合格的，应当书面通知申请人。

**第十二条**　兽药生产许可证应当载明生产范围、生产地点、有效期和法定代表人姓名、住址等事项。

兽药生产许可证有效期为 5 年。有效期届满，需要继续生产兽药的，应当在许可证有效期届满前 6 个月到发证机关申请换发兽药生产许可证。

**第十三条**　兽药生产企业变更生产范围、生产地点的，应当依照本条例第十一条的规定申请换发兽药生产许可证；变更企业名称、法定代表人的，应当在办理工商变更登记手续后 15 个工作日内，到发证机关申请换发兽药生产许可证。

第十四条　兽药生产企业应当按照国务院兽医行政管理部门制定的兽药生产质量管理规范组织生产。

省级以上人民政府兽医行政管理部门，应当对兽药生产企业是否符合兽药生产质量管理规范的要求进行监督检查，并公布检查结果。

第十五条　兽药生产企业生产兽药，应当取得国务院兽医行政管理部门核发的产品批准文号，产品批准文号的有效期为5年。兽药产品批准文号的核发办法由国务院兽医行政管理部门制定。

第十六条　兽药生产企业应当按照兽药国家标准和国务院兽医行政管理部门批准的生产工艺进行生产。兽药生产企业改变影响兽药质量的生产工艺的，应当报原批准部门审核批准。

兽药生产企业应当建立生产记录，生产记录应当完整、准确。

第十七条　生产兽药所需的原料、辅料，应当符合国家标准或者所生产兽药的质量要求。

直接接触兽药的包装材料和容器应当符合药用要求。

第十八条　兽药出厂前应当经过质量检验，不符合质量标准的不得出厂。

兽药出厂应当附有产品质量合格证。

禁止生产假、劣兽药。

第十九条　兽药生产企业生产的每批兽用生物制品，在出厂前应当由国务院兽医行政管理部门指定的检验机构审查核对，并在必要时进行抽查检验；未经审查核对或者抽查检验不合格的，不得销售。

强制免疫所需兽用生物制品，由国务院兽医行政管理部门指定的企业生产。

第二十条　兽药包装应当按照规定印有或者贴有标签，附具说明书，并在显著位置注明"兽用"字样。

兽药的标签和说明书经国务院兽医行政管理部门批准并公布后，方可使用。

兽药的标签或者说明书，应当以中文注明兽药的通用名称、成分及其含量、规格、生产企业、产品批准文号（进口兽药注册证号）、产品批号、生产日期、有效期、适应证或者功能主治、用法、用量、休药期、禁忌、不良反应、注意事项、运输贮存保管条件及其他应当说明的内容。有商品名称的，还应当注明商品名称。

除前款规定的内容外，兽用处方药的标签或者说明书还应当印有国务院兽医行政管理部门规定的警示内容，其中兽用麻醉药品、精神药品、毒性药品和放射性药品还应当印有国务院兽医行政管理部门规定的特殊标志；兽用非处方药的标签或者说明书还应当印有国务院兽医行政管理部门规定的非处方药标志。

**第二十一条** 国务院兽医行政管理部门，根据保证动物产品质量安全和人体健康的需要，可以对新兽药设立不超过 5 年的监测期；在监测期内，不得批准其他企业生产或者进口该新兽药。生产企业应当在监测期内收集该新兽药的疗效、不良反应等资料，并及时报送国务院兽医行政管理部门。

### 第四章 兽药经营

**第二十二条** 经营兽药的企业，应当具备下列条件：

（一）与所经营的兽药相适应的兽药技术人员；

（二）与所经营的兽药相适应的营业场所、设备、仓库设施；

（三）与所经营的兽药相适应的质量管理机构或者人员；

（四）兽药经营质量管理规范规定的其他经营条件。

符合前款规定条件的，申请人方可向市、县人民政府兽医行政管理部门提出申请，并附具符合前款规定条件的证明材料；经营兽用生物制品的，应当向省、自治区、直辖市人民政府兽医行政管理部门提出申请，并附具符合前款规定条件的证明材料。

县级以上地方人民政府兽医行政管理部门，应当自收到申请之日起 30 个工作日内完成审查。审查合格的，发给兽药经营许可证；不合格的，应当书面通知申请人。

**第二十三条** 兽药经营许可证应当载明经营范围、经营地点、有效期和法定代表人姓名、住址等事项。

兽药经营许可证有效期为 5 年。有效期届满，需要继续经营兽药的，应当在许可证有效期届满前 6 个月到发证机关申请换发兽药经营许可证。

**第二十四条** 兽药经营企业变更经营范围、经营地点的，应当依照本条例第二十二条的规定申请换发兽药经营许可证；变更企业名称、法定代表人的，应当在办理工商变更登记手续后 15 个工作日内，到发证机关申请换发兽药经营许可证。

**第二十五条** 兽药经营企业，应当遵守国务院兽医行政管理部门制定的兽药经营质量管理规范。

县级以上地方人民政府兽医行政管理部门，应当对兽药经营企业是否符合兽药经营质量管理规范的要求进行监督检查，并公布检查结果。

**第二十六条** 兽药经营企业购进兽药，应当将兽药产品与产品标签或者说明书、产品质量合格证核对无误。

**第二十七条** 兽药经营企业，应当向购买者说明兽药的功能主治、用法、用量和注意事项。销售兽用处方药的，应当遵守兽用处方药管理办法。

兽药经营企业销售兽用中药材的，应当注明产地。

禁止兽药经营企业经营人用药品和假、劣兽药。

**第二十八条** 兽药经营企业购销兽药，应当建立购销记录。购销记录应当载明兽药的商品名称、通用名称、剂型、规格、批号、有效期、生产厂商、购销单位、购销数量、购销日期和国务院兽医行政管理部门规定的其他事项。

**第二十九条** 兽药经营企业，应当建立兽药保管制度，采取必要的冷藏、防冻、防潮、防虫、防鼠等措施，保持所经营兽药的质量。

兽药入库、出库，应当执行检查验收制度，并有准确记录。

**第三十条** 强制免疫所需兽用生物制品的经营，应当符合国务院兽医行政管理部门的规定。

**第三十一条** 兽药广告的内容应当与兽药说明书内容相一致，在全国重点媒体发布兽药广告的，应当经国务院兽医行政管理部门审查批准，取得兽药广告审查批准文号。在地方媒体发布兽药广告的，应当经省、自治区、直辖市人民政府兽医行政管理部门审查批准，取得兽药广告审查批准文号；未经批准的，不得发布。

## 第五章 兽药进出口

**第三十二条** 首次向中国出口的兽药，由出口方驻中国境内的办事机构或者其委托的中国境内代理机构向国务院兽医行政管理部门申请注册，并提交下列资料和物品：

（一）生产企业所在国家（地区）兽药管理部门批准生产、销售的证明文件；

（二）生产企业所在国家（地区）兽药管理部门颁发的符合兽药生产质量管理规范的证明文件；

（三）兽药的制造方法、生产工艺、质量标准、检测方法、药理和毒理试验结果、临床试验报告、稳定性试验报告及其他相关资料；用于食用动物的兽药的休药期、最高残留限量标准、残留检测方法及其制定依据等资料；

（四）兽药的标签和说明书样本；

（五）兽药的样品、对照品、标准品；

（六）环境影响报告和污染防治措施；

（七）涉及兽药安全性的其他资料。

申请向中国出口兽用生物制品的，还应当提供菌（毒、虫）种、细胞等有关材料和资料。

**第三十三条**　国务院兽医行政管理部门，应当自收到申请之日起 10 个工作日内组织初步审查。经初步审查合格的，应当将决定受理的兽药资料送其设立的兽药评审机构进行评审，将该兽药样品送其指定的检验机构复核检验，并自收到评审和复核检验结论之日起 60 个工作日内完成审查。经审查合格的，发给进口兽药注册证书，并发布该兽药的质量标准；不合格的，应当书面通知申请人。

在审查过程中，国务院兽医行政管理部门可以对向中国出口兽药的企业是否符合兽药生产质量管理规范的要求进行考查，并有权要求该企业在国务院兽医行政管理部门指定的机构进行该兽药的安全性和有效性试验。

国内急需兽药、少量科研用兽药或者注册兽药的样品、对照品、标准品的进口，按照国务院兽医行政管理部门的规定办理。

**第三十四条**　进口兽药注册证书的有效期为 5 年。有效期届满，需要继续向中国出口兽药的，应当在有效期届满前 6 个月到发证机关申请再注册。

**第三十五条** 境外企业不得在中国直接销售兽药。境外企业在中国销售兽药，应当依法在中国境内设立销售机构或者委托符合条件的中国境内代理机构。

进口在中国已取得进口兽药注册证书的兽药的，中国境内代理机构凭进口兽药注册证书到口岸所在地人民政府兽医行政管理部门办理进口兽药通关单。海关凭进口兽药通关单放行。兽药进口管理办法由国务院兽医行政管理部门会同海关总署制定。

兽用生物制品进口后，应当依照本条例第十九条的规定进行审查核对和抽查检验。其他兽药进口后，由当地兽医行政管理部门通知兽药检验机构进行抽查检验。

**第三十六条** 禁止进口下列兽药：

（一）药效不确定、不良反应大以及可能对养殖业、人体健康造成危害或者存在潜在风险的；

（二）来自疫区可能造成疫病在中国境内传播的兽用生物制品；

（三）经考查生产条件不符合规定的；

（四）国务院兽医行政管理部门禁止生产、经营和使用的。

**第三十七条** 向中国境外出口兽药，进口方要求提供兽药出口证明文件的，国务院兽医行政管理部门或者企业所在地的省、自治区、直辖市人民政府兽医行政管理部门可以出具出口兽药证明文件。

国内防疫急需的疫苗，国务院兽医行政管理部门可以限制或者禁止出口。

### 第六章 兽药使用

**第三十八条** 兽药使用单位，应当遵守国务院兽医行政管理部门制定的兽药安全使用规定，并建立用药记录。

**第三十九条** 禁止使用假、劣兽药以及国务院兽医行政管理部门规定禁止使用的药品和其他化合物。禁止使用的药品和其他化合物目录由国务院兽医行政管理部门制定公布。

**第四十条** 有休药期规定的兽药用于食用动物时，饲养者应当向购买者或者屠宰者提供准确、真实的用药记录；购买者或者屠宰者应当确保动物及其产品在用药期、休药期内不被用于食品消费。

**第四十一条** 国务院兽医行政管理部门，负责制定公布在饲料中允许添加的药物饲料添加剂品种目录。

禁止在饲料和动物饮用水中添加激素类药品和国务院兽医行政管理部门规定的其他禁用药品。

经批准可以在饲料中添加的兽药，应当由兽药生产企业制成药物饲料添加剂后方可添加。禁止将原料药直接添加到饲料及动物饮用水中或者直接饲喂动物。

禁止将人用药品用于动物。

**第四十二条** 国务院兽医行政管理部门，应当制定并组织实施国家动物及动物产品兽药残留监控计划。

县级以上人民政府兽医行政管理部门，负责组织对动物产品中兽药残留量的检测。兽药残留检测结果，由国务院兽医行政管理部门或者省、自治区、直辖市人民政府兽医行政管理部门按照权限予以公布。

动物产品的生产者、销售者对检测结果有异议的，可以自收到检测结果之日起 7 个工作日内向组织实施兽药残留检测的兽医行政管理部门或者其上级兽医行政管理部门提出申请，由受理申请的兽医行政管理部门指定检验机构进行复检。

兽药残留限量标准和残留检测方法，由国务院兽医行政管理部门制定发布。

**第四十三条** 禁止销售含有违禁药物或者兽药残留量超过标准的食用动物产品。

## 第七章　兽药监督管理

**第四十四条** 县级以上人民政府兽医行政管理部门行使兽药监督管理权。

兽药检验工作由国务院兽医行政管理部门和省、自治区、直辖市人民政府兽医行政管理部门设立的兽药检验机构承担。国务院兽医行政管理部门，可以根据需要认定其他检验机构承担兽药检验工作。

当事人对兽药检验结果有异议的，可以自收到检验结果之日起 7 个工作日内向实施检验的机构或者上级兽医行政管理部门设立的检验机构申请复检。

**第四十五条**　兽药应当符合兽药国家标准。

国家兽药典委员会拟定的、国务院兽医行政管理部门发布的《中华人民共和国兽药典》和国务院兽医行政管理部门发布的其他兽药质量标准为兽药国家标准。

兽药国家标准的标准品和对照品的标定工作由国务院兽医行政管理部门设立的兽药检验机构负责。

**第四十六条**　兽医行政管理部门依法进行监督检查时，对有证据证明可能是假、劣兽药的，应当采取查封、扣押的行政强制措施，并自采取行政强制措施之日起 7 个工作日内作出是否立案的决定；需要检验的，应当自检验报告书发出之日起 15 个工作日内作出是否立案的决定；不符合立案条件的，应当解除行政强制措施；需要暂停生产的，由国务院兽医行政管理部门或者省、自治区、直辖市人民政府兽医行政管理部门按照权限作出决定；需要暂停经营、使用的，由县级以上人民政府兽医行政管理部门按照权限作出决定。

未经行政强制措施决定机关或者其上级机关批准，不得擅自转移、使用、销毁、销售被查封或者扣押的兽药及有关材料。

**第四十七条**　有下列情形之一的，为假兽药：

（一）以非兽药冒充兽药或者以他种兽药冒充此种兽药的；

（二）兽药所含成分的种类、名称与兽药国家标准不符合的。

有下列情形之一的，按照假兽药处理：

（一）国务院兽医行政管理部门规定禁止使用的；

（二）依照本条例规定应当经审查批准而未经审查批准即生产、进口的，或者依照本条例规定应当经抽查检验、审查核对而未经抽查检验、审查核对即销售、进口的；

（三）变质的；

（四）被污染的；

（五）所标明的适应证或者功能主治超出规定范围的。

**第四十八条**　有下列情形之一的，为劣兽药：

（一）成分含量不符合兽药国家标准或者不标明有效成分的；

（二）不标明或者更改有效期或者超过有效期的；

（三）不标明或者更改产品批号的；

（四）其他不符合兽药国家标准，但不属于假兽药的。

**第四十九条** 禁止将兽用原料药拆零销售或者销售给兽药生产企业以外的单位和个人。

禁止未经兽医开具处方销售、购买、使用国务院兽医行政管理部门规定实行处方药管理的兽药。

**第五十条** 国家实行兽药不良反应报告制度。

兽药生产企业、经营企业、兽药使用单位和开具处方的兽医人员发现可能与兽药使用有关的严重不良反应，应当立即向所在地人民政府兽医行政管理部门报告。

**第五十一条** 兽药生产企业、经营企业停止生产、经营超过 6 个月或者关闭的，由发证机关责令其交回兽药生产许可证、兽药经营许可证。

**第五十二条** 禁止买卖、出租、出借兽药生产许可证、兽药经营许可证和兽药批准证明文件。

**第五十三条** 兽药评审检验的收费项目和标准，由国务院财政部门会同国务院价格主管部门制定，并予以公告。

**第五十四条** 各级兽医行政管理部门、兽药检验机构及其工作人员，不得参与兽药生产、经营活动，不得以其名义推荐或者监制、监销兽药。

## 第八章　法律责任

**第五十五条** 兽医行政管理部门及其工作人员利用职务上的便利收取他人财物或者谋取其他利益，对不符合法定条件的单位和个人核发许可证、签署审查同意意见，不履行监督职责，或者发现违法行为不予查处，造成严重后果，构成犯罪的，依法追究刑事责任；尚不构成犯罪的，依法给予行政处分。

**第五十六条** 违反本条例规定，无兽药生产许可证、兽药经营许可证生产、经营兽药的，或者虽有兽药生产许可证、兽药经营许可证，生产、经营假、劣兽药的，或者兽药经营企业经营人用药品的，责令其停止生产、经营，没收用于违法生产的原料、辅料、包装材料及生产、经营的兽药和违法所得，并处违法生产、经营的兽药（包括已出售的和未出售的兽药，下同）货值金额 2 倍以上 5 倍以下罚款，货值金额无法查证核实的，处 10 万元以上 20 万元以下罚款；无兽药生产许可证生产兽药，情节严重的，没收其生产设备；生产、经营假、劣兽药，情节严重的，吊销兽药生产许可证、兽药经营许可证；构成犯罪的，依法追究刑事责任；给他人造成损失的，依法承担赔偿责任。生产、经营企业的主要负责人和直接负责的主管人员终身不得从事兽药的生产、经营活动。

擅自生产强制免疫所需兽用生物制品的，按照无兽药生产许可证生产兽药处罚。

**第五十七条**　违反本条例规定，提供虚假的资料、样品或者采取其他欺骗手段取得兽药生产许可证、兽药经营许可证或者兽药批准证明文件的，吊销兽药生产许可证、兽药经营许可证或者撤销兽药批准证明文件，并处 5 万元以上 10 万元以下罚款；给他人造成损失的，依法承担赔偿责任。其主要负责人和直接负责的主管人员终身不得从事兽药的生产、经营和进出口活动。

**第五十八条**　买卖、出租、出借兽药生产许可证、兽药经营许可证和兽药批准证明文件的，没收违法所得，并处 1 万元以上 10 万元以下罚款；情节严重的，吊销兽药生产许可证、兽药经营许可证或者撤销兽药批准证明文件；构成犯罪的，依法追究刑事责任；给他人造成损失的，依法承担赔偿责任。

**第五十九条**　违反本条例规定，兽药安全性评价单位、临床试验单位、生产和经营企业未按照规定实施兽药研究试验、生产、经营质量管理规范的，给予警告，责令其限期改正；逾期不改正的，责令停止兽药研究试验、生产、经营活动，并处 5 万元以下罚款；情节严重的，吊销兽药生产许可证、兽药经营许可证；给他人造成损失的，依法承担赔偿责任。

违反本条例规定，研制新兽药不具备规定的条件擅自使用一类病原微生物或者在实验室阶段前未经批准的，责令其停止实验，并处 5 万元以上 10 万元以下罚款；构成犯罪的，依法追究刑事责任；给他人造成损失的，依法承担赔偿责任。

违反本条例规定，开展新兽药临床试验应当备案而未备案的，责令其立即改正，给予警告，并处 5 万元以上 10 万元以下罚款；给他人造成损失的，依法承担赔偿责任。

**第六十条** 违反本条例规定，兽药的标签和说明书未经批准的，责令其限期改正；逾期不改正的，按照生产、经营假兽药处罚；有兽药产品批准文号的，撤销兽药产品批准文号；给他人造成损失的，依法承担赔偿责任。

兽药包装上未附有标签和说明书，或者标签和说明书与批准的内容不一致的，责令其限期改正；情节严重的，依照前款规定处罚。

**第六十一条** 违反本条例规定，境外企业在中国直接销售兽药的，责令其限期改正，没收直接销售的兽药和违法所得，并处 5 万元以上 10 万元以下罚款；情节严重的，吊销进口兽药注册证书；给他人造成损失的，依法承担赔偿责任。

**第六十二条** 违反本条例规定，未按照国家有关兽药安全使用规定使用兽药的、未建立用药记录或者记录不完整真实的，或者使用禁止使用的药品和其他化合物的，或者将人用药品用于动物的，责令其立即改正，并对饲喂了违禁药物及其他化合物的动物及其产品进行无害化处理；对违法单位处 1 万元以上 5 万元以下罚款；给他人造成损失的，依法承担赔偿责任。

**第六十三条** 违反本条例规定，销售尚在用药期、休药期内的动物及其产品用于食品消费的，或者销售含有违禁药物和兽药残留超标的动物产品用于食品消费的，责令其对含有违禁药物和兽药残留超标的动物产品进行无害化处理，没收违法所得，并处 3 万元以上 10 万元以下罚款；构成犯罪的，依法追究刑事责任；给他人造成损失的，依法承担赔偿责任。

**第六十四条** 违反本条例规定，擅自转移、使用、销毁、销售被查封或者扣押的兽药及有关材料的，责令其停止违法行为，给予警告，并处 5 万元以上 10 万元以下罚款。

**第六十五条** 违反本条例规定，兽药生产企业、经营企业、兽药使用单位和开具处方的兽医人员发现可能与兽药使用有关的严重不良反应，不向所在地人民政府兽医行政管理部门报告的，给予警告，并处 5000 元以上 1 万元以下罚款。

生产企业在新兽药监测期内不收集或者不及时报送该新兽药的疗效、不良反应等资料的，责令其限期改正，并处1万元以上5万元以下罚款；情节严重的，撤销该新兽药的产品批准文号。

**第六十六条** 违反本条例规定，未经兽医开具处方销售、购买、使用兽用处方药的，责令其限期改正，没收违法所得，并处5万元以下罚款；给他人造成损失的，依法承担赔偿责任。

**第六十七条** 违反本条例规定，兽药生产、经营企业把原料药销售给兽药生产企业以外的单位和个人的，或者兽药经营企业拆零销售原料药的，责令其立即改正，给予警告，没收违法所得，并处2万元以上5万元以下罚款；情节严重的，吊销兽药生产许可证、兽药经营许可证；给他人造成损失的，依法承担赔偿责任。

**第六十八条** 违反本条例规定，在饲料和动物饮用水中添加激素类药品和国务院兽医行政管理部门规定的其他禁用药品，依照《饲料和饲料添加剂管理条例》的有关规定处罚；直接将原料药添加到饲料及动物饮用水中，或者饲喂动物的，责令其立即改正，并处1万元以上3万元以下罚款；给他人造成损失的，依法承担赔偿责任。

**第六十九条** 有下列情形之一的，撤销兽药的产品批准文号或者吊销进口兽药注册证书：

（一）抽查检验连续2次不合格的；

（二）药效不确定、不良反应大以及可能对养殖业、人体健康造成危害或者存在潜在风险的；

（三）国务院兽医行政管理部门禁止生产、经营和使用的兽药。

被撤销产品批准文号或者被吊销进口兽药注册证书的兽药，不得继续生产、进口、经营和使用。已经生产、进口的，由所在地兽医行政管理部门监督销毁，所需费用由违法行为人承担；给他人造成损失的，依法承担赔偿责任。

**第七十条** 本条例规定的行政处罚由县级以上人民政府兽医行政管理部门决定；其中吊销兽药生产许可证、兽药经营许可证，撤销兽药批准证明文件或者责令停止兽药研究试验的，由发证、批准、备案部门决定。

上级兽医行政管理部门对下级兽医行政管理部门违反本条例的行政行为，应当责令限期改正；逾期不改正的，有权予以改变或者撤销。

**第七十一条** 本条例规定的货值金额以违法生产、经营兽药的标价计算；没有标价的，按照同类兽药的市场价格计算。

### 第九章 附则

**第七十二条** 本条例下列用语的含义是：

（一）兽药，是指用于预防、治疗、诊断动物疾病或者有目的地调节动物生理机能的物质（含药物饲料添加剂），主要包括：血清制品、疫苗、诊断制品、微生态制品、中药材、中成药、化学药品、抗生素、生化药品、放射性药品及外用杀虫剂、消毒剂等。

（二）兽用处方药，是指凭兽医处方方可购买和使用的兽药。

（三）兽用非处方药，是指由国务院兽医行政管理部门公布的、不需要凭兽医处方就可以自行购买并按照说明书使用的兽药。

（四）兽药生产企业，是指专门生产兽药的企业和兼产兽药的企业，包括从事兽药分装的企业。

（五）兽药经营企业，是指经营兽药的专营企业或者兼营企业。

（六）新兽药，是指未曾在中国境内上市销售的兽用药品。

（七）兽药批准证明文件，是指兽药产品批准文号、进口兽药注册证书、出口兽药证明文件、新兽药注册证书等文件。

**第七十三条** 兽用麻醉药品、精神药品、毒性药品和放射性药品等特殊药品，依照国家有关规定管理。

**第七十四条** 水产养殖中的兽药使用、兽药残留检测和监督管理以及水产养殖过程中违法用药的行政处罚，由县级以上人民政府渔业主管部门及其所属的渔政监督管理机构负责。

**第七十五条** 本条例自 2004 年 11 月 1 日起施行。

# 四、病死及病害动物无害化处理技术规范

为贯彻落实《中华人民共和国动物防疫法》《生猪屠宰管理条例》《畜禽规模养殖污染防治条例》等有关法律法规，防止动物疫病传播扩散，保障动物产品质量安全，规范病死及病害动物和相关动物产品无害化处理操作技术，制定本规范。

## 1 适用范围

本规范适用于国家规定的染疫动物及其产品、病死或者死因不明的动物尸体，屠宰前确认的病害动物、屠宰过程中经检疫或肉品品质检验确认为不可食用的动物产品，以及其他应当进行无害化处理的动物及动物产品。

本规范规定了病死及病害动物和相关动物产品无害化处理的技术工艺和操作注意事项，处理过程中病死及病害动物和相关动物产品的包装、暂存、转运、人员防护和记录等要求。

## 2 引用规范和标准

GB 19217 医疗废物转运车技术要求（试行）

GB 18484 危险废物焚烧污染控制标准

GB 18597 危险废物贮存污染控制标准

GB 16297 大气污染物综合排放标准

GB 14554 恶臭污染物排放标准

GB 8978 污水综合排放标准

GB 5085.3 危险废物鉴别标准

GB/T 16569 畜禽产品消毒规范

GB 19218 医疗废物焚烧炉技术要求（试行）

GB/T 19923 城市污水再生利用 工业用水水质

当上述标准和文件被修订时，应使用其最新版本。

## 3 术语和定义

### 3.1 无害化处理

本规范所称无害化处理，是指用物理、化学等方法处理病死及病害动物和相关动物产品，消灭其所携带的病原体，消除危害的过程。

### 3.2 焚烧法

焚烧法是指在焚烧容器内，使病死及病害动物和相关动物产品在富氧或无氧条件下进行氧化反应或热解反应的方法。

### 3.3 化制法

化制法是指在密闭的高压容器内，通过向容器夹层或容器内通入高温饱和蒸汽，在干热、压力或蒸汽、压力的作用下，处理病死及病害动物和相关动物产品的方法。

### 3.4 高温法

高温法是指常压状态下，在封闭系统内利用高温处理病死及病害动物和相关动物产品的方法。

### 3.5 深埋法

深埋法是指按照相关规定，将病死及病害动物和相关动物产品投入深埋坑中并覆盖、消毒，处理病死及病害动物和相关动物产品的方法。

### 3.6 硫酸分解法

硫酸分解法是指在密闭的容器内，将病死及病害动物和相关动物产品用硫酸在一定条件下进行分解的方法。

## 4 病死及病害动物和相关动物产品的处理

### 4.1 焚烧法

4.1.1 适用对象

国家规定的染疫动物及其产品、病死或者死因不明的动物尸体、屠宰前确认的病害动物、屠宰过程中经检疫或肉品品质检验确认为不可食用的动物产品，以及其他应当进行无害化处理的动物及动物产品。

4.1.2 直接焚烧法

4.1.2.1 技术工艺

4.1.2.1.1 可视情况对病死及病害动物和相关动物产品进行破碎等预处理。

4.1.2.1.2 将病死及病害动物和相关动物产品或破碎产物，投至焚烧炉本体燃烧室，经充分氧化、热解，产生的高温烟气进入二次燃烧室继续燃烧，产生的炉渣经出渣机排出。

4.1.2.1.3 燃烧室温度应≥850℃。燃烧所产生的烟气从最后的助燃空气喷射口或燃烧器出口到换热面或烟道冷风引射口之间的停留时间应≥2s。焚烧炉出口烟气中氧含量应为6%~10%（干气）。

4.1.2.1.4 二次燃烧室出口烟气经余热利用系统、烟气净化系统处理，达到GB16297要求后排放。

4.1.2.1.5 焚烧炉渣与除尘设备收集的焚烧飞灰应分别收集、贮存和运输。焚烧炉渣按一般固体废物处理或作资源化利用；焚烧飞灰和其他尾气净化装置收集的固体废物需按GB5085.3要求作危险废物鉴定，如属于危险废物，则按GB18484和GB18597要求处理。

4.1.2.2 操作注意事项

4.1.2.2.1 严格控制焚烧进料频率和重量，使病死及病害动物和相关动物产品能够充分与空气接触，保证完全燃烧。

4.1.2.2.2 燃烧室内应保持负压状态，避免焚烧过程中发生烟气泄漏。

4.1.2.2.3 二次燃烧室顶部设紧急排放烟囱，应急时开启。

4.1.2.2.4 烟气净化系统，包括急冷塔、引风机等设施。

4.1.3 炭化焚烧法

4.1.3.1 技术工艺

4.1.3.1.1 病死及病害动物和相关动物产品投至热解炭化室，在无氧情况下经充分热解，产生的热解烟气进入二次燃烧室继续燃烧，产生的固体炭化物残渣经热解炭化室排出。

4.1.3.1.2 热解温度应≥600℃，二次燃烧室温度≥850℃，焚烧后烟气在850℃以上停留时间≥2s。

4.1.3.1.3 烟气经过热解炭化室热能回收后，降至600℃左右，经烟气净化系统处理，达到GB16297要求后排放。

4.1.3.2 操作注意事项

4.1.3.2.1 应检查热解炭化系统的炉门密封性，以保证热解炭化室的隔氧状态。

4.1.3.2.2 应定期检查和清理热解气输出管道，以免发生阻塞。

4.1.3.2.3 热解炭化室顶部需设置与大气相连的防爆口，热解炭化室内压力过大时可自动开启泄压。

4.1.3.2.4 应根据处理物种类、体积等严格控制热解的温度、升温速度及物料在热解炭化室里的停留时间。

### 4.2 化制法

#### 4.2.1 适用对象

不得用于患有炭疽等芽孢杆菌类疫病，以及牛海绵状脑病、痒病的染疫动物及产品、组织的处理。其他适用对象同 4.1.1。

#### 4.2.2 干化法

#### 4.2.2.1 技术工艺

4.2.2.1.1 可视情况对病死及病害动物和相关动物产品进行破碎等预处理。

4.2.2.1.2 病死及病害动物和相关动物产品或破碎产物输送入高温高压灭菌容器。

4.2.2.1.3 处理物中心温度 $\geqslant 140℃$，压力 $\geqslant 0.5MPa$（绝对压力），时间 $\geqslant 4h$（具体处理时间随处理物种类和体积大小而设定）。

4.2.2.1.4 加热烘干产生的热蒸汽经废气处理系统后排出。

4.2.2.1.5 加热烘干产生的动物尸体残渣传输至压榨系统处理。

#### 4.2.2.2 操作注意事项

4.2.2.2.1 搅拌系统的工作时间应以烘干剩余物基本不含水分为宜，根据处理物量的多少，适当延长或缩短搅拌时间。

4.2.2.2.2 应使用合理的污水处理系统，有效去除有机物、氨氮，达到 GB 8978 要求。

4.2.2.2.3 应使用合理的废气处理系统，有效吸收处理过程中动物尸体腐败产生的恶臭气体，达到 GB 16297 要求后排放。

4.2.2.2.4 高温高压灭菌容器操作人员应符合相关专业要求，持证上岗。

4.2.2.2.5 处理结束后，需对墙面、地面及其相关工具进行彻底清洗消毒。

4.2.3 湿化法

4.2.3.1 技术工艺

4.2.3.1.1 可视情况对病死及病害动物和相关动物产品进行破碎预处理。

4.2.3.1.2 将病死及病害动物和相关动物产品或破碎产物送入高温高压容器，总质量不得超过容器总承受力的五分之四。

4.2.3.1.3 处理物中心温度 ≥ 135℃，压力 ≥ 0.3MPa（绝对压力），处理时间 ≥ 30min（具体处理时间随处理物种类和体积大小而设定）。

4.2.3.1.4 高温高压结束后，对处理产物进行初次固液分离。

4.2.3.1.5 固体物经破碎处理后，送入烘干系统；液体部分送入油水分离系统处理。

4.2.3.2 操作注意事项

4.2.3.2.1 高温高压容器操作人员应符合相关专业要求，持证上岗。

4.2.3.2.2 处理结束后，需对墙面、地面及其相关工具进行彻底清洗消毒。

4.2.3.2.3 冷凝排放水应冷却后排放，产生的废水应经污水处理系统处理，达到 GB 8978 要求。

4.2.3.2.4 处理车间废气应通过安装自动喷淋消毒系统、排风系统和高效微粒空气过滤器（HEPA 过滤器）等进行处理，达到 GB16297 要求后排放。

**4.3 高温法**

4.3.1 适用对象

同 4.2.1。

4.3.2 技术工艺

4.3.2.1 可视情况对病死及病害动物和相关动物产品进行破碎等预处理。处理物或破碎产物体积（长 × 宽 × 高）≤ 125cm$^3$（5cm×5cm×5cm）。

4.3.2.2 向容器内输入油脂，容器夹层经导热油或其他介质加热。

4.3.2.3 将病死及病害动物和相关动物产品或破碎产物输送入容器

内，与油脂混合。常压状态下，维持容器内部温度≥180℃，持续时间≥2.5h（具体处理时间随处理物种类和体积大小而设定）。

4.3.2.4 加热产生的热蒸汽经废气处理系统后排出。

4.3.2.5 加热产生的动物尸体残渣传输至压榨系统处理。

4.3.3 操作注意事项

同 4.2.2.2。

### 4.4 深埋法

4.4.1 适用对象

发生动物疫情或自然灾害等突发事件时病死及病害动物的应急处理，以及边远和交通不便地区零星病死畜禽的处理。不得用于患有炭疽等芽孢杆菌类疫病，以及牛海绵状脑病、痒病的染疫动物及产品、组织的处理。

4.4.2 选址要求

4.4.2.1 应选择地势高燥，处于下风向的地点。

4.4.2.2 应远离学校、公共场所、居民住宅区、村庄、动物饲养和屠宰场所、饮用水源地、河流等地区。

4.4.3 技术工艺

4.4.3.1 深埋坑体容积以实际处理动物尸体及相关动物产品数量确定。

4.4.3.2 深埋坑底应高出地下水位 1.5m 以上，要防渗、防漏。

4.4.3.3 坑底撒一层厚度为 2～5cm 的生石灰或漂白粉等消毒药。

4.4.3.4 将动物尸体及相关动物产品投入坑内，最上层距离地表 1.5m 以上。

4.4.3.5 生石灰或漂白粉等消毒药消毒。

4.4.3.6 覆盖距地表 20～30cm，厚度不少于 1～1.2m 的覆土。

4.4.4 操作注意事项

4.4.4.1 深埋覆土不要太实，以免腐败产气造成气泡冒出和液体渗漏。

4.4.4.2 深埋后，在深埋处设置警示标识。

4.4.4.3 深埋后，第一周内应每日巡查 1 次，第二周起应每周巡查

1 次，连续巡查 3 个月，深埋坑塌陷处应及时加盖覆土。

4.4.4.4 深埋后，立即用氯制剂、漂白粉或生石灰等消毒药对深埋场所进行 1 次彻底消毒。第一周内应每日消毒 1 次，第二周起应每周消毒 1 次，连续消毒三周以上。

### 4.5 化学处理法

4.5.1 硫酸分解法

4.5.1.1 适用对象

同 4.2.1。

4.5.1.2 技术工艺

4.5.1.2.1 可视情况对病死及病害动物和相关动物产品进行破碎等预处理。

4.5.1.2.2 将病死及病害动物和相关动物产品或破碎产物，投至耐酸的水解罐中，按每吨处理物加入水 150~300kg，后加入 98% 的浓硫酸 300~400kg（具体加入水和浓硫酸量随处理物的含水量而设定）。

4.5.1.2.3 密闭水解罐，加热使水解罐内升至 100~108℃，维持压力 ≥ 0.15MPa，反应时间 ≥ 4h，至罐体内的病死及病害动物和相关动物产品完全分解为液态。

4.5.1.3 操作注意事项

4.5.1.3.1 处理中使用的强酸应按国家危险化学品安全管理、易制毒化学品管理有关规定执行，操作人员应做好个人防护。

4.5.1.3.2 水解过程中要先将水加入到耐酸的水解罐中，然后加入浓硫酸。

4.5.1.3.3 控制处理物总体积不得超过容器容量的 70% 。

4.5.1.3.4 酸解反应的容器及储存酸解液的容器均要求耐强酸。

4.5.2 化学消毒法

4.5.2.1 适用对象

适用于被病原微生物污染或可疑被污染的动物皮毛消毒。

4.5.2.2 盐酸食盐溶液消毒法

4.5.2.2.1 用 2.5% 盐酸溶液和 15% 食盐水溶液等量混合，将皮张浸泡在此溶液中，并使溶液温度保持在 30℃ 左右，浸泡 40h，1m$^2$

的皮张用 10L 消毒液（或按 100mL25% 食盐水溶液中加入盐酸 1mL 配制消毒液，在室温 15℃ 条件下浸泡 48h，皮张与消毒液之比为 1∶4）。

4.5.2.2.2 浸泡后捞出沥干，放入 2%（或 1%）氢氧化钠溶液中，以中和皮张上的酸，再用水冲洗后晾干。

4.5.2.3 过氧乙酸消毒法

4.5.2.3.1 将皮毛放入新鲜配制的 2% 过氧乙酸溶液中浸泡 30min。

4.5.2.3.2 将皮毛捞出，用水冲洗后晾干。

4.5.2.4 碱盐液浸泡消毒法

4.5.2.4.1 将皮毛浸入 5% 碱盐液（饱和盐水内加 5% 氢氧化钠）中，室温（18℃ ～ 25℃）浸泡 24 h，并随时加以搅拌。

4.5.2.4.2 取出皮毛挂起，待碱盐液流净，放入 5% 盐酸液内浸泡，使皮上的酸碱中和。

4.5.2.4.3 将皮毛捞出，用水冲洗后晾干。

**5 收集转运要求**

**5.1 包装**

5.1.1 包装材料应符合密闭、防水、防渗、防破损、耐腐蚀等要求。

5.1.2 包装材料的容积、尺寸和数量应与需处理病死及病害动物和相关动物产品的体积、数量相匹配。

5.1.3 包装后应进行密封。

5.1.4 使用后，一次性包装材料应作销毁处理，可循环使用的包装材料应进行清洗消毒。

**5.2 暂存**

5.2.1 采用冷冻或冷藏方式进行暂存，防止无害化处理前病死及病害动物和相关动物产品腐败。

5.2.2 暂存场所应能防水、防渗、防鼠、防盗，易于清洗和消毒。

5.2.3 暂存场所应设置明显警示标识。

5.2.4 应定期对暂存场所及周边环境进行清洗消毒。

## 5.3 转运

5.3.1 可选择符合 GB19217 条件的车辆或专用封闭厢式运载车辆。车厢四壁及底部应使用耐腐蚀材料，并采取防渗措施。

5.3.2 专用转运车辆应加施明显标识，并加装车载定位系统，记录转运时间和路径等信息。

5.3.3 车辆驶离暂存、养殖等场所前，应对车轮及车厢外部进行消毒。

5.3.4 转运车辆应尽量避免进入人口密集区。

5.3.5 若转运途中发生渗漏，应重新包装、消毒后运输。

5.3.6 卸载后，应对转运车辆及相关工具等进行彻底清洗、消毒。

## 6 其他要求

### 6.1 人员防护

6.1.1 病死及病害动物和相关动物产品的收集、暂存、转运、无害化处理操作的工作人员应经过专门培训，掌握相应的动物防疫知识。

6.1.2 工作人员在操作过程中应穿戴防护服、口罩、护目镜、胶鞋及手套等防护用具。

6.1.3 工作人员应使用专用的收集工具、包装用品、转运工具、清洗工具、消毒器材等。

6.1.4 工作完毕后，应对一次性防护用品作销毁处理，对循环使用的防护用品消毒处理。

### 6.2 记录要求

6.2.1 病死及病害动物和相关动物产品的收集、暂存、转运、无害化处理等环节应建有台账和记录。有条件的地方应保存转运车辆行车信息和相关环节视频记录。

6.2.2 台账和记录

6.2.2.1 暂存环节

6.2.2.1.1 接收台账和记录应包括病死及病害动物和相关动物产品来源场（户）、种类、数量、动物标识号、死亡原因、消毒方法、收集时间、经办人员等。

6.2.2.1.2 运出台账和记录应包括运输人员、联系方式、转运时间、车牌号、病死及病害动物和相关动物产品种类、数量、动物标识号、消毒方法、转运目的地以及经办人员等。

6.2.2.2 处理环节

6.2.2.2.1 接收台账和记录应包括病死及病害动物和相关动物产品来源、种类、数量、动物标识号、转运人员、联系方式、车牌号、接收时间及经手人员等。

6.2.2.2.2 处理台账和记录应包括处理时间、处理方式、处理数量及操作人员等。

6.2.3 涉及病死及病害动物和相关动物产品无害化处理的台账和记录至少要保存两年。

农业部办公厅 2017 年 7 月 3 日印发

# 五、动物检疫管理办法
## 农业农村部令 2022 年第 7 号

《动物检疫管理办法》已于 2022 年 8 月 22 日经农业农村部第 9 次常务会议审议通过，现予公布，自 2022 年 12 月 1 日起施行。

部长 唐仁健

2022 年 9 月 7 日

## 第一章 总则

**第一条** 为了加强动物检疫活动管理，预防、控制、净化、消灭动物疫病，防控人畜共患传染病，保障公共卫生安全和人体健康，根据《中华人民共和国动物防疫法》，制定本办法。

**第二条** 本办法适用于中华人民共和国领域内的动物、动物产品的检疫及其监督管理活动。

陆生野生动物检疫办法，由农业农村部会同国家林业和草原局另行制定。

**第三条** 动物检疫遵循过程监管、风险控制、区域化和可追溯管理相结合的原则。

**第四条** 农业农村部主管全国动物检疫工作。

县级以上地方人民政府农业农村主管部门主管本行政区域内的动物检疫工作，负责动物检疫监督管理工作。

县级人民政府农业农村主管部门可以根据动物检疫工作需要，向乡、镇或者特定区域派驻动物卫生监督机构或者官方兽医。

县级以上人民政府建立的动物疫病预防控制机构应当为动物检疫及其监督管理工作提供技术支撑。

**第五条** 农业农村部制定、调整并公布检疫规程，明确动物检疫的范围、对象和程序。

**第六条** 农业农村部加强信息化建设，建立全国统一的动物检疫管理信息化系统，实现动物检疫信息的可追溯。

县级以上动物卫生监督机构应当做好本行政区域内的动物检疫信息数据管理工作。

从事动物饲养、屠宰、经营、运输、隔离等活动的单位和个人，应当按照要求在动物检疫管理信息化系统填报动物检疫相关信息。

**第七条** 县级以上地方人民政府的动物卫生监督机构负责本行政区域内动物检疫工作，依照《中华人民共和国动物防疫法》、本办法以及检疫规程等规定实施检疫。

动物卫生监督机构的官方兽医实施检疫，出具动物检疫证明、加施检疫标志，并对检疫结论负责。

### 第二章 检疫申报

**第八条** 国家实行动物检疫申报制度。

出售或者运输动物、动物产品的，货主应当提前三天向所在地动物卫生监督机构申报检疫。

屠宰动物的，应当提前六小时向所在地动物卫生监督机构申报检疫；急宰动物的，可以随时申报。

**第九条** 向无规定动物疫病区输入相关易感动物、易感动物产品的，货主除按本办法第八条规定向输出地动物卫生监督机构申报检疫外，还应当在启运三天前向输入地动物卫生监督机构申报检疫。输入易感动物的，向输入地隔离场所在地动物卫生监督机构申报；输入易感动物产品的，在输入地省级动物卫生监督机构指定的地点申报。

**第十条** 动物卫生监督机构应当根据动物检疫工作需要，合理设置动物检疫申报点，并向社会公布。

县级以上地方人民政府农业农村主管部门应当采取有力措施，加强动物检疫申报点建设。

**第十一条** 申报检疫的，应当提交检疫申报单以及农业农村部规定的其他材料，并对申报材料的真实性负责。

申报检疫采取在申报点填报或者通过传真、电子数据交换等方式申报。

**第十二条** 动物卫生监督机构接到申报后，应当及时对申报材料进行审查。申报材料齐全的，予以受理；有下列情形之一的，不予受理，并说明理由：

（一）申报材料不齐全的，动物卫生监督机构当场或在三日内已经一次性告知申报人需要补正的内容，但申报人拒不补正的；

（二）申报的动物、动物产品不属于本行政区域的；

（三）申报的动物、动物产品不属于动物检疫范围的；

（四）农业农村部规定不应当检疫的动物、动物产品；

（五）法律法规规定的其他不予受理的情形。

**第十三条** 受理申报后，动物卫生监督机构应当指派官方兽医实施检疫，可以安排协检人员协助官方兽医到现场或指定地点核实信息，开展临床健康检查。

### 第三章 产地检疫

**第十四条** 出售或者运输的动物，经检疫符合下列条件的，出具动物检疫证明：

（一）来自非封锁区及未发生相关动物疫情的饲养场（户）；

（二）来自符合风险分级管理有关规定的饲养场（户）；

（三）申报材料符合检疫规程规定；

（四）畜禽标识符合规定；

（五）按照规定进行了强制免疫，并在有效保护期内；

（六）临床检查健康；

（七）需要进行实验室疫病检测的，检测结果合格。

出售、运输的种用动物精液、卵、胚胎、种蛋，经检疫其种用动物饲养场符合第一款第一项规定，申报材料符合第一款第三项规定，供体动物符合第一款第四项、第五项、第六项、第七项规定的，出具动物检疫证明。

出售、运输的生皮、原毛、绒、血液、角等产品，经检疫其饲养场（户）符合第一款第一项规定，申报材料符合第一款第三项规定，供体动物符合第一款第四项、第五项、第六项、第七项规定，且按规定消毒合格的，出具动物检疫证明。

**第十五条** 出售或者运输水生动物的亲本、稚体、幼体、受精卵、发眼卵及其他遗传育种材料等水产苗种的，经检疫符合下列条件的，出具动物检疫证明：

（一）来自未发生相关水生动物疫情的苗种生产场；

（二）申报材料符合检疫规程规定；

（三）临床检查健康；

（四）需要进行实验室疫病检测的，检测结果合格。

水产苗种以外的其他水生动物及其产品不实施检疫。

**第十六条** 已经取得产地检疫证明的动物，从专门经营动物的集贸市场继续出售或者运输的，或者动物展示、演出、比赛后需要继续运输的，经检疫符合下列条件的，出具动物检疫证明：

（一）有原始动物检疫证明和完整的进出场记录；

（二）畜禽标识符合规定；

（三）临床检查健康；

（四）原始动物检疫证明超过调运有效期，按规定需要进行实验室疫病检测的，检测结果合格。

**第十七条** 跨省、自治区、直辖市引进的乳用、种用动物到达输入地后，应当在隔离场或者饲养场内的隔离舍进行隔离观察，隔离期为三十天。经隔离观察合格的，方可混群饲养；不合格的，按照有关规定进行处理。隔离观察合格后需要继续运输的，货主应当申报检疫，并取得动物检疫证明。

跨省、自治区、直辖市输入到无规定动物疫病区的乳用、种用动物的隔离按照本办法第二十六条规定执行。

**第十八条** 出售或者运输的动物、动物产品取得动物检疫证明后，方可离开产地。

### 第四章 屠宰检疫

**第十九条** 动物卫生监督机构向依法设立的屠宰加工场所派驻

（出）官方兽医实施检疫。屠宰加工场所应当提供与检疫工作相适应的官方兽医驻场检疫室、工作室和检疫操作台等设施。

**第二十条** 进入屠宰加工场所的待宰动物应当附有动物检疫证明并加施有符合规定的畜禽标识。

**第二十一条** 屠宰加工场所应当严格执行动物入场查验登记、待宰巡查等制度，查验进场待宰动物的动物检疫证明和畜禽标识，发现动物染疫或者疑似染疫的，应当立即向所在地农业农村主管部门或者动物疫病预防控制机构报告。

**第二十二条** 官方兽医应当检查待宰动物健康状况，在屠宰过程中开展同步检疫和必要的实验室疫病检测，并填写屠宰检疫记录。

**第二十三条** 经检疫符合下列条件的，对动物的胴体及生皮、原毛、绒、脏器、血液、蹄、头、角出具动物检疫证明，加盖检疫验讫印章或者加施其他检疫标志：

（一）申报材料符合检疫规程规定；

（二）待宰动物临床检查健康；

（三）同步检疫合格；

（四）需要进行实验室疫病检测的，检测结果合格。

**第二十四条** 官方兽医应当回收进入屠宰加工场所待宰动物附有的动物检疫证明，并将有关信息上传至动物检疫管理信息化系统。回收的动物检疫证明保存期限不得少于十二个月。

### 第五章 进入无规定动物疫病区的动物检疫

**第二十五条** 向无规定动物疫病区运输相关易感动物、动物产品的，除附有输出地动物卫生监督机构出具的动物检疫证明外，还应当按照本办法第二十六条、第二十七条规定取得动物检疫证明。

**第二十六条** 输入到无规定动物疫病区的相关易感动物，应当在输入地省级动物卫生监督机构指定的隔离场所进行隔离，隔离检疫期为三十天。隔离检疫合格的，由隔离场所在地县级动物卫生监督机构的官方兽医出具动物检疫证明。

**第二十七条** 输入到无规定动物疫病区的相关易感动物产品，应当在输入地省级动物卫生监督机构指定的地点，按照无规定动物疫病区有关检疫要求进行检疫。检疫合格的，由当地县级动物卫生监督机构的官方兽医出具动物检疫证明。

## 第六章 官方兽医

**第二十八条** 国家实行官方兽医任命制度。官方兽医应当符合以下条件：

（一）动物卫生监督机构的在编人员，或者接受动物卫生监督机构业务指导的其他机构在编人员；

（二）从事动物检疫工作；

（三）具有畜牧兽医水产初级以上职称或者相关专业大专以上学历或者从事动物防疫等相关工作满三年以上；

（四）接受岗前培训，并经考核合格；

（五）符合农业农村部规定的其他条件。

**第二十九条** 县级以上动物卫生监督机构提出官方兽医任命建议，报同级农业农村主管部门审核。审核通过的，由省级农业农村主管部门按程序确认、统一编号，并报农业农村部备案。

经省级农业农村主管部门确认的官方兽医，由其所在的农业农村主管部门任命，颁发官方兽医证，公布人员名单。

官方兽医证的格式由农业农村部统一规定。

**第三十条** 官方兽医实施动物检疫工作时，应当持有官方兽医证。禁止伪造、变造、转借或者以其他方式违法使用官方兽医证。

**第三十一条** 农业农村部制定全国官方兽医培训计划。

县级以上地方人民政府农业农村主管部门制定本行政区域官方兽医培训计划，提供必要的培训条件，设立考核指标，定期对官方兽医进行培训和考核。

**第三十二条** 官方兽医实施动物检疫的，可以由协检人员进行协助。协检人员不得出具动物检疫证明。

协检人员的条件和管理要求由省级农业农村主管部门规定。

**第三十三条** 动物饲养场、屠宰加工场所的执业兽医或者动物防疫技术人员，应当协助官方兽医实施动物检疫。

**第三十四条** 对从事动物检疫工作的人员，有关单位按照国家规定，采取有效的卫生防护、医疗保健措施，全面落实畜牧兽医医疗卫生津贴等相关待遇。

对在动物检疫工作中做出贡献的动物卫生监督机构、官方兽医，按照国家有关规定给予表彰、奖励。

## 第七章　动物检疫证章标志管理

**第三十五条** 动物检疫证章标志包括：

（一）动物检疫证明；

（二）动物检疫印章、动物检疫标志；

（三）农业农村部规定的其他动物检疫证章标志。

**第三十六条** 动物检疫证章标志的内容、格式、规格、编码和制作等要求，由农业农村部统一规定。

**第三十七条** 县级以上动物卫生监督机构负责本行政区域内动物检疫证章标志的管理工作，建立动物检疫证章标志管理制度，严格按照程序订购、保管、发放。

**第三十八条** 任何单位和个人不得伪造、变造、转让动物检疫证章标志，不得持有或者使用伪造、变造、转让的动物检疫证章标志。

## 第八章　监督管理

**第三十九条** 禁止屠宰、经营、运输依法应当检疫而未经检疫或者检疫不合格的动物。

禁止生产、经营、加工、贮藏、运输依法应当检疫而未经检疫或者检疫不合格的动物产品。

**第四十条** 经检疫不合格的动物、动物产品，由官方兽医出具检疫处理通知单，货主或者屠宰加工场所应当在农业农村主管部门的监督下按照国家有关规定处理。

动物卫生监督机构应当及时向同级农业农村主管部门报告检疫不合格情况。

**第四十一条** 有下列情形之一的，出具动物检疫证明的动物卫生监督机构或者其上级动物卫生监督机构，根据利害关系人的请求或者依据职权，撤销动物检疫证明，并及时通告有关单位和个人：

（一）官方兽医滥用职权、玩忽职守出具动物检疫证明的；

（二）以欺骗、贿赂等不正当手段取得动物检疫证明的；

（三）超出动物检疫范围实施检疫，出具动物检疫证明的；

（四）对不符合检疫申报条件或者不符合检疫合格标准的动物、动物产品，出具动物检疫证明的；

（五）其他未按照《中华人民共和国动物防疫法》、本办法和检疫规程的规定实施检疫，出具动物检疫证明的。

**第四十二条** 有下列情形之一的，按照依法应当检疫而未经检疫处理处罚：

（一）动物种类、动物产品名称、畜禽标识号与动物检疫证明不符的；

（二）动物、动物产品数量超出动物检疫证明载明部分的；

（三）使用转让的动物检疫证明的。

**第四十三条** 依法应当检疫而未经检疫的动物、动物产品，由县级以上地方人民政府农业农村主管部门依照《中华人民共和国动物防疫法》处理处罚，不具备补检条件的，予以收缴销毁；具备补检条件的，由动物卫生监督机构补检。

依法应当检疫而未经检疫的胴体、肉、脏器、脂、血液、精液、卵、胚胎、骨、蹄、头、筋、种蛋等动物产品，不予补检，予以收缴销毁。

**第四十四条** 补检的动物具备下列条件的，补检合格，出具动物检疫证明：

（一）畜禽标识符合规定；

（二）检疫申报需要提供的材料齐全、符合要求；

（三）临床检查健康；

（四）不符合第一项或者第二项规定条件，货主于七日内提供检疫规程规定的实验室疫病检测报告，检测结果合格。

**第四十五条** 补检的生皮、原毛、绒、角等动物产品具备下列条件的，补检合格，出具动物检疫证明：

（一）经外观检查无腐烂变质；

（二）按照规定进行消毒；

（三）货主于七日内提供检疫规程规定的实验室疫病检测报告，检测结果合格。

**第四十六条** 经检疫合格的动物应当按照动物检疫证明载明的目的地运输，并在规定时间内到达，运输途中发生疫情的应当按有关规定报告并处置。

跨省、自治区、直辖市通过道路运输动物的，应当经省级人民政府设立的指定通道入省境或者过省境。

饲养场（户）或者屠宰加工场所不得接收未附有有效动物检疫证明的动物。

**第四十七条** 运输用于继续饲养或屠宰的畜禽到达目的地后，货主或者承运人应当在三日内向启运地县级动物卫生监督机构报告；目的地饲养场（户）或者屠宰加工场所应当在接收畜禽后三日内向所在地县级动物卫生监督机构报告。

## 第九章　法律责任

**第四十八条** 申报动物检疫隐瞒有关情况或者提供虚假材料的，或者以欺骗、贿赂等不正当手段取得动物检疫证明的，依照《中华人民共和国行政许可法》有关规定予以处罚。

**第四十九条** 违反本办法规定运输畜禽，有下列行为之一的，由县级以上地方人民政府农业农村主管部门处一千元以上三千元以下罚款；情节严重的，处三千元以上三万元以下罚款：

（一）运输用于继续饲养或者屠宰的畜禽到达目的地后，未向启运地动物卫生监督机构报告的；

（二）未按照动物检疫证明载明的目的地运输的；

（三）未按照动物检疫证明规定时间运达且无正当理由的；

（四）实际运输的数量少于动物检疫证明载明数量且无正当理由的。

**第五十条** 其他违反本办法规定的行为，依照《中华人民共和国动物防疫法》有关规定予以处罚。

## 第十章 附 则

**第五十一条** 水产苗种产地检疫，由从事水生动物检疫的县级以上动物卫生监督机构实施。

**第五十二条** 实验室疫病检测报告应当由动物疫病预防控制机构、取得相关资质认定、国家认可机构认可或者符合省级农业农村主管部门规定条件的实验室出具。

**第五十三条** 本办法自 2022 年 12 月 1 日起施行。农业部 2010 年 1 月 21 日公布、2019 年 4 月 25 日修订的《动物检疫管理办法》同时废止。

# 六、疫情报告管理办法

各省、自治区、直辖市及计划单列市畜牧兽医（农牧、农业）厅（局、委、办），新疆生产建设兵团畜牧兽医局，部属有关事业单位，各有关单位：

为规范动物疫情报告、通报和公布工作，加强动物疫情管理，提升动物疫病防控工作水平，根据《中华人民共和国动物防疫法》《重大动物疫情应急条例》等法律法规规定，现将有关事项通知如下。

**一、职责分工**

我部主管全国动物疫情报告、通报和公布工作。县级以上地方人民政府兽医主管部门主管本行政区域内的动物疫情报告和通报工作。中国动物疫病预防控制中心及县级以上地方人民政府建立的动物疫病预防控制机构，承担动物疫情信息的收集、分析预警和报告工作。中国动物卫生与流行病学中心负责收集境外动物疫情信息，开展动物疫病预警分析工作。国家兽医参考实验室和专业实验室承担相关动物疫病确诊、分析和报告等工作。

**二、疫情报告**

动物疫情报告实行快报、月报和年报。

**（一）快报**

有下列情形之一，应当进行快报：

1.发生口蹄疫、高致病性禽流感、小反刍兽疫等重大动物疫情；

2.发生新发动物疫病或新传入动物疫病；

3.无规定动物疫病区、无规定动物疫病小区发生规定动物疫病；

4.二、三类动物疫病呈暴发流行；

5.动物疫病的寄主范围、致病性以及病原学特征等发生重大变化；

6.动物发生不明原因急性发病、大量死亡；

7.我部规定需要快报的其他情形。

符合快报规定情形，县级动物疫病预防控制机构应当在 2 小时内将情况逐级报至省级动物疫病预防控制机构，并同时报所在地人民政府兽医主管部门。省级动物疫病预防控制机构应当在接到报告后 1 小时内，报本级人民政府兽医主管部门确认后报至中国动物疫病预防控制中心。中国动物疫病预防控制中心应当在接到报告后 1 小时内报至我部兽医局。

快报应当包括基础信息、疫情概况、疫点情况、疫区及受威胁区情况、流行病学信息、控制措施、诊断方法及结果、疫点位置及经纬度、疫情处置进展以及其他需要说明的信息等内容。

进行快报后，县级动物疫病预防控制机构应当每周进行后续报告；疫情被排除或解除封锁、撤销疫区，应当进行最终报告。后续报告和最终报告按快报程序上报。

**（二）月报和年报**

县级以上地方动物疫病预防控制机构应当每月对本行政区域内动物疫情进行汇总，经同级人民政府兽医主管部门审核后，在次月 5 日前通过动物疫情信息管理系统将上月汇总的动物疫情逐级上报至中国动物疫病预防控制中心。中国动物疫病预防控制中心应当在每月 15 日前将上月汇总分析结果报我部兽医局。中国动物疫病预防控制中心应当于 2 月 15 日前将上年度汇总分析结果报我部兽医局。

月报、年报包括动物种类、疫病名称、疫情县数、疫点数、疫区内易感动物存栏数、发病数、病死数、扑杀与无害化处理数、急宰数、紧急免疫数、治疗数等内容。

**三、疫病确诊与疫情认定**

疑似发生口蹄疫、高致病性禽流感和小反刍兽疫等重大动物疫情的，由县级动物疫病预防控制机构负责采集或接收病料及其相关样品，并按要求将病料样品送至省级动物疫病预防控制机构。省级动物疫病预防控制机构应当按有关防治技术规范进行诊断，无法确诊的，应当将病料样品送相关国家兽医参考实验室进行确诊；能够确诊的，应当将病料样品送相关国家兽医参考实验室作进一步病原分析和研究。

疑似发生新发动物疫病或新传入动物疫病，动物发生不明原因急性发病、大量死亡，省级动物疫病预防控制机构无法确诊的，送中国动物疫病预防控制中心进行确诊，或者由中国动物疫病预防控制中心组织相关兽医实验室进行确诊。

动物疫情由县级以上人民政府兽医主管部门认定，其中重大动物疫情由省级人民政府兽医主管部门认定。新发动物疫病、新传入动物疫病疫情以及省级人民政府兽医主管部门无法认定的动物疫情，由我部认定。

### 四、疫情通报与公布

发生口蹄疫、高致病性禽流感、小反刍兽疫、新发动物疫病和新传入动物疫病疫情，我部将及时向国务院有关部门和军队有关部门以及省级人民政府兽医主管部门通报疫情的发生和处理情况；依照我国缔结或参加的条约、协定，向世界动物卫生组织、联合国粮农组织等国际组织及有关贸易方通报动物疫情发生和处理情况。

发生人畜共患传染病疫情，县级以上人民政府兽医主管部门应当按照《中华人民共和国动物防疫法》要求，与同级卫生主管部门及时相互通报。

我部负责向社会公布全国动物疫情，省级人民政府兽医主管部门可以根据我部授权公布本行政区域内的动物疫情。

### 五、疫情举报和核查

县级以上地方人民政府兽医主管部门应当向社会公布动物疫情举报电话，并由专门机构受理动物疫情举报。我部在中国动物疫病预防控制中心设立重大动物疫情举报电话，负责受理全国重大动物疫情举报。动物疫情举报受理机构接到举报，应及时向举报人核实其基本信息和举报内容，包括举报人真实姓名、联系电话及详细地址，举报的疑似发病动物种类、发病情况和养殖场（户）基本信息等；核实举报信息后，应当及时组织有关单位进行核查和处置；核查处置完成后，有关单位应当及时按要求进行疫情报告并向举报受理部门反馈核查结果。

### 六、其他要求

中国动物卫生与流行病学中心应当定期将境外动物疫情的汇总分

析结果报我部兽医局。国家兽医参考实验室和专业实验室在监测、病原研究等活动中，发现符合快报情形的，应当及时报至中国动物疫病预防控制中心，并抄送样品来源省份的省级动物疫病预防控制机构；国家兽医参考实验室、专业实验室和有关单位应当做好国内外期刊、相关数据库中有关我国动物疫情信息的收集、分析预警，发现符合快报情形的，应当及时报至中国动物疫病预防控制中心。中国动物疫病预防控制中心接到上述报告后，应当在 1 小时内报至我部兽医局。

各地动物疫情报告工作情况将纳入我部重大动物疫病防控工作延伸绩效考核。各地也应将动物疫情报告工作情况作为对市县兽医部门考核的重要内容，加强考核。

自本通知印发之日起，我部于 1999 年 10 月发布的《动物疫情报告管理办法》（农牧发〔1999〕18 号）同时废止。我部此前对动物疫情报告、通报和公布工作规定与本通知要求不一致的，以本通知为准。

农业农村部

2018 年 6 月 15 日

# 七、兽医处方格式及应用规范

为规范兽医处方管理，根据《中华人民共和国动物防疫法》及《执业兽医管理办法》《动物诊疗机构管理办法》《兽用处方药和非处方药管理办法》，制定本规范。

## 一、基本要求

1. 本规范所称兽医处方，是指执业兽医师在动物诊疗活动中开具的，作为动物用药凭证的文书。

2. 执业兽医师根据动物诊疗活动的需要，按照兽药使用规范，遵循安全、有效、经济的原则开具兽医处方。

3. 执业兽医师在注册单位签名留样或者专用签章备案后，方可开具处方。兽医处方经执业兽医师签名或者盖章后有效。

4. 执业兽医师利用计算机开具、传递兽医处方时，应当同时打印出纸质处方，其格式与手写处方一致；打印的纸质处方经执业兽医师签名或盖章后有效。

5. 兽医处方限于当次诊疗结果用药，开具当日有效。特殊情况下需延长有效期的，由开具兽医处方的执业兽医师注明有效期限，但有效期最长不得超过 3 天。

6. 除兽用麻醉药品、精神药品、毒性药品和放射性药品外，动物诊疗机构和执业兽医师不得限制动物主人持处方到兽药经营企业购药。

## 二、处方笺格式

兽医处方笺规格和样式（见附件）由农业部规定，从事动物诊疗活动的单位应当按照规定的规格和样式印制兽医处方笺或者设计电子处方笺。兽医处方笺规格如下：

1. 兽医处方笺一式三联，可以使用同一种颜色纸张，也可以使用三种不同颜色纸张。

2. 兽医处方笺分为两种规格，小规格为：长 210 mm、宽 148 mm；大规格为：长 296 mm、宽 210 mm。

### 三、处方笺内容

兽医处方笺内容包括前记、正文、后记三部分，要符合以下标准：

1. 前记：对个体动物进行诊疗的，至少包括动物主人姓名或者动物饲养单位名称、档案号、开具日期和动物的种类、性别、体重、年（日）龄。

对群体动物进行诊疗的，至少包括饲养单位名称、档案号、开具日期和动物的种类、数量、年（日）龄。

2. 正文：包括初步诊断情况和 Rp（拉丁文 Recipe "请取" 的缩写）。Rp 应当分列兽药名称、规格、数量、用法、用量等内容；对于食品动物还应当注明休药期。

3. 后记：至少包括执业兽医师签名或盖章和注册号、发药人签名或盖章。

### 四、处方书写要求

兽医处方书写应当符合下列要求：

1. 动物基本信息、临床诊断情况应当填写清晰、完整，并与病历记载一致。

2. 字迹清楚，原则上不得涂改；如需修改，应当在修改处签名或盖章，并注明修改日期。

3. 兽药名称应当以兽药国家标准载明的名称为准。兽药名称简写或者缩写应当符合国内通用写法，不得自行编制兽药缩写名或者使用代号。

4. 书写兽药规格、数量、用法、用量及休药期要准确规范。

5. 兽医处方中包含兽用化学药品、生物制品、中成药的，每种兽药应当另起一行。

6. 兽药剂量与数量用阿拉伯数字书写。剂量应当使用法定计量单位：质量以千克（kg）、克（g）、毫克（mg）、微克（μg）、纳克（ng）为单位；容量以升（l）、毫升（ml）为单位；有效量单位以国际单位（IU）、单位（U）为单位。

7. 片剂、丸剂、胶囊剂以及单剂量包装的散剂、颗粒剂分别以片、丸、粒、袋为单位；多剂量包装的散剂、颗粒剂以 g 或 kg 为单位；单剂量包装的溶液剂以支、瓶为单位，多剂量包装的溶液剂以 ml 或 l 为单位；软膏及乳膏剂以支、盒为单位；单剂量包装的注射剂以支、瓶为单位，多剂量包装的注射剂以 ml 或 l、g 或 kg 为单位，应当注明含量；兽用中药自拟方应当以剂为单位。

8. 开具处方后的空白处应当划一斜线，以示处方完毕。

9. 执业兽医师注册号可采用印刷或盖章方式填写。

### 五、处方保存

1. 兽医处方开具后，第一联由从事动物诊疗活动的单位留存，第二联由药房或者兽药经营企业留存，第三联由动物主人或者饲养单位留存。

2. 兽医处方由处方开具、兽药核发单位妥善保存二年以上。保存期满后，经所在单位主要负责人批准、登记备案，方可销毁。

# 八、军马驱虫技术要求

## 中国人民解放军总后勤部卫生部部军用标准
## （WSB31—1999）

### 1 范围

本标准规定了军马驱虫的技术规定及驱虫效果判定的方法。

本标准用于部队养马、用马单位的预防性驱虫和治疗性驱虫。

### 2 引用标准

下列标准所包含的条文，通过在本标准中引用而构成为本标准的条文。在标准出版时，所示版本均为有效。所有标准都会被修订，使用本标准的各方应探讨使用下列标准最新版本的可能性。

GJB1343—92 军马（骡）补充、退役卫生规定

### 3 定义

本标准采用下列定义。

3.1 驱虫

指应用药物驱除、杀灭宿主消化道或其他与外界相通脏器内的寄生虫的措施：因主要驱杀的为蠕虫，国内也常用驱蠕虫一词。

3.2 治疗性驱虫

指对已呈现寄生虫病症状的病畜进行的驱虫措施，以使病畜恢复健康和复壮。

3.3 预防性驱虫

指依照当地寄生虫病流行规律，按预先拟定的计划对畜群进行定期的驱虫措施，以防止寄生虫病的发生与扩散。

3.4 安全范围

驱虫药最小有效量与最小中毒量之间的差距。

3.5 虫卵减少率

指动物驱虫后，一定量粪便内虫卵数与驱虫前虫卵数相比所下降的百分率，表示驱虫效果。

3.6 虫卵消失率

指驱虫后畜群中感染某一种蠕虫的头数较驱虫前感染头数下降的百分率，表示驱虫效果。

**4 驱虫的技术规定**

4.1 预防性驱虫应在正确诊断和流行病学调查的基础上，根据存在的主要寄生虫种类和当地自然条件，确定适宜的驱虫时间和次数。对呈现寄生虫病症状的军马，应随时进行治疗性驱虫。

4.2 根据不同种类的寄生虫（见附录 A），选择最适当的驱虫药（见附录 B）：大批驱虫前应先选出有代表性的少部分军马进行试验，观察驱虫效果及安全性。

4.3 驱虫前对所需驱虫药品（包括辅助性药品及解毒药）及投药器械应作周密的计划和准备。

4.4 为使驱虫药用量准确，对军马应称重或用体重估测法（按 GJB1343 附件 B 方法估测）计算体重。

4.5 驱虫军马应逐匹进行编号登记，内容应包括：军马来源、健康状况、年龄、性别、体重、驱虫药名称、剂量及不良反应等。

4.6 对比较瘦弱的军马，在驱虫前半个月应给予富有营养而易于消化的饲料，并停止使役，以增强体质；对有严重脏器疾病、高热或处于应激状态时（例如车船长途运输、去势术后等）的军马不宜进行驱虫。

4.7 投药前 12h 应停止饲喂。

4.8 投药后 1—2d（特别是投药后 5h 内）应加强对军马的看管和护理，供给足量的清洁饮水。注意观察马匹的表现，如发现中毒时，应立即采取救治措施。

4.9 投药后 3—5d 内，军马应停止使役并使留在厩内，将排出的粪便集中堆肥发酵处理。

4.10 驱虫工作结束后，应对马厩和系马场进行彻底清扫和消毒。

## 5 驱虫效果综合判定

### 5.1 寄生虫减少情况

5.1.1 驱虫后 1 ～ 2d 内，检查粪便中虫体排出情况（马胃蝇蛆、马蛲虫及其他线虫）。

5.1.2 在驱虫前一天或之前和驱虫后 10 ～ 15d 采集粪样，进行虫卵计数，以虫卵减少率（驱虫率）和虫卵消失率（驱净率）表示驱虫效果。一次用药后，驱虫率达到 95% 以上为高效，达不到 70% 者则属较差。从生产实践要求来看，驱净率有更重要的临床意义，至少要超过 70% 才符合要求。驱虫效果差者，应改选其他驱虫药再进行一次驱虫。

### 5.2 营养改善情况

统计驱虫前和驱虫后 1 个月马群中各类营养状况的马数并予以比较。

### 5.3 症状缓解情况

观察驱虫后军马寄生虫病临床症状减轻和消失情况。

我国马匹消化道常见寄生虫见附录 A。

## 附录 A

### （提示的附录）

### 我国马匹消化道常见寄生虫种类

| 寄生虫种类 | 寄生部位 | 备 注 |
|---|---|---|
| 马胃虫（蝇柔线虫、小口柔线虫、大口柔线虫） | 胃 | 需蝇类作为中间宿主；<br>地方性流行；<br>粪中较难检出虫卵 |
| 马胃蝇蛆（胃蝇属幼虫） | 胃<br>十二指肠 | 多见于牧区马匹，或来源于牧区的新马 |
| 马蛔虫（马副蛔虫） | 小肠 | 全国分布，较常见，多见于幼驹 |
| 马杆虫（韦氏类圆线虫） | 小肠 | 主要见于幼驹 |
| 马绦虫<br>（叶状绦虫、大绦虫、侏儒绦虫） | 小肠 | 需地螨作为中间宿主；<br>地方性流行，幼驹较多见；<br>粪中较难检出虫卵 |
| 马蛲虫<br>（马尖尾线虫） | 大肠 | 全国分布，较常见；<br>雌虫产卵于病马肛门周围，确诊需在肛门周围刮取物中检出虫卵 |
| 大型圆虫<br>（普通圆虫、马圆虫、无齿圆虫）<br>小型圆虫<br>（毛线科的许多种线虫） | 大肠 | 全国分布，最常见；<br>普通圆虫幼虫寄生于肠系膜动脉根，马圆虫幼虫寄生于胰腺，无齿圆虫幼虫寄生于腹膜，毛线科幼虫寄生于大肠壁 |

## 附录 B

### （提示的附录）

### 我国马匹常用驱虫药种类

| 驱虫药名称 | 适应证 | 用法与用量<br>（mg/kg 体重） | 优缺点与注意事项 |
|---|---|---|---|
| 精制敌百虫 | 马蛔虫、马蛲虫、地蝇蛆 | 口服 30—50 | 1. 敌百虫水溶液应现用现配，且不宜与碱性药物或碱性水质配伍。<br><br>2. 用药前后，禁用胆碱酯酶抑制药、有机磷杀虫剂和肌松药，否则毒性增强。<br><br>3. 安全范围小，常出现腹痛、流涎、呼吸困难、排便、肌痉挛等不良反应，轻度可自然耐过，中度用间托品、解磷定解救。极量 20g。 |
| 伊维菌素 | 马胃虫、马蛔虫、马杆虫、马蛲虫、马大型圆虫、马小型圆虫的成虫和幼虫、马胃蝇蛆 | 口服或肌内注射 0.2 | 1. 口服和肌内注射疗效相同，但注射有时有局部反应。<br><br>2. 安全范围大，很少出现不良反应。 |
| 丙氧苯咪唑 | 马蛔虫、马杆虫、马蛲虫、马大型圆虫、马小型圆虫的成虫和幼虫 | 口服 10 | 安全范围大，应用安全，且较不易使虫体产生耐药性。 |
| 甲苯咪唑 | 马蛔虫、马蛲虫、马大型圆虫、马小型圆虫 | 口服 10 | 安全范围大，应用安全（妊娠马禁用）。 |
| 氯硝柳胺 | 叶状绦虫、大绦虫、侏儒绦虫 | 口服 80—90 | 安全范围大，应用安全。药品颗粒愈细，效果愈好。 |
| 吡喹酮 | 叶状绦虫、大绦虫、侏儒绦虫 | 口服 10 | 安全范围大，应用安全。 |

## 附录 C

### （提示的附录）

虫卵计数法（麦克马斯特 McMaster 改良法）

### C1 操作步骤

C1.1 称取 3g 粪样放入一能盛 120ml 的玻璃瓶中，加入 42ml 清水浸泡数分钟，再加入 45 粒左右 8mm 直径的玻璃珠，摇动玻璃瓶，直到其中所有粪块碎裂为止。

C1.2 将上述瓶中混合液通过一个孔径为 0.15mm 的网筛，滤入一杯内。

C1.3 搅动滤过液并将其倒入一离心管至离管口 1cm 处，以 1500r/min 的速度离心 2min，弃去上清液。

C1.4 摇动离心管，使沉淀松散，加入饱和 NaCl 溶液，其量与前述 C1.3 相同。

C1.5 用拇指按住管口，倒转 5－6 次，使管内容物充分混合，立即用巴斯德吸管吸取足量的混悬液小心注入 McMaster 虫卵计算板的一个计算室，再次使管内容物混悬后吸取第二个样品，注入另一个计算室内。（每个计算板有 2 个容积为 0.15cm 的计算室）

C1.6 在高倍显微镜下观察，计算两个室内的全部虫卵数，再乘以 50，即为每克粪样中的虫卵数 (e.p.g 值)(3g 粪样稀释成 45ml 混悬液，被检查的混悬液为 0.3ml)。为了较精确起见，每份粪样可做 2－3 次以求平均虫卵数。

### C2 计算公式

C2.1 虫卵减少率%（驱虫率）

虫卵减少率%（驱虫率）＝（驱虫前平均 e.p.g－驱虫后平均 e.p.g）/ 驱虫前平均 e. p.g×100%

C2.2 虫卵消失率%（驱净率）

虫卵消失率%（驱净率）＝（驱虫前动物感染数－驱虫后动物感染数）/ 驱虫前动物感染数 ×100%

# 九、军用动物传染病防疫规程
## 中华人民共和国国家军用标准（GJB3132 - 97）

### 1 主要内容与适用范围

本标准规定了军用动物在未发生传染病时的预防和发生传染病时的控制与扑灭措施。

本标准适用于军马、军犬、军鸽、军驼在饲养管理、使役和生物武器防护中的兽医卫生防疫工作。

### 2 术语

2.1 传染源 source of infection

有病原体生长繁殖并能排出病原体的动物和人。

2.2 疫源地 epidemic focus

传染源及其排出的病原体可以传播到的地区。包括传染源的停留场所，被传染源污染的物体、环境及该范围内有感染可疑的动物和贮存宿主。

2.3 疫点 epidemic sit

是单个传染源所构成的疫源地，如病畜所在的厩舍、栏圈、草地或饮水点等。

2.4 疫区 epidemic area

传染病正在流行的地区。其范围比疫点大，由若干个相互连接的疫源地所组成。

2.5 潜伏期 incubation period

从病原体侵入机体起，直至出现最初的一些症状为止的一段时间。

2.6 传染病病畜 animal of infectious diseases

有明显临诊症状或用其他诊断方法检查呈阳性结果的动物。

2.7 疑似感染动物 suspicious infectious animal

与病畜（禽）接触过的动物，如共用饲槽、用具，它们有可能处于潜伏期中，有排菌（毒）的危险。

2.8　假定健康动物　putalive health animal

与病畜（禽）同舍饲养但无接触的健康动物或病畜（禽）邻近舍的动物。

## 3　传染病的预防

3.1　兽医检疫

3.1.1　部队补充军用动物时，兽医人员要到补充地点（场、站）参加有关传染病的检疫。检疫内容应根据补充地点传染病的种类和部队要求，双方商定。确认无传染病的健康动物方可接收入伍，并负责运输途中的兽医卫生防疫工作。

3.1.2　平时应加强对部队周围地区内某些人兽共患传染病如炭疽、鼻疽、流行性乙型脑炎、布鲁氏菌病、类鼻疽、钩端螺旋体病、狂犬病、鸽新城疫（鸽Ⅰ型副粘病毒感染）、衣原体病等的疫情调查，掌握疫情，做好防疫工作，防止传染给军用动物。

3.1.3　战时缴获的各种军用动物和新补充的、长期外出执勤归队的军用动物，应加强兽医监督，至少隔离检疫一个月，确认无传染病时，方可混群饲养、使役。

3.1.4　部队野营、行军、换防或进入自然疫源地前，兽医人员要进行疫情调查，并采取相应防疫措施，防止感染。

3.1.5　每年春秋季对军用动物各进行一次定期检疫，包括鼻疽、马传染性贫血、类鼻疽、狂犬病、鸽新城疫（鸽Ⅰ型副粘病毒感染）等；军用动物中发生流行性淋巴管炎、马传染性胸膜肺炎、马流行性感冒、犬瘟热、犬细小病毒感染、犬传染性肝炎、鸽痘、禽霍乱、鸽沙门氏菌病、衣原体病等传染病时，要进行临时检疫，及时查明传染源和传播途径，防止疫病扩大传播。

3.1.6　做好兽医食品卫生监督。在部队肉品屠宰点屠宰的动物，要进行宰前宰后检验。凡对人及军用动物有危害健康的病畜，严禁屠宰，应按有关食品卫生检验法规处理。自市场购入的各类肉食品，在食用前，须经检验人员检验。

3.2　预防接种

3.2.1　军马应对炭疽、破伤风、马传染性贫血、流行性乙型脑炎；军犬应对狂犬病、犬瘟热、犬细小病毒病、犬副流感、犬传染性肝炎、钩端螺旋体病；军鸽应对鸽Ⅰ型副粘病毒感染、鸽痘；军驼应对炭疽、肠毒血症等病，进行定期预防接种。

3.2.2 军用动物参战前 1 个月，应进行一次强化免疫。

3.2.3 临时征集参战的军用动物，应按 3.2.1 规定的传染病，进行紧急免疫接种。

3.3 加强饲养管理

3.3.1 搞好畜舍内、外卫生，及时清除粪便，并经堆积发酵后利用。

3.3.2 饲槽内不得存留残剩的饲料，饲喂后应及时洗刷，保持洁净。

3.3.3 保持厩舍内空气新鲜，夏季做好通风防暑，冬季做好防寒保暖。

3.3.4 饲养管理用具、鞍挽具应放置在清洁、干燥处，经常擦拭，防止变形变质。用具要固定，不能互相串用。

3.3.5 饲料应保证质地优良，多样化，防止霉败变质。饲料配合符合军用动物的营养要求及饲养标准。水源必须清洁，避免粪、尿及其他有害物质污染。

3.3.6 军用动物外出执勤、训练，要做到不用民槽、不用民厩、不在疫区内驻宿和自带饲槽、自带水桶、自带草料。

3.4 消毒、杀虫、灭鼠

3.4.1 平时结合日常卫生工作，对饲养管理用具、鞍挽具、工作服、鞋等做经常性的清洗及消毒工作。每年春秋季结合定期检疫应对圈舍、运动场、饲养管理用具进行一次大消毒，见附录 A。

3.4.2 做好预防性杀虫与疫源地杀虫。常用杀虫剂的使用见附录 C。

3.4.3 做好畜舍内、外的驱鼠、灭鼠工作。

**4 传染病的控制及扑灭**

4.1 早期发现，及时确诊

发生传染病时，要及时组织兽医人员应用各种诊断方法（流行病学调查、临诊检查、病理学、病原学、血清学、变态反应、分子生物学技术等）进行综合诊断，早期发现病畜，及时确诊。必要时可报请上级部门派员参加会诊。

4.2 疫情报告

4.2.1 军用动物中发现有炭疽、非洲马瘟或当地新发现的传染病时，要及时逐级上报，要追查疫源，采取紧急扑灭措施。发生人兽共患传染病时，应同时通知有关卫生部门。

4.2.2 疫情报告的内容包括：发病时间、地点、发病数、症状、剖检变化、初诊病名及防治情况等。

4.2.3 驻地周围民畜（禽）中发生对军用动物有传染性的疫病时，严禁军用动物进入疫区内作业、停留，必要时指明绕行道路。加强畜（禽）舍内外的消毒。要加强观察（必要时每日测体温、观察精神、饮、食欲），发生体温升高或精神、饮、食欲异常动物，立即隔离，全面诊断，及时治疗，其他动物可行药物预防或疫苗紧急接种。

4.3 隔离与封锁

4.3.1 军用动物中发生一类传染病（炭疽、非洲马瘟）或当地新发现的传染病，或敌人实施生物战时，对疫区和生物武器污染区，应在报请上级行政和业务部门批准下，会同地方畜禽防疫检疫机构，发布封锁令。

4.3.2 封锁区严禁人、畜（禽）车辆出入，在特殊情况下人员必须出入时，需经有关兽医人员许可并经严格消毒后方可出入。

4.3.3 疫点出入口必须有消毒设施，消毒池内消毒液应及时更换。疫点内的用具、圈舍，应经常进行消毒。

4.3.4 军用动物中发生二类传染病（布鲁氏菌病、结核病、狂犬病、流行性乙型脑炎、鼻疽、马传染性贫血病、新城疫、禽霍乱）、三类传染病（钩端螺旋体病）时有明显症状的病畜（禽）和可疑病畜，应立即分别隔离，设专人饲养、护理、严格消毒，禁止其他人、畜接近和出入。

疑似感染动物，应在消毒后转移他处，限制其活动，加强观察检查（临诊检查、血清学检查），及时分化。隔离时间应根据附录 B 中该病的潜伏期而定。

假定健康动物，可进行疫（菌）苗接种或药物预防。

4.3.5　解除封锁。疫区内最后一头病畜扑杀或痊愈后，经过该病的最长潜伏期，再无新病例发生时，经过全面消毒，经上级业务部门及地方畜禽防疫检疫机构检查合格，报原发布封锁令的行政和业务部门批准后，发布解除封锁令。

4.4　病畜的处理

4.4.1　凡对周围的动物或人的健康有严重威胁，或无法治疗的病畜，应立即扑杀。不准任意食用或销售，尸体应深埋或焚烧。

4.4.2　有治愈可能的病畜，应在隔离条件下，进行治疗或紧急预防接种。

4.4.3　对治疗后仅能达到临床治愈又有一定的使役能力的传染病病畜（如马鼻疽），当前可与地方农牧部门联系同意后，交地方集中使用或扑杀。

4.5　消毒要求同上

4.6　紧急免疫接种和药物预防

疫区和受威胁区内尚未发病的军用动物，可应用疫（菌）苗或免疫血清进行紧急预防接种，无疫苗或血清时，也可用药物预防。

## 5 生物武器防护

5.1　敌情侦察

平时及参战前，应向有关部门了解敌人实施生物战的有关情报，包括敌人进行生物战的计划、目的、敌人生物武器部队的装备、对部队人员和军用动物进行了哪些防护措施、人员、军用动物都注射过哪些疫（菌）苗等。

5.2　技术训练

兽医人员、饲养员、驭手、骑兵、军犬训导员，除应熟悉自身防护方法外，还需熟悉、掌握对军马、军犬的防护技术、敌投的生物武器的采样和送检方法。

5.3　消毒、杀虫、灭鼠

反生物战中消毒的目的、方法与平时相同，可参阅上述，还应注意以下特点：

5.3.1 药效强与剂量大通常以芽胞菌作为决定选择消毒药与剂量的标准。

5.3.2 重点处理与警戒处理对部队必须通过的污染区要迅速、重点消毒，其他地区可设立警戒标志，限制进入，延迟处理或利用日光中的紫外线照射或土壤中的微生物进行自然净化处理。

5.3.3 消毒与防护消毒顺序应先重点后一般，先室内后室外，先近后远。消毒的同时要加强人、畜的防护。

5.4 防治

任务紧急而必须进入污染区或感染后处于潜伏期的军用动物，应根据施放生物战剂的种类，以治疗剂量进行药物预防，用药期间每日加强临诊观察，发现病畜，及时隔离治疗。证实军用动物中发生由生物武器所致传染病时，应采取下列措施：

5.4.1 由生物武器所致的传染病畜、除留足够病例供诊断及研究外，所有病畜应立即扑杀，以防扩大传播。

5.4.2 封锁疫区。封锁圈可分为大、小两种，大封锁圈以发生病畜的部队、村庄为范围；小封锁圈以病畜的厩舍、运动场进行划定。

5.4.3 疫区内除兽医及饲养人员外，其他人员及牲畜严禁入内。封锁区的物资供应，可由未受袭击的人员和军马组织转动站负责供应。

5.4.4 在重要交通路口应设立检查站，凡经上级领导机关准许通过污染区者，均需经过检查、消毒及采取防护措施。

5.4.5 封锁区内的军用动物应进行检疫。凡体温升高或有其他可疑症状者，立即隔离，并根据病情及时治疗。接触过生物战剂的军用动物，应根据条件，迅速进行药物预防或用疫（菌）苗、免疫血清进行紧急预防接种。病畜及其尸体应按上述内容处理。

5.4.6 封锁区内结合爱国卫生运动，发动群众，进行消毒、杀虫灭鼠工作按上述有关项进行。

5.4.7 解除封锁，参阅上述有关项进行。

# 附录 A
## 消毒、消毒剂及使用方法
### （参考件）

### A1　各种消毒对象的消毒方法

#### A1.1　圈舍消毒

先测量圈舍面积，再按各种消毒剂的用量计算并配制所需消毒液的数量。消毒时，先以部分消毒液或水喷洒于棚、墙壁、地面、笼具；然后机械清除粪便、垫草、剩余饲料、灰尘。再按先地面，后墙壁、天棚、饲槽、笼具及其他物体，最后再将地面消毒一次的程序喷洒消毒。

#### A1.2　空气消毒

可用 0.3%～0.5% 过氧乙酸喷雾或乳酸加热熏蒸（使用量为 0.06～1.2 毫升/立方米。使用时用水稀释成 20% 溶液），或用 50ppm 次氯酸钠溶液、5% 有效氯漂白粉澄清液喷雾消毒。夏季也可打开门窗通风换气消毒。

#### A1.3　体表消毒

头部可用浸有低浓度消毒液并略加拧干的布块反复擦拭（不能擦拭眼、鼻、口腔周围）。体躯部可用喷雾消毒。蹄及四肢应先消除蹄底、四肢下部的粪便、泥土等杂物后，可在消毒液中浸泡 5～8 分钟，或用刷子反复刷拭。

A1.4　污水消毒，关闭出水口，按 10 克/升剂量加入漂白粉，连续作用 6 小时。

A1.5　常用消毒剂的使用浓度及用量见表 A1。

表 A1　常用消毒剂的使用浓度及用量

| 消毒剂名称 | | 消毒对象 | 使用浓度及剂型 | 用量与消毒时间 |
|---|---|---|---|---|
| 含氯消毒剂 | 漂白粉 | 畜舍<br>清水<br>污水 | 2.5%～5%有效氯溶液（即10%～20%漂白粉溶液）<br>干粉<br>干粉 | 800～1000mL/m²<br>6g/m³<br>10～15g/m³ |
| | 次氯酸钠 | 畜舍空气、畜体地面墙壁 | 200～250ppm | 50mL/m³ |
| | 优氯净 | 一般染毒器材<br>空气、地面<br>污水、粪便 | 1：4000水溶液<br>1：200水溶液<br>干粉 | 浸泡3～5min<br>喷洒熏蒸2～4h<br>5～10g/m³，作用2～4h |
| 过氧化物消毒剂 | 过氧乙酸 | 畜（禽）舍、饲槽<br>带禽消毒<br>室内熏蒸 | 0.5%水溶液<br>0.3%水溶液<br>20%溶液 | 30～50mL/m²<br>30～50mL/m³，消毒30min，（芽胞菌3g/m³）室温15℃以上，相对湿度70%～80%，熏蒸60min |
| 季胺类消毒剂 | 百毒杀50%、10%消毒净 | 畜（禽）舍、环境、器具<br>禽体<br>黏膜、浸泡金属器械手指、皮肤 | 1：3000溶液<br>1：600溶液<br>0.05%溶液<br>0.1%溶液 | 30～33mg/m³，间隔1～3d消毒1次<br>浸泡 |
| 醛类消毒剂 | 福尔马林 | 空气、畜（禽）舍地面、护理用具、饲槽 | 36%甲醛溶液<br>2%～4%溶液 | 每立方米用福尔马林20mL，加水等量，过锰酸钾20g熏蒸12时 |
| 酚类消毒剂 | 农乐（复合酚） | 畜舍、笼具、排泄物 | 0.35%～1%溶液 | 严重污染时可增加浓度和喷洒次数 |
| 碱类消毒剂 | 生石灰 | 畜舍墙壁、畜栏、地面 | 10%～20%石灰乳 | 涂刷 |

# 补充件 B 军用动物传染病的潜伏期及封锁期限

军用动物传染病的潜伏期及封锁期

| 病名 | 潜伏期 | | | 封锁期限 |
|------|------|------|------|--------|
| | 平均 | 最短 | 最长 | |
| 马鼻疽 | 14d | 3 ~ 8d | 数月 | 45d |
| 马传染性贫血 | 10 ~ 30d | 5d | 3月 | 90d |
| 流行性淋巴管炎 | 30 ~ 90d | 14d | 可达1年 | 75d |
| 马传染性胸膜肺炎 | 10 ~ 60d | | | 45d |
| 流行性乙型脑炎 | 14d | 4d | 21d | |
| 非洲马瘟 | 5 ~ 7d | | | |
| 马传染性脑脊髓炎 | 30d | 6d | 40d | 40d |
| 炭疽 | 2 ~ 3d | 数小时 | 14d | 15d |
| 巴氏杆菌病 | 1 ~ 5d | 数小时 | 10d | |
| 布鲁氏菌病 | 14d | 5 ~ 7d | 60d 以上 | |
| 结核病 | 16 ~ 45d | 7d | 数月 | |
| 破伤风 | 7 ~ 14d | 1d | 30d 以上 | |
| 狂犬病 | 14 ~ 56d | 8d | 1 年以上 | |
| 鸽新城疫 | 3 ~ 6d | 2d | 15d | |
| 犬瘟热 | 3 ~ 6d | | | |
| 犬细小病毒感染 | 7 ~ 14d | 3 ~ 4d | | |
| 犬传染性肝炎 | 2 ~ 8d | | | |

# 补充件 C 常用杀虫药剂的使用剂型与浓度

常用杀虫药剂的使用剂型与浓度

| 药名 | 溶解度 | 剂型 | 使用浓度 | 使用方法 |
|---|---|---|---|---|
| 敌百虫 | 易溶于水及有机溶剂。在石油类中溶度极小 | 50%乳剂<br>50%可湿性粉剂<br>原粉 | 0.1%～0.5%水溶液<br>2.5%粉剂喷洒室内或粪面 | |
| 敌敌畏 | 能与乙醇及多数有机溶剂混溶，在室温下水中可溶1% | 50%乳剂<br>80%乳剂 | 0.5%乳剂<br>0.1%乳剂<br>原油或乳剂 | 畜（禽）舍内灭蚊蝇<br>室内喷雾、热熏 |
| 倍硫磷（百治屠） | 微溶于水，能溶于多数有机溶剂 | 50%乳油 | 0.05%～0.1%乳剂<br>0.25%乳剂 | 喷洒灭虱<br>室内喷雾，35日内不要重复用药 |
| 马拉硫磷 | 溶于水和一般有机溶剂 | 50%乳剂<br>精制乳油有45%和70%两种剂型 | 0.2%～0.5%乳剂<br>0.5%乳剂<br>0.2%～0.3%精品水溶液 | 喷洒灭蛆、臭虫<br>喷洒体表药浴或喷淋体表 |
| 林丹 | 极微溶于水．稍溶于有机溶剂 | 20%林丹乳油 | 加水配制成<br>400～600ppm药液 | 喷洒体表或药浴 |
| 西维因（胺甲萘） | 微溶于水．稍溶于有机溶剂 | 25%、50%可湿性粉剂 | 0.2%药剂 | 喷洒畜（禽）舍，必要时28日重新处理 |
| 除虫菊 | 溶于有机溶剂，不溶于水 | 除虫菊酯煤油溶液 | 0.2%药剂 | 喷雾 |
| 二氯苯醚菊酯（除虫精） | 不溶于水。能溶于丙酮、乙醇等有机溶剂 | | 0.1%乳剂 | 体表喷雾1次，药效可持续2～4周 |
| 溴氰菊酯（敌杀死） | | 5%溴氰菊酯乳油（倍特）<br>2.5%乳剂及<br>2.5%可湿性粉剂 | 50～80ppm | 直接喷洒或药溶 |

# 十、军用动物战伤救治原则
## 中华人民共和国国家军用标准（GJB3775－1999）

### 一、范围

本标准规定了军用动物（军马、军驼、军犬）发生战伤时，救治的总原则和处理技术要求。

本标准适用于军用动物的战伤救治，以及兽医主管部门对军用动物战伤救治工作的业务监督和科学管理。

特种武器引起的战伤的救治可参照本标准执行。

### 二、定义

本标准采用下列定义

1. 战伤　war wound

在战斗中由敌方武器直接或间接造成的，以及因战斗行动或战争环境而造成的机体损伤。

2. 火器伤　firer injury

由于火药武器发射的投射物直接或间接作用于机体所致的损伤。

3. 创伤　trauma

狭义而言，是指机械力作用于机体所造成的损伤；广义而言，是指具有动能的物理因素所致，一般发生体表和（或）内脏结构连续性破裂的损伤。

战伤和创伤关系极为密切，很多战伤就是创伤。

4. 休克　shock

机体受某些致病因素作用后，机体重要器官的血液灌流不足或组织细胞对氧及营养物质利用障碍而导致的一种全身病理过程。

5. 窒息　suffocation

指呼吸系统停止气体交换。

### 三、总原则

战伤救治必须遵循快抢快救、及时有效的总原则。战伤引起的四肢部位骨折，肌腱断裂，脊髓、颅脑损伤，一般不予救治。军用动物战伤救治一般包括急救止血、固定包扎、防治休克、解除呼吸困难、尽早清创、防治感染。

### 四、处理技术

1. 急救止血

（1）应用加压绷带或普通绷带包扎受伤出血部，一定要确实达到压迫止血目的。

（2）对四肢部位的出血，于受伤出血部上方装着加压充气止血带或普通止血带，应注明时间，并加标记。止血带装着总时间不应超过5小时。

（3）对大动脉、大静脉的出血，应在消毒清创的同时立即寻找出血血管进行结扎止血。

（4）应用全身止血剂，以增加血液凝固性。

2. 解除呼吸困难

（1）因战伤引起的呼吸、心跳骤停应立即清理上呼吸道，同时做体外心脏按压。

（2）对张力性气胸，于倒数第二、三肋间用带有单向引流管的粗针头穿刺排气。

（3）对开放性气胸，做加固封闭包扎伤口，并抽出胸腔内积气，恢复胸腔负压状态。

（4）因战伤引起的中枢性呼吸困难，应用强心药物和兴奋呼吸中枢的药物治疗。

（5）由上部呼吸道堵塞引起的呼吸困难，立即实施气管切开术。

（6）因化学毒剂引起呼吸困难应及时注射相应解毒剂。

3. 防治休克

（1）因出血造成的失血性休克，首先应彻底止血，而后快速输注平衡盐液或等渗盐水以补充血容量改善微循环。

（2）重度休克除快速补充有效血容量外，应同时静脉内滴注小剂量多巴胺，使血压回升。

（3）因神经损伤造成的疼痛性休克，应及时注射镇静、镇痛药物。

（4）对四肢部位疼痛性损伤，可采用局部浸润麻醉或区域神经阻滞麻醉。

（5）对重度休克后期的代射性酸中毒，可按每公斤体重 2~5ml 静脉内注入 5% 碳酸氢钠液纠正。4~6 小时后，用试纸测定尿液 pH 值，以尿液 pH 值上升但稍偏酸性为输碱量适宜。原则是宁可轻度偏酸，不可偏碱。

4. 防治感染

（1）早期应用抗生素，战伤发生后 5 小时内须应用抗生素。

（2）及时彻底清创，战伤发生后 8 小时内应进行早期彻底清创。在有效的抗感染药物作用下，推迟清创时间最长不超过 72 小时。清创后，可做初期缝合或定位缝合。

（3）对发生战伤的动物，一律尽早进行联合免疫，即分别注射破伤风类毒素和破伤风抗毒血清。

（4）对已发生感染的伤口，应做次期清创，由浅入深地切除一切失活组织，清除血凝块和异物，创腔内用纱布疏松填充外加厚层敷料包扎，一律实行开放治疗。

（5）次期清创后 4 ～ 7 天，创面清洁，肉芽新鲜，无脓性分泌物，可做延期缝合。次期清创后 8 ～ 14 天，感染得到控制，可做二期伤口缝合。

# 十一、军马鼻疽防制规范
## 中华人民共和国国家军用标准（GJB3133-1997）

### 一、主题内容与适用范围

本标准规定了军马鼻疽的预防、检疫、隔离、消毒及鼻疽马处理的具体方法和要求。

本标准适用于部队养马用马单位及兽医卫生机构。

### 二、术语

1. 鼻疽马  horse with glanders

感染鼻疽杆菌的马（骡、驴）：包括急性鼻疽、慢性鼻疽和开放性鼻疽。

2. 急性鼻疽马  horse with acute glanders

鼻疽菌素点眼试验阳性反应或提纯鼻疽菌素皮内注射试验阳性反应，补体结合试验阳性反应的马，多经 2～3 周死亡。

3. 慢性鼻疽马  horse with chronic glanders

又称鼻疽菌素阳性马，病程较长，可持续数月、数年，甚至十多年，病变仅限于内脏，临床症状不明显，或无任何症状。鼻疽菌素点眼试验阳性反应。

4. 开放性鼻疽马  horse with open glanders

病马鼻黏膜或皮肤发生典型鼻疽病变，并向外界排菌。鼻疽菌素点眼试验阳性反应。

5. 鼻疽菌素点眼试验  mallein ophthalmic test

应用鼻疽菌素点眼，检出马（骡、驴）鼻疽的一种变态反应。

6. 补体结合试验  complement fixation test

溶菌素与溶血素争夺利用补体的一种血清学反应。主要用于检出急性鼻疽马。

### 三、预防

1. 做好宣传教育工作，加强有马分队的饲驭人员及指战员对马鼻疽危害性的认识，使本标准得以全面贯彻。

2. 加强饲养管理，做到固定饲养管理用具和使役用具。外出执勤时，不与民马接触，不用民厩、民槽及其他用具。不饮喂污染的饲料和饮水。更不得将军马借给地方上使用。军马放牧时，不与民马混牧。

3. 控制传播途径，杜绝扩大蔓延，平时要搞好厩内和环境卫生，春秋两季要结合鼻疽检疫对马厩进行一次彻底清扫消毒。

4. 补充新马必须进行严格的鼻疽检疫。从地方上买马，或从其他途径进入部队的马，要隔离检疫一个月，连续进行三回鼻疽菌素点眼试验，均阴性反应，方可服役。

### 四、检疫

分定期检疫和临时检疫。定期检疫，于春季和秋季各进行一次。但连续 2～3 年没检出鼻疽的单位，每年可进行一次鼻疽检疫。新调进、购入、缴获的马匹，或长期外出执勤归队的马匹，应进行临时检疫。对发现有明显鼻疽临床症状或鼻疽菌素点眼试验阳性反应马的马厩，要宣布为非安全马厩，应立即隔离检疫。

1. 每次检疫要做临床检查和鼻疽菌素点眼试验。点眼试验阳性者，要采血做补体结合试验。点眼试验疑似或阴性者，间隔 5～6 天，要再点眼一回。骡须连续点眼三回，均阴性者方可判为阴性反应。

2. 鼻疽临床检查，按附录 A 进行。确诊的标准是：

（1）鼻腔有脓性鼻漏、鼻疽性结节或溃疡者；皮肤有结节和溃疡，排出灰黄色或混有血液的黏稠脓汁者，应视为有明显鼻疽临床症状。如果鼻疽菌素点眼试验还呈阳性反应，可判为开放性鼻疽马；呈阴性反应者，则由兽医会诊，如仍确定为有明显鼻疽临床症状者，亦判为开放性鼻疽马。

（2）凡发现有鼻漏、颌下淋巴结肿胀、皮下浮肿、咳嗽、睾丸炎、消瘦等疑似的鼻疽症状者，除其中确有大量脓性鼻漏，马体异常消瘦，同时鼻疽菌素点眼试验呈阳性反应者，可判为开放性鼻疽马外，其他皆应按鼻疽菌素点眼试验的结果做判定。

3.鼻疽菌素点眼试验，按附录 B 进行。

（1）点眼试验应于早晨进行，点眼后，于第 3、6、9、24 小时各检查一次反应，按以下标准判定反应程度：

a.眼反应特别明显，上下眼睑互相胶着一起，出现大量脓汁，判为强阳性反应（＋＋＋）。

b.眼睑浮肿，眼睛呈半开状态，出现中等量的脓性眼眵，判为阳性反应（＋＋）。

c.眼结膜发炎，浮肿明显，并含有少量的脓性眼眵，或在灰白色黏液性眼眵中混有脓性眼眵，判为弱阳性反应（＋）。

d.眼结膜潮红，有弥漫性浮肿和灰白色黏液性（非脓性）眼眵，判为疑似反应（±）。

e.眼结膜没有反应，或眼结膜轻微充血和流泪，判为阴性反应（－）。

（2）阴性反应和疑似反应者，经过 5～6 天后要重检，如仍呈疑似反应或阳性反应者，均判为阳性反应，阴性者判为阴性反应。但对非安全马厩的所有马匹，在经过以间隔 5～6 天的间隔点眼两回以后，还要每 15 天点眼一回，连续三回，均未检出时，方可定为鼻疽菌素点眼试验阴性反应。

（3）凡需与鼻疽作鉴别诊断的其他病马，必须进行鼻疽菌素点眼试验。

4.补体结合试验，按常规方法实施。

（1）补体结合试验实施完成后，分两回判定反应结果。

（2）第一回判定（初判），反应管自水浴箱中取出后，立即进行判定。反应管如果完全溶血，判为阴性反应，并登记结果。若溶血不完全或完全不溶血，则将反应管留置室温下，放冷暗处，待次日做第二回判定（终判）。

（3）第二回判定（终判），取反应管与预先制备好的标准比色管进行比色，按其上液色调和沉淀的红细胞量，确定反应管的溶血程度，然后按以下标准对被检血清进行判定：

a.阳性反应（±）：0%～10%溶血者为　＋＋＋＋；

11%～40%溶血者为　＋＋＋；

$$41\%\sim50\%溶血者为\quad++;$$

b. 疑似反应（±）：$51\%\sim70\%$溶血者为　＋；

$$71\%\sim90\%溶血者为\quad\pm;$$

c. 阴性反应（－）：$91\%\sim100\%$溶血者为　－。

5. 无鼻疽症状马的综合判定

（1）点眼试验阴性反应，补体结合试验阳性反应者，须做鼻疽菌素皮内注射试验，即以生理盐水稀释的提纯鼻疽菌素于马颈部皮内注射 0.1 毫升，经 72 小时做检查，如皮肤增厚 4 毫米以上者判为阳性反应，如皮厚差在 $2.1\sim3.9$ 毫米，或有一定程度的炎症反应者判为疑似反应，对这类马须于 72 小时再做第二回皮内注射试验，注射后经过 72 小时，仍为疑似反应者判为阳性反应，阴性反应者判为阴性反应。

（2）鼻疽菌素点眼试验阳性反应，补体结合试验阴性反应者，判为慢性鼻疽马。

6. 鼻疽菌素点眼试验及补体结合试验均阴性反应者，判为健康马。

7. 检疫登记

鼻疫检疫时，必须将每一匹马的上述检查结果，逐项填入下列表中。

军马鼻疽检疫登记表

| 性别 | 马号 | 临床检查 月 日 结果 | 鼻疽菌素点眼试验（小时） 月 日 眼别 3 6 9 24 结果 | 补体结合试验 采血月日结果 | 鼻疽菌素皮内注射试验 月 日 结果 | 综合判定结果 |
|---|---|---|---|---|---|---|
| | | | | | | |

## 五、隔离

1. 检出的鼻疽马应安置于隔离厩中饲养，隔离厩应设于距一般马厩半千米以外的地方，厩舍只留一个出入口，出入口处设消毒槽，隔离厩的一切饲养管理用具不得随便拿出，隔离厩应定期消毒，并有专人管理。

2. 将检出的开放性鼻疽马、急性鼻疽马和鼻疽菌素阳性马，均按第七条规定处理。

### 六、消毒

1. 鼻疽检疫开始与检疫结束后，各进行一次彻底地消毒。如检出了鼻疽马，应根据情况，实施临时消毒，否则可不必再消毒。

厩舍、系马场及周围环境可根据当时的条件，选用 10%～20% 石灰乳、10% 漂白粉悬液、1%～5% 优氯净、10% 次氯酸钙、2% 热碱水或 1%～5% 三合二溶液消毒；饲养管理用具、鞍挽具和大车等最好用 0.5% 三合二溶液、0.1% 升汞溶液或 5% 石炭酸消毒。粪便经堆积发酵后，可作农家肥使用。

2. 若在非安全马厩中发现开放性鼻疽马时，应立即消毒，以后每 5 天消毒一次。其他非安全马厩每 15 天消毒一次，方法同上。

### 七、鼻疽马处理

1. 开放性鼻疽马、急性鼻疽马和慢性鼻疽马，一律报请上级批准后扑杀。扑杀采用不出血的方法，如静脉注射硫酚多钠等。

2. 扑杀的鼻疽马，应选择距村镇、道路、水源、牧场、工业区等 1 千米以外的地方，挖距地面至少 2 米深的坑，将尸体掩埋或焚烧。

## 补充件 A  军马鼻疽临床检查操作要领

### 一、器材及消毒药

1. 器材  工作服、胶手套、线手套、防护面具、口罩、风镜、反射镜、手电筒、煮沸消毒器、脸盆、耳夹子、记录表格等。

2. 消毒药  3% 来苏儿、0.1% 新洁尔灭、75% 酒精棉球等。

### 二、鼻疽马临床检查方法

1. 检查者及助手均须穿全套工作服，戴好胶手套、口罩、风镜及防护面具，然后在马旁选择适当的位置，对妥为固定后的马匹进行检查。

2. 按要求，逐项检查马匹的鼻腔、皮肤、颌下淋巴结及睾丸等，注意是否有结节、溃疡、脓汁、鼻漏、咳嗽、皮下浮肿、颌下淋巴结肿胀、睾丸炎及异常消瘦等症状。

3. 检查鼻腔时，应特别注意检查者的自身安全，先以消毒药水（如3%来苏儿）洗净马匹鼻孔内外的鼻汁，然后以双手打开鼻孔，用反射镜或手电筒将光线射入鼻腔深部，仔细检查黏膜上有无鼻疽特有的病变。

4. 检查结束，检查者及助手的手需用0.1%新洁尔灭及75%酒精棉球彻底消毒后，将工作服及用过的器材分别用3%来苏儿等浸泡1小时，或煮沸10分钟消毒。

## 补充件 B 鼻疽菌素点眼试验操作要领

### 一、器材及药品

1. 器材　点眼管、煮沸消毒器、脸盆、消毒盘、镊子、工作服、口罩、线手套、记录表格、耳夹子等。

2. 药品　鼻疽菌素（如用提纯鼻疽菌素须用生理盐水稀释，使每毫升含0.5毫克）、2%～4%硼酸棉球、75%酒精棉球、3%来苏儿、0.1%新洁尔灭、0.1%洗必泰、脱脂棉、纱布等。

### 二、鼻疽菌素点眼操作方法

1. 点眼前，须详细检查两眼结膜，以及是否单、双眼瞎，眼结膜正常者，方可点眼，以另一眼作对照，并作记录。

2. 点眼时，助手保定马匹，检查者用左手食指插入上眼睑窝内，使瞬膜露出，以拇指拨开下眼睑，使瞬膜与下眼睑构成凹兜，右手持吸好鼻疽菌素的点眼管，保持水平方向，手掌下缘支撑额骨之眶部，点眼管尖端距凹兜约1cm，拇指按点眼管的胶皮乳头，滴入鼻疽菌素3～4滴（约0.2～0.3毫升）。点眼应尽量安排在早晨实施，这样在关键的第6小时判定时，可赶在白天进行。

3. 每一次检疫，须做两回点眼，第一回点眼后，间隔5～6天须再做第二回点眼。骤还要再间隔5～6天做第三回点眼。对非安全马厩的所有马匹，还要每15天点眼一回，连续三回，均未检出时，方可定为鼻疽菌素点眼试验阴性反应。要求每回点眼必须点于同一眼中，一般应点于左眼，如左眼生病，亦可点于右眼，但须在记录上注明。

4. 点眼后，注意拴系马匹，并防止风沙侵入及摩擦已被点眼的眼睛。

# 十二、军马传染性贫血病防制规范

## 中国人民解放军总后勤部卫生部部军用标准 (WSB32 − 1999)

### 一、范围

本标准规定了军马传染性贫血病（简称马传贫）的具体防制方法和技术要求。

本标准适用于军队养马、用马单位及各级兽医卫生机构对马传贫的防制和监督。

### 二、引用标准

下列标准所含的条文通过在本标准中引用，而成为本标准的条文。本标准出版时下列标准所示版本均为有效。所有标准都会被修订。使用本标准的各方应探讨使用下列标准的新版本的可能性。

GJB 3132—97 军用动物传染病防疫规范

WSB 9—1997 军马预防接种技术要求

### 三、定义

本标准采用下列定义：

马传染性贫血病

由马传染性贫血病病毒引起的马、骡、驴的一种慢性传染病，其特征是病毒的持续感染和临床反复发作，主要呈现以发热（稽留热或间歇热）为主的贫血、出血、黄疸、心脏衰弱、浮肿和消瘦等症状。

### 四、饲养管理

4.1 按 GJB3313，做好平时防疫。

4.2 注意军马的使役与管理，科学喂养，在蚊虫多发的季节，采用夜间或清晨放牧。

4.3 严禁与地方互相换马、借马；军马外出执勤时，不得与民马混群、混喂和接触。

4.4 搞好养马场所及其周围的环境卫生，划定区域喂养。

4.5 搞好马体涂药，防止蚊虫叮咬。

## 五、检疫

5.1 按国家规定在注射疫苗前用琼脂扩散沉淀试验进行血清学检查。

5.2 受马传贫威胁地区的军马每年春秋两季各做两次血清学检查，每次间隔 30d。

5.3 调出马匹：在调出前一个月内进行一次马传贫血清学检查，判为阴性者方可调出。

调入马匹：来自非马传贫疫区的，进行一次马传贫血清学检查；来自马传贫疫区的，必须隔离观察三个月以上，并做三次琼脂扩散沉淀试验检查，每次间隔一个月，阴性方可接收。

5.4 外出执行任务和运输的军马，由团以上军马管理部门指定检疫人员搞好疫情调查并审查非疫区证明（科级兽医部门在一个月内签发的）和血清学检疫证明或预防注射证明（团以上兽医部门在一个月内签发的检疫证明、一年内的注射证明），发现可疑症状时，立即进行复检或抽检，合格者实施放行。

5.5 非疫苗免疫区发现疑似病马时，由团以上主管部门组织力量进行流行病学调查，对疑似病马进行紧急隔离和临床综合诊断，并对其他马匹逐一进行血清学检查，尽快确诊。

5.6 疫情稳定尚未注射疫苗地区的军马，连续进行 3—4 次琼脂扩散沉淀试验检查（每次间隔一个月）以后，每年春季或秋季再检查一次。

5.7 有马传贫暴发流行地区，所有军马均应进行临床综合诊断，同时每隔一个月进行一次血清学检查，直到再无新病例发生时为止。

5.8 各级兽医诊疗单位，对有疑似马传贫症状的军马，均须详细记载病志，进行系统检查，及时确诊，同时报告上级主管部门，采取相应的防制措施。

5.9 非马传贫疫区的军马，连续 3—4 年进行普查未发现阳性马匹，并认为安全的部队，可不再进行检疫。

### 六、隔离

6.1 对确诊患马传贫的马在扑杀前，或疑似病马在复检前必须隔离饲养。

6.2 隔离饲养的马必须固定用具，专人饲养。

6.3 做好消毒。并采取防止吸血昆虫叮咬措施。

### 七、疫点封锁

7.1 疫点划定应根据当时马传贫病马的匹数和分布以及当地的自然条件等具体情况决定。

7.2 疫情确定后，必须立即进行封锁，原则上采取"封点不封面"的做法。

7.3 在封锁期间，不得调动马匹，并指定马匹活动区域，避免同其他马厩（群）的马匹接触。

7.4 从疫点隔离出最后一匹马传贫病马之日起，每天测体温一次，全部进行 3 次的血清学检查（马场尚须继续观察 3 个月），未再发现马传贫病马，报请上级主管部门审定解除封锁。

7.5 疫区在注射疫苗 6 个月后，经临床综合诊断，未检出马传贫病马时，即可解除封锁。在解除封锁的同时，报请上级主管部门备案。

### 八、病马处理

8.1 血清学检查为阳性的病马或血清学检查确诊为阳性的军马，必须扑杀。

8.2 马传贫病马的尸体，必须焚烧。

### 九、消毒

9.1 对马传贫病马和疑似病马污染的一切场所及用具等必须严格消毒。

9.2 对马传贫病马和可疑病马污染的粪便必须经发酵处理。

### 十、疫苗接种

10.1 在污染程度严重、污染面积较广的疫区，一般先进行检疫，将病马、阳性马与阴性马分群。

10.2 免疫接种的准备按 WSB 9 的规定执行。

10.3 对血清检查阴性的马，按照马传贫驴白细胞弱毒疫苗预防注射操作技术的要求接种疫苗。

10.4 疫苗接种后，每年应用琼脂扩散试验检查 6—12 月龄的幼驹，检出的阳性者必须扑杀；检出有临床症状的疫苗接种马也必须扑杀；疫区在疫苗接种后 6 个月，经临床综合诊断未检出马传贫病马时，即可解除封锁。

10.5 有上调军马任务的地区（单位）或马场暂时不宜注射疫苗。

# 十三、军马（骡）补充、退役卫生要求

## 中华人民共和国国家军用标准（GJB1343A－2019）

### 1 范围

本标准规定了军马（骡）补充、退役卫生要求。

本标准适用于军马（骡）生产、补充和退役的管理和监督。

### 2 引用文件

下列文件中的有关条款通过引用或参考而成为本标准的条款。凡注明日期或版次的引用文件，其后的任何修改单（不包括勘误的内容）或修订版本都不适用于本标准，但提倡使用本标准的各方探讨使用其最新版本的可能性。凡不注明日期或版次的引用文件，其最新版本适用于本标准。

GJB 3132 军用动物传染病防疫规程

### 3 术语和定义

下列术语和定义适用于本标准。

3.1 军马（骡）补充 recruitement military horse(mule)

马（骡）从事军事作业，列入部队编制的行为。

3.2 军马（骡）退役 retirement of military horse(mule)

军马（骡）不能胜任军事作业，退出部队编制的行为。

3.3 乘马 horseunder saddle

供人骑用的马。

3.4 驮马 carrying horse

供负载物资的马。

3.5 挽马 draught horse

用于牵引车辆的马。

3.6 检疫 quarantine

使用相关检测方法对动物或其产品进行疫病检测，以防止疫病传播的活动。

3.7 预防接种 vaccination

为预防控制疫病的发生和流行，对易感动物进行有计划的免疫接种的活动。

3.8 动物传染病 animal infectious disease

由病原微生物引起，具有一定的潜伏期和临床症状，并可在畜群中相互传播的动物疫病。

3.9 别征 markings

马（骡）体上局部的特异处。

3.10 使役年龄 age of service

军马从事军事作业的适宜年龄。通常军马使役年龄为 3 ～ 12 岁，军骡使役年龄为 3 ～ 17 岁。

**4 军马（骡）补充卫生要求**

4.1 性别

军马（骡）补充应选择骟马、骟骡、母骡，战时紧急军马（骡）补充入伍不要求性别。

4.2 年龄

军马（骡）补充入伍适合年龄为：马 3～6 周岁，骡 3～8 周岁。军马（骡）年龄鉴定见附录 A。

4.3 体高、体尺指数和体重

军马（骡）体高、体尺指数和体重要求见表 1，测量和计算方法见附录 B。

表 1　军马（骡）体高、体尺指数与体重

| 类别 | 体高 cm | 体尺指数 % | | | 体重 kg |
| --- | --- | --- | --- | --- | --- |
| | | 体长率 | 胸围率 | 管围率 | |
| 驮马 | 135 ～ 140 | 101 ～ 102 | 118 ～ 120 | 13.0 ～ 13.5 | 330 ～ 400 |
| 乘马 | 135 ～ 145 | 100 ～ 101 | 114 ～ 116 | 12.5 ～ 13.0 | 320 ～ 400 |
| 挽马 | 140 ～ 145 | 104 ～ 106 | 121 ～ 122 | 13.5 ～ 14.0 | 430 ～ 500 |
| 骡 | 135 ～ 140 | 99 ～ 101 | 118 ～ 120 | 12.5 ～ 13.0 | 320 ～ 400 |

4.4 体质外貌

军马（骡）应头部清秀、身体结构紧凑匀称、背腰丰满平直、肌肉结实有力，肢势端正、蹄质坚韧，运动敏捷、性情活泼。无影响军事作业和外貌的损征，无恶癖，无病症。听觉、视力正常。营养乙等（含乙等）以上。军马（骡）体质、营养分类见附录 C。

4.5 毛色特征

军马（骡）体毛毛色应是栗、骝、黑、兔褐等深毛色。军马（骡）体毛毛色见附录 D。

4.6 检疫

4.6.1 以口岸接收、自购、军马（骡）生产单位或部队间调拨等方式补充军马（骡）时，军马（骡）供给方应进行马鼻疽、马传染性贫血病检疫，接收方只接收检疫结果为阴性且临床检查合格的马（骡）。军马（骡）装载运输前，供给方应提供产地检疫证。

4.6.2 补充、缴获或战时征用等新补入的军马（骡），在进入军马群前，部队军马管理机构应进行一个月的隔离检疫及临床观察。

4.6.3 军队疾病预防控制机构应对军马（骡）补充检疫进行现场监督，对隔离期间的军马（骡）进行实验室检疫。

4.6.4 检疫过程中发现动物传染病时，按 GJB 3132 的要求处理。

4.7 预防接种

军马（骡）供给方应根据驻地疫情、运输条件、运输途经地区疫情等情况，在军马（骡）启运二周前接种破伤风、炭疽疫苗。

**5 军马（骡）退役卫生要求**

5.1 退役卫生条件

凡符合下列条件之一，降低或丧失军事作业能力的，均可作退役处理：

a）军马 12 周岁以上，军骡 17 周岁以上，超龄服役且营养不良的；

b）重度伤残，不能治愈或无治疗价值的；

c）患有慢性病，不能治愈的；

d）具有严重损征，不能矫正或治愈的；

e）听觉、视觉能力减退，不能治愈的；

f）患有不能治愈的传染病，或虽已治愈但留下后遗症的；

g）出现恶癖，影响军事作业的。

5.2 退役卫生鉴定

5.2.1 军马（骡）退役卫生鉴定工作每年至少进行一次，兽医卫生人员按附录 C 的要求对军马（骡）进行体质、营养分类判定，填写《军马（骡）退役卫生鉴定表》（见附录 E），作为军马（骡）退役的依据。

5.2.2 拟作退役处理的军马（骡），由使役单位主管部门会同兽医卫生人员填写《军马（骡）退役报告表》（见附录 F），报上级主管部门核实后批准。

# 附录 A
## （规范性附录）
## 军马（骡）年龄鉴定

**A.1** 军马（骡）年龄鉴定依据和原则

A.1.1 切齿

根据齿的形状和功能将马（骡）的牙齿分为切齿、犬齿和臼齿。切齿上下颌各 6 枚，又按其排列顺序（从中向两侧）分为门齿、中间齿和隅齿，各 2 枚。

A.1.2 齿坎

切齿上端向下的一个由釉质构成的漏斗状凹陷，称"齿坎"，是鉴定军马（骡）年龄的主要依据。

A.1.3 黑窝

切齿齿坎内因食物残渣酸腐而变黑，称"黑窝"，是鉴定军马（骡）年龄的依据之一。

A.1.4 齿星

切齿中心部有齿髓腔，暴露于切齿磨灭面部分，呈黄褐色，称"齿星"。

A.1.5 鉴定原则

切齿磨灭面上同时存在齿星和齿坎时，齿星靠外，齿坎靠内。齿坎的形状和大小是判定马（骡）年龄的主要依据，齿星则意义不大，但两者容易混淆。

**A.2** 军马年龄鉴定

A.2.1 3～5 岁

马下永久门齿、中间齿和隅齿在 3 岁、4 岁、5 岁相继长齐，并与邻齿同高。

A.2.2 6～8 岁

马下永久门齿、中间齿和隅齿黑窝在 6 岁、7 岁、8 岁相继消失，并隅齿外缘、内缘分别相继有明显磨灭和磨平。

A.2.3 9～11 岁

马下永久门齿齿坎在 9 岁、10 岁、11 岁相继呈现三角形、横椭圆形和圆形。

A.2.4 马 12～14 岁

马下永久门齿、中间齿、隅齿齿坎在 12 岁、13 岁、14 岁相继呈现点状。

A.2.5 马 15～17 岁

马下永久门齿、中间齿、隅齿磨灭面在 15 岁、16 岁、17 岁相继呈现三角形。

**A.3** 骡年龄鉴定

5 岁以前与马相同。6 岁以后参照马的年龄加龄：6～7 岁的加 1 岁；8～10 岁的加 2 岁；11 岁以后的加 2～3 岁。

# 附录 B
## （规范性附录）
## 军马（骡）体尺测量及指数与体重计算方法

**B.1** 军马（骡）体尺测量

B.1.1 体高

自鬐甲最高点至地面的垂直高度。用精度为 1mm 的杆尺测量。

B.1.2 体长

由肩端（臂骨大结节）至臀端的斜长。用精度为 1mm 的杆尺测量。

B.1.3 胸围

自肩甲骨后缘围绕胸廓一周的长度。用精度为 1mm 的卷尺测量。

B.1.4 管围

左前管上三分之一处下端（最细的部分）一周的长度。用精度为 1mm 的卷尺测量。

**B.2** 体尺指数计算

B2.1 体长率（体型指数）

$$体长率 = \frac{体长(cm)}{体高(cm)} \times 100\% \quad\text{..............................} \quad (B1)$$

B2.2 胸围率（体幅指数）

$$胸围率 = \frac{胸围(cm)}{体高(cm)} \times 100\% \quad\text{..............................} \quad (B2)$$

B2.3 管围率（骨重指数）

$$管围率 = \frac{管围(cm)}{体高(cm)} \times 100\% \quad\text{..............................} \quad (B3)$$

**B3** 体重估算

a）当马（骡）年龄大于等于 3 周岁时：

$$体重(kg) = \frac{[胸围(cm)]^2 \times 体长(cm)}{10800} + 25 \quad\text{..............} \quad (B4)$$

b）当马（骡）年龄小于 3 周岁时：

$$体重(kg) = \frac{[胸围(cm)]^2 \times 体长(cm)}{10800} + 15 \quad\text{..............} \quad (B5)$$

# 附录 C

## （规范性附录）

## 军马（骡）体质、营养分类

**C.1** 军马（骡）体质分类

C.1.1 一类

在使役年龄内，体格健壮，平战时能担负驮载骑乘任务，并有持续作业能力。

C.1.2 二类

虽在使役年龄内，但患有疾病，或已超过使役年龄但体格健壮，在平时尚能担负一般驮载骑乘任务。

C.1.3 三类

超过使役年龄，体质下降，不能担负一般驮载骑乘任务，或患病不适应军事作业，或具有不良行为癖性影响使役。

**C.2** 军马（骡）营养分类

C.2.1 甲等营养

肌肉结实，肌腹隆起，肌肉界限明显，椎骨棘突、肋骨不外露，腰角丰圆，胝部充实，被毛光泽，换毛较早且整齐，精神活泼。

C.2.2 乙等营养

肌肉坚实但不够丰满，肋骨稍显露，被毛稍有光泽。包括营养过肥、皮下脂肪过度沉着、肌肉柔软无弹性、行为不机警。

C.2.3 丙等营养

肌肉不发达，肋骨明显外露，腰角、肩胛隆起，眼盂凹窝深陷，被毛干燥无光，换毛不整齐且较晚，精神不活泼，肥胖导致行动迟缓。

C.2.4 丁等营养

肌肉消瘦，椎骨棘突、肋骨、腰角、坐骨结节外露明显，颞窝深陷，胝部高吊，被毛焦糙，换毛不整齐且较晚，精神沉郁。

# 附录 D
## （规范性附录）
## 军马（骡）体毛毛色

**D.1** 体毛

D.1.1 被毛

马（骡）体全身的短毛。

D.1.2 长毛（保护毛）

马（骡）体的鬃、鬣、尾、距毛。

**D.2** 毛色

D.2.1 栗毛

被毛和长毛为红色或黄色，称为栗毛。依被毛毛色不同分为红栗毛、黄栗毛、金栗毛、朽栗毛。

D.2.2 骝毛

当被毛为红色、黄色或褐色，而长毛及四肢下端被毛为黑色，称为骝毛。依被毛毛色的不同分为红骝毛（枣骝毛）、黄骝毛、褐骝毛。当被毛为黑色或黑褐色，而在口、眼周围马呈褐色或黄褐色，骡呈淡褐色或近白色，胸前、腹下同色的，称为黑骝毛。

D.2.3 黑毛

全身被毛和长毛皆为黑色，且无黑骝毛特征，称为黑毛。

D.2.4 兔褐毛

全身被毛呈红、黄、灰等色，长毛表面和被毛同色，中间为黑色，四肢下端接近黑色，肩部有鹰膀（肩纹），背部有深色背线，前膝及飞节以上有横斑纹，称为兔褐毛。依被毛毛色的不同分为红兔褐毛、黄兔褐毛等。

# 附录 E
## （规范性附录）
## 军马（骡）退役卫生鉴定表

军马（骡）退役卫生鉴定表样式见图 E.1。

军马（骡）退役卫生鉴定表

鉴定人：　　　　使役单位陪同人员：　　　　日期：

| 马（骡）号 | 毛色 | 役别 | 别征 | 作业能力鉴定 | | | | | | | | 营养分类 | | | | 体质分类 | | | 鉴定意见 | |
|---|---|---|---|---|---|---|---|---|---|---|---|---|---|---|---|---|---|---|---|---|
| | | | | 超龄服役 | 重度伤残 | 有无慢性病 | 有无传染病 | 疾病后遗症 | 听觉减退 | 视觉减退 | 严重损征 | 恶癖 | 甲等 | 乙等 | 丙等 | 丁等 | 一类 | 二类 | 三类 | 退役处理 | 继续服役 |
| | | | | | | | | | | | | | | | | | | | | | |
| | | | | | | | | | | | | | | | | | | | | | |
| | | | | | | | | | | | | | | | | | | | | | |
| | | | | | | | | | | | | | | | | | | | | | |
| | | | | | | | | | | | | | | | | | | | | | |
| | | | | | | | | | | | | | | | | | | | | | |
| | | | | | | | | | | | | | | | | | | | | | |
| | | | | | | | | | | | | | | | | | | | | | |
| | | | | | | | | | | | | | | | | | | | | | |
| | | | | | | | | | | | | | | | | | | | | | |
| | | | | | | | | | | | | | | | | | | | | | |
| | | | | | | | | | | | | | | | | | | | | | |
| | | | | | | | | | | | | | | | | | | | | | |
| | | | | | | | | | | | | | | | | | | | | | |
| | | | | | | | | | | | | | | | | | | | | | |

填表说明：1. 役别指乘、驮、挽；恶癖指咬、踢、异嗜、行为怪异。

2. 营养、体质分类判定见附录 C。作业能力鉴定见 5.1。

3. 符合条件的划"√"，否则不划。

图 E.1 军马（骡）退役卫生鉴定表样式

# 附录 F
## （规范性附录）
## 军马（骡）退役报告表

军马（骡）退役报告表样式见表 F.1。

军马（骡）退役报告表

报告编号：　　　　　填表人：　　　　　　　年　　月　　日

| 使役单位 | | | | | |
|---|---|---|---|---|---|
| 马（骡）号 | | 出生时间（年龄） | | 入伍时间 | |
| 毛色 | | 别征 | | 役别 | |
| 兽医卫生人员鉴定意见 | 作业能力 | 1. 降低□　2. 丧失□ | | | |
| | 营养分类 | 1. 甲等□　2. 乙等□　3. 丙等□　4. 丁等□ | | | |
| | 体质分类 | 1. 一类□　2. 二类□　3. 三类□ | | | |
| | 处理意见：<br><br><br>　　　　　　　　　　兽医卫生人员：<br><br>　　　　　年　　月　　日 | | | | |
| 使役单位主管部门意见 | （单位盖章）<br><br>年　　月　　日 | | | | |
| 上级主管部门批复文号 | | | | | |

说明：此表由军马（骡）使役单位归档保存。

图 F.1 军马（骡）退役报告表样式

# 十四、军马（骡）负荷量
## 中华人民共和国国家军用标准 （GJB 3774-1999）

**1 范围**

本标准规定了不同役别军用马（骡）在各种条件下的负荷量标准。

本标准适用于军队用马（骡）单位。

**2 引用标准**

下列标准所包含的条文，通过在本标准中引用而成为本标准的条文。本标准出版时，下列标准所示版本均为有效。所有标准都会被修订，使用本标准的各方应探讨使用下列标准最新版本的可能性。

GJB1343-92 军马（骡）补充、退役卫生规定

WSB 8-1997 军马过劳诊断标准及防治原则

**3 定义**

本标准采用下列定义。

3.1 军马（骡）负荷量 load for military hose (mule)

军马（骡）作业时担负的重量。

3.2 乘马（骡）horse (mule) under saddle

供人骑用的马（骡）。

3.3 驮马（骡）carrying horse (mule)

供负载物资的马（骡）。

3.4 挽马（骡）draught horse (mule)

用于牵引车辆的马（骡）。

**4 军马（骡）负荷量**

4.1 乘马（骡）在不同使役条件下的负荷量为自身体重的 1/4。军马（骡）体重按 GJB1343 计算。

4.2 驮马（骡）在不同使役条件下的负荷量为自身体重的 1/3。

4.3 单套挽马（骡）在不同使役条件下的负荷量见表 1。

表 1　不同使役条件下挽马（骡）的负荷量

| 使役条件 | | | 单套 |
|---|---|---|---|
| 正常行军 | 正常道路、气温下行军 | | 300 ～ 400 |
| | 山区、半山区行军坡度 % | 10 | 250 ～ 350 |
| | | 15 | 225 ～ 300 |
| | | > 15 | ≤ 225 |
| | 高温下行军℃ | 25 ～ 30 | 250 ～ 300 |
| | | 30 ～ 35 | 250 ～ 275 |
| 强　行　军 | | | 250 ～ 300 |

4.4　双套挽马（骡）负荷量为单套挽马（骡）的 2 倍，三套挽马（骡）负荷量为单套挽马（骡）的 3 倍。

5.5　标准负荷条件下作业的军马（骡）的使役卫生要求见附录 A（标准的附录）；使役后应按疲劳程度，参见附录 B（提示的附录），给予充足的休息时间，按 WSB 8 的要求执行。

# 附录 A
## （标准的附录）
## 军马（骡）使役卫生要求

A1　军马（骡）使役卫生要求见 A1

表 A1　不同使役条件下不同役别军马（骡）使役卫生要求

| 使役条件 | | | 役别 | 日行程 km | 作业时数 h | 小休息 min/h | 大休息 h/（4 ～ 5h） |
|---|---|---|---|---|---|---|---|
| 正常行军 | 正常道路、气温下行军 | | 乘马 | 50 | 8 | 10 | 1.2 ～ 2 |
| | | | 驮马 | 35 | 8 | 10 | 1.5 ～ 2 |
| | | | 挽马 | 40 | 7 ～ 8 | 10 | 1.5 ～ 2 |
| | 山区、半山区行军坡度 % | 10 | 乘马 | 40 | 11 | 5 ～ 10 | 1.2 ～ 2 |
| | | | 驮马 | 30 | 11 | 5 ～ 10 | 1.5 ～ 2 |
| | | | 挽马 | 30 | 11 | 5 ～ 10 | 2 ～ 3 |
| | | 15 | 乘马 | 35 | 12 | 10 ～ 15 | 2 ～ 3 |
| | | | 驮马 | 25 | 12 | 10 ～ 15 | 2 ～ 3 |
| | | | 挽马 | 25 | 12 | 10 ～ 15 | 2 ～ 3 |
| | | >15 | 乘马 | 30 | 12 | 15 ～ 20 | 3 ～ 3.5 |
| | | | 驮马 | 20 | 12 | 20 ～ 25 | 3 ～ 3.5 |
| | | | 挽马 | 20 | 12 | 20 ～ 25 | 3 ～ 3.5 |
| | 高温下行军℃ | 25 ～ 30 | 乘马 | 45 | 10 | 10 ～ 15 | 2 |
| | | | 驮马 | 35 | 11 ～ 12 | 10 ～ 15 | 2 |
| | | | 挽马 | 40 | 9 ～ 10 | 10 ～ 15 | 2 |
| | | 30 ～ 35 | 乘马 | 40 | 11 ～ 12 | 15 | 2.5 |
| | | | 驮马 | 30 | 11 ～ 12 | 15 | 2.5 |
| | | | 挽马 | 35 | 10 ～ 11 | 15 | 3 |
| 强　行　军 | | | 乘马 | 75 | 10 ～ 12 | 15 | 2 ～ 3 |
| | | | 驮马 | 45 | 10 ～ 12 | 15 | 2 ～ 3 |
| | | | 挽马 | 50 | 10 ～ 12 | 15 | 2 ～ 3 |

# 附录 B

## （提示的附录）

## 军马（骡）疲劳程度的鉴别及处理

B1 军马（骡）疲劳程度的鉴别及处理见表 B1

表 B1　军马（骡）疲劳程度的鉴别及处理

| 观察指标及处理 | 轻度疲劳 | 中等疲劳 | 严重疲劳 |
|---|---|---|---|
| 姿势 | 头部尚能支持，四肢交互休息 | 头部稍稍下垂，四肢无力，卧下 | 头颈显著下垂，四肢无力，肌肉弛缓，卧下后四肢散开 |
| 气力与食欲 | 稍差 | 虽呈衰弱之状，但看见草还想吃 | 显著的衰弱，对饲料已失掉注意力，仅对青草还想吃 |
| 步样 | 稍不确实 | 不确实，较容易跌倒 | 倦怠，四肢僵硬，步样不确实 |
| 尿色 | 稍稍浓厚 | 浓厚黏稠 | 浓厚黏稠，带赤色 |
| 呼吸、脉搏、体温 | 休息 30 分钟，呼吸恢复正常，其他在 1h 内恢复 | 呼吸、脉搏在 1h 后恢复，体温则需 5h 才能恢复 | 呼吸在 3h 后恢复，其他在 10h 后不能完全恢复 |
| 处理 | 应适当给予休息 | 至少应给予 5h 以上休息 | 至少应给予 24h 以上休息 |

# 十五、军马营养需要量
## 中华人民共和国国家军用标准（GJB 4247-2001）

### 1 范围

本标准规定了不同使役强度军马的能量、蛋白质、钙、磷以及微量元素和维生素的需要量。

本标准适用于制定军马日粮配方及评价军马的营养状况。

### 2 引用标准

下列标准所含的条文通过在本标准中引用，而成为本标准的条文。本标准出版时，下列标准所示版本均为有效。所有标准都会被修订，使用本标准的各方应探讨使用下列标准最新版本的可能性。

GJB 1343—1992 军马（骡）补充退役卫生规定

### 3 定义

本标准采用下列定义。

3.1 营养需要量 nutrient requirement

军马在维持正常生命活动、生理机能和生产作业时，对各种营养物质需要的最有效量。

3.2 消化能 digestible energy

食入饲料的总能与粪能之差，其表达式为：消化能＝总能－粪能。

3.3 可消化粗蛋白 digestible crude protein

食入饲料的总蛋白与粪蛋白之差，其表达式为：可消化粗蛋白＝饲料总蛋白－粪蛋白。

3.4 维持 maintenance

军马不进行作业，各种养分处于代谢平衡的状态。

### 4 营养需要量

4.1 军马的年龄、体重标准执行 GJB 1343 的规定。

4.2 军马使役强度划分标准见表1。

4.3 军马营养需要量按每日需要量计算。不同使役强度军马每日可消化粗蛋白、消化能和营养需要量见表2和表3。

4.4 不同使役强度军马饲料推荐配方见附录A（提示的附录）。

表1 军马使役强度划分标准

| 分类 | 轻度使役 | | 中度使役 | | 重度使役 | |
|---|---|---|---|---|---|---|
| | 行程 km | 行军时间 h | 行程 km | 行军时间 h | 行程 km | 行军时间 h |
| 乘马 | < 50 | < 8 | 50 ~ 75 | 8 | > 75 | 10 ~ 12 |
| 驮马 | < 35 | < 8 | 35 ~ 46 | 8 | > 45 | 10 ~ 12 |
| 挽马 | < 35 | < 7 | 35 ~ 50 | 7 ~ 8 | > 50 | 10 ~ 12 |

表2 可消化粗蛋白、消化能的每日需要

| 使役强度 | 轻度 | | 中度 | | 重度 | |
|---|---|---|---|---|---|---|
| 体重（kg） | < 300 | ⩾ 300 | < 300 | ⩾ 300 | < 300 | ⩾ 300 |
| 可消化粗蛋白（g/100kg 体重） | 21 | 14.2 | 24 | 16.8 | 18.2 | |
| 消化能 (MJ/100kg 体重) | 95 | 67.5 | 120 | 84 | 130 | 100 |

表3 不同使役强度军马的每日营养需要量（按每100kg体重计）

| 使役强度 | | 轻度 | 中度 | 重度 |
|---|---|---|---|---|
| 氯 | | 5.2 | 5.3 | 6.0 |
| 钙 | | 3.0 | 3.0 | 3.1 |
| 磷 | | 1.6 | 1.7 | 2.1 |
| 镁 | g | 4.7 | 7.2 | 19.0 |
| 钠 | | 6.5 | 8.0 | 15.0 |
| 钾 | | 12 | 16.2 | 36.0 |

| 使役强度 | | 轻度 | 中度 | m 度 |
|---|---|---|---|---|
| 铁 | mg | 100 ~ 120 | 100 ~ 120 | 100 ~ 120 |
| 铜 | | 10 ~ 15 | 10 ~ 15 | 10 ~ 15 |
| 锌 | | 100 ~ 120 | 100 ~ 120 | 100 ~ 120 |
| 锰 | | 80 ~ 100 | 80 ~ 100 | 80 ~ 100 |
| 钴 | μg | 200 ~ 250 | 200 ~ 250 | 200 ~ 250 |
| 硒 | | 300 ~ 350 | 300 ~ 350 | 300 ~ 350 |
| 碘 | | 300 | 300 | 300 |
| 维生素 A | 国际单位 | 7500 ~ 8000 | 7500 ~ 8000 | 7500 ~ 8000 |
| 维生素 D | | 500 ~ 1000 | 500 ~ 1000 | 500 ~ 1000 |
| 维生素 E | | 200 ~ 250 | 200 ~ 250 | 200 ~ 250 |
| 维生素 $B_1$ | mg | 2 ~ 3 | 2 ~ 3 | 2 ~ 3 |
| 维生素 $B_2$ | | 1.2 ~ 1.5 | 1.2 ~ 1.5 | 1.2 ~ 1.5 |
| 生物素 | | 1 ~ 2 | 1 ~ 2 | 1 ~ 2 |

# 附录 A
## （提示的附录）
### 不同使役强度成年军马饲料推荐配方

表 A1　不同使役强度军马饲料推荐配方

| 使役强度 | 粗饲料（干草等）kg/100kg 休重 | 精饲料（谷物等）kg/100kg 体重 | 添加剂 g |
|---|---|---|---|
| 维持 | 1.8 ~ 2.5 | | |
| 轻度使役 | 1.0 ~ 1.5 | 0.5 ~ 0.75 | 60 |
| 中度使役 | 1.0 | 1.0 | 120 |
| 重度使役 | 1.0 | > 1.25 | 300 |

表 A2　军马主要饲料营养成分表（%）

| 类 别 | 灰分 | 粗纤维 | 粗脂肪 | 粗蛋白质 | 无氮浸出物 | 钙 | 磷 |
|---|---|---|---|---|---|---|---|
| 小麦秸 | 6.5 | 38.3 | 1.4 | 3.2 | 38.6 | 0.14 | 0.07 |
| 稻草 | 13.5 | 32.6 | 1.3 | 3.2 | 41.6 | 0.15 | 0.04 |
| 野干草 | 6.6 | 33.7 | 2.0 | 8.9 | 39.4 | 0.54 | 0.09 |
| 玉米 | 1.4 | 2.0 | 3.5 | 8.6 | 72.9 | 0.04 | 0.21 |
| 青稞 | 2.1 | 2.5 | 1.8 | 12.0 | 69.4 | 0.08 | 0.31 |
| 大麦 | 3.2 | 4.7 | 2.0 | 10.8 | 86.1 | 0.12 | 0.29 |
| 高粱 | 2.2 | 2.2 | 3.3 | 8.7 | 72.9 | 0.09 | 0.28 |
| 蚕豆 | 3.8 | 7.5 | 1.4 | 24.9 | 50.9 | 0.15 | 0.40 |
| 豆饼 | 5.9 | 5.7 | 5.4 | 43.0 | 30.6 | 0.32 | 0.50 |
| 向日葵 | 5.9 | 22.8 | 1.2 | 32.1 | 30.5 | 0.41 | 0.84 |

# 十六、军马军犬舍卫生要求

## 中国人民解放军总后勤部卫生部部军用标准 WSB 27—1999

### 1 范围

本标准规定了军马、军犬舍（以下简称军畜舍）建筑、舍内微小气候和有害气体的卫生标准及军畜舍用地选择的卫生要求。

本标准适用于军畜舍的设计、新建、改建和扩建，也适用于对已建成军畜舍的卫生评价。

### 2 定义

本标准采用下列定义。

2.1 日照卫生间距

为满足牲畜的日照需要而规定的舍和遮光物的距离与遮光物的高度之比。

2.2 采光系数

窗户的有效采光面积与舍内地面面积之比。

2.3 自然照度系数

在同一时间内，舍内某点的照度与舍外不受直射光照射的水平面上测得的照度之间的比值。

2.4 净高

地面至天棚的高度，无天棚舍指地面至屋架下弦下缘的高度。

2.5 换气次数

在 1h 内换入舍内新鲜空气的体积与舍容积之比。

## 3 军畜舍卫生标准

3.1 军畜舍建筑卫生标准应符合表 1 的要求。

表 1

| 项目 | 军马 | 军犬 |
|---|---|---|
| 冬季日照时数，h | ≥ 3 | ≥ 3 |
| 日照卫生间距，倍 | ≥ 2 | ≥ 2 |
| 采光系数 | 1∶12-1∶15 | 1∶4-1∶8 |
| 自然照度系数，% | ≥ 0.5 | ≥ 0.5 |
| 净高，m | ≥ 2.4 | ≥ 1.5 |
| 饲养密度，m²/匹 | ≥ 4.5 | ≥ 4 |

3.2 军畜舍微小气候标准应符合表 2 的要求。

表 2

| 项目 | 军马 | 军犬 |
|---|---|---|
| 适宜温度，℃ | 7-24 | 15-25 |
| 防寒温度，℃ | ≥ -5 | ≥ 0 |
| 防暑温度，℃ | ≤ 30 | ≤ 28 |
| 适宜相对湿度，% | 50-75 | 50-75 |
| 冬季适宜风速，m/s | 0.1-0.5 | 0.1-0.5. |
| 冬季换气次数，次/h | 3-5 | 3-5 |

3.3 军畜舍有害气体卫生标准应符合表 3 的要求。

表 3

| 项目 | 军马 | 军犬 |
|---|---|---|
| 氨，mg/m³ | ≤ 19.5 | ≤ 19.5 |
| 硫化氢，mg/m³ | ≤ 10 | ≤ 10 |
| 一氧化碳，mg/m³ | ≤ 10 | ≤ 10 |
| 二氧化碳，% | ≤ 0.15 | ≤ 0.15 |

## 4 军马舍用地选择的卫生要求

4.1 军马舍用地应选择地势高燥、排水良好和背风向阳的地方，并应远离沼泽地及蚊虻孳生的场所，一般为 1000m 以上。

4.2 平原地区应选择地势比周围稍高，地下水位低于 2m，不易被洪水淹没，地面坡度为 1% ～ 3% 的地带建军马舍。

4.3 山区及丘陵地带应根据当地气象和地理条件选择军马舍用地，保证有良好的通风和光照，选在向南或东南倾斜的坡地上，但坡度不能超过 25%。不应在风口、坡底或谷地建舍。

4.4 军马不应建在大气污染源的下风向（按夏季盛行风向），如受条件制约，则必须有 1500m 以上的卫生防护距离。

4.5 修建军马舍的土壤应不致引起军马的地质化学性地方病，不被病原微生物污染，以砂壤土为宜，如受条件限制，应从其他环节上弥补当地土壤的缺陷。

4.6 军马舍附近应有水量充足、水质良好、便于防护和取用的水源。

# 十七、军马运输卫生规范

## 中国人民解放军总后勤部卫生部部军用标准 (WSB 33—1999)

### 1 范围

本标准规定了军马运输的卫生要求。

本标准适用于军马的长、短途运输，民马运输也可参照执行。

### 2 定义

本标准采用下列定义。

2.1 军马运输

利用火车、汽车和徒步赶运运送军马的过程。

2.2 横装

军马的纵轴与车体纵轴垂直的装载方法。

2.3 顺装

军马的纵轴与车体的纵轴平行的装载方法。

2.4 散装

不固定军马体位的装载方法。

### 3 军马运输的一般卫生要求

3.1 运输军马健康检查及检疫

3.1.1 军马运输前，进行健康检查与检疫，必要时进行免疫接种。伤病马和疫区的马匹一律不准外运。

3.1.2 新补充的军马，经集中饲养 30d 隔离检疫，确定健康后解除隔离。

3.2 运输准备

3.2.1 根据马匹数量、道路状况、里程及运输条件决定运输方式并准备相应运输工具。

3.2.2 车辆运输时，使用车辆要保证装载运输安全性。不得使用近期运输剧毒物品或进入过疫区，尚没有进行彻底消毒处理的车辆。

3.2.3 配备随队兽医和常用的急救药械。

3.2.4 备齐饲料、照明、消毒、清洁用具等物品。

3.2.5 短途运输时，按计划携带足够的饲料。长途运输时，应在避开疫区的指定地点预先设饲料和饮水供应站。

3.3 运输途中饲养卫生

3.3.1 运输途中，多喂适口性好、易消化的饲草，少喂精料，多饮水。

3.3.2 临时补充的饲养和饮水，应符合卫生要求。

3.3.3 饮水宜在停车时进行。

**4 火车运输的卫生要求**

4.1 运输准备

4.1.1 根据运输数量和装载方式确定车型，见表1。

表1　装载方式和装载马匹数量

| 车型（棚车） | 横装 | 纵装 | 散装 |
|---|---|---|---|
| 50（t） | 16 | 14 | 18 |
| 60（t） | 18 | 14 | 20 |

4.1.2 用圆木在车厢内安装护栏，并为押运人员和堆放物品留出适当的空间。

4.1.3 车厢底铺高于 10cm 的垫草。

4.2 运输途中的卫生要求。

4.2.1 车厢内通风

炎热季节，将通气窗口和门打开，增加通风量，降低车内气温和有害气体含量。寒冷天气，适当通风，保证车内空气卫生状况良好，但要防止寒风直接吹袭马体。

4.2.2 饲料

饲料堆放在车门附近，不得与军马直接接触和被粪便污染。

4.2.3 饮水

饮用水要保持清洁、无异味。

4.2.4 粪便处理

粪便应尽早弃于铁路部门指定地点或不影响环境卫生的野外。每天早、晚各清扫一次。清扫工作宜选择停车时间进行。

## 5 汽车运输的卫生要求

5.1 运输准备

5.1.1 车厢应设有专用或临时搭制的保护栏架。根据需要在车厢前留一装载饲料和用具的空隙。

5.1.2 短途运输或马匹数量少时，采用顺装；长途运输马匹数量多时采用横装。横装时前几匹马与后几匹马应持相反朝向，中间隔以护栏。

5.2 运输途中的卫生要求

5.2.1 预先选定午休、夜间停车地点。停车后，先喂饮军马，后打扫卫生。

5.2.2 押运人员应经常观察马匹状态，随时检查和加固栏架。炎热季节，车顶应设防晒棚；寒冷季节应设挡风设施。途经疫区要直接通过，不得停留。

5.2.3 饲料

要求同 4.2.2。

5.2.4 饮水

要求同 4.2.3。

## 6 徒步赶运卫生要求

6.1 军马组群

赶运的军马一般以 200 匹左右的规模组群，如只限牧区内短途赶运马群可适当扩大。

6.2 赶运途中的卫生要求

6.2.1 赶运速度，应遵循由慢到快，循序渐进的原则。每日行程应控制在 25～30km。冬季赶运要在白天进行，并防止滑跌致伤；夏季赶运要在早晚时间进行，延长午休。连续赶运 5～6d 后，应休息 1～2d。途经高山、道口、沙丘地段时，要派人先行勘察通道，合理编组，平缓有序地穿越。

6.2.2 赶运中要防止马匹惊恐和相互踢咬，遇有伤病，及时治疗。

6.2.3 在草原地区赶运，可采用边赶边放牧的方式，但要防止采食冰霜草。在非草原地区赶运，要在停留点提前准备好草料及饮水。利用江河水饮马时，要保证水质，并选择方便地段分批饮用。

（本章编者：杨会锁）

# 第二章 军马卫生资料

## 资料一、成年马正常生理指标

| 生理指标 | 参考范围 |
|---|---|
| 体温（℃） | 37.5 ~ 38.5 |
| 脉搏（次/min） | 28 ~ 44 |
| 呼吸数（次/min） | 8 ~ 16 |
| 毛细血管再充盈时间（s） | 1 ~ 3 |

## 资料二、马血液正常指标

表1 健康马匹血液正常指标参考值

| 项目 | 单位 | 参考范围 |
|---|---|---|
| 白细胞计数（WBC） | $\times 10^9$/L | 5.4 ~ 13.5 |
| 红细胞数（RBC） | $\times 10^{12}$/L | 7.93±1.40 |
| 红细胞压积（PCV） | L/L | 0.30±0.03 |
| 血红蛋白（HGB） | g/L | 127.7±20.5 |
| 血小板计数（PLT） | $\times 10^9$/L | 240 ~ 550 |
| 平均血红蛋白含量（MCH） | pg | 10.0 ~ 20.0 |
| 平均红细胞体积（MCV） | fL | 26.0 ~ 58.0 |
| 平均血红蛋白浓度（MCHC） | g/L | 280 ~ 400 |

表2 健康马血沉参考值（mm）（魏氏法测量）

| 血沉用时 | 15min | 30min | 45min | 60min |
|---|---|---|---|---|
| 血沉值 | 20.7 | 70.7 | 95.0 | 115.6 |

表3 健康马白细胞数和白细胞分类计数参考值

| WBC (109/L) | 嗜碱性粒细胞(%) | 嗜酸性粒细胞(%) | 中性粒细胞（%） | | 淋巴细胞(%) | 单核细胞(%) |
|---|---|---|---|---|---|---|
| | | | 杆状核细胞 | 分叶核细胞 | | |
| 9.5（5.40~13.5） | 0.3 | 4.7 | 3.13 | 45.75 | 44.08 | 1.99 |

注：白细胞分类计数各项的平均数相加不等于100%，其不足部分为晚幼中性粒细胞所占的比例。

# 资料三、马体生化指标

| 项目 | 参考值 |
|------|--------|
| 白蛋白（ALB） | 25 ~ 39 g/L |
| 碱性磷酸酶（ALP） | 10 ~ 326 IU/L |
| 丙氨酸氨基转移酶（ALT） | 5 ~ 50 IU/L |
| 淀粉酶（AMLY） | 0 ~ 35 IU/L |
| 天门冬氨酸氨基转移酶（AST） | 100 ~ 600 IU/L |
| 尿素氮（BUN） | 3.6 ~ 8.9 mmol/L |
| 钙离子（Ca2+） | 2.6 ~ 3.23 mmol/L |
| 总胆固醇（CHOL） | 1.3 ~ 2.9 mmol/L |
| 肌酸激酶（CK） | 10 ~ 350 IU/L |
| 肌酐（CREA） | 71 ~ 187 μmol/L |
| γ-谷氨酰转移酶（GGT） | 0 ~ 87 IU/L |
| 血糖（GLU） | 4.2 ~ 5.7 mmol/L |
| 乳酸脱氢酶（LDH） | 250 ~ 2070 IU/L |
| 脂肪酶（LIPA） | 400 ~ 1000 IU/L |
| 镁离子（Mg2+） | 0.71 ~ 1.01 mmol/L |
| NH3 | 0 ~ 90 μmol/L |
| 血磷（PHOS） | 0.58 ~ 1.81 mmol/L |
| 总胆红素（TBIL） | 0 ~ 60 μmol/L |
| 总蛋白（TP） | 56 ~ 79 g/L |
| 甘油三酯（TRIG） | 0.13 ~ 0.76 mmol/L |
| 球蛋白（GLOB） | 24 ~ 47 g/L |
| 钠离子（Na+） | 133 ~ 150 mmol/L |
| 钾离子（K+） | 3.0 ~ 5.3 mmol/L |
| 氯离子（CL-） | 97 ~ 109 mmol/L |

# 资料四、军马疫情调查表样表

编号　　　　　　　　　调查日期

| 饲养连队 | | | | | |
|---|---|---|---|---|---|
| 负责人 | | 联系电话及地址 | | | |
| 饲养场基本情况 | 厩舍特点 | | | | |
| | 近期气候情况 | | | | |
| | 饲养方式 | | | | |
| | 饲料情况 | | | | |
| | 饲养数量 | | | | |
| | 防疫措施 | | | | |
| | 排污设施 | | | | |
| 发病情况 | 最初发病时间 | | 开始死亡时间 | | 发病数量 |
| | 临床表现 | 主要临床症状 | | | |
| | | 剖检变化 | | | |
| 采取处置措施及效果 | 隔离情况 | | | | |
| | 治疗情况 | | | | |
| | 消毒情况 | | | | |
| | 其他措施 | | | | |
| 周边疫情情况 | | | | | |
| 免疫情况 | 疫苗名称 | | | | |
| | 疫苗生产厂家、生产日期、生产批号 | | | | |
| | 疫苗接种时间、途径、剂量 | | | | |
| 首匹病马发病史 | | | | | |
| 喂饮情况 | | | | | |
| 外来人员情况 | | | | | |
| 执行任务情况 | 执行任务名称 | | | | |
| | 是否与民马有过接触、饲喂情况、负荷量、期间伤病及就诊情况 | | | | |
| | 混群前是否隔离 | | | | |
| 疫情来源调查及结果分析 | | | | | |
| 调查人 | 姓名： | 联系电话： | | 单位： | |
| 连队陪同人员 | 姓名： | 联系电话： | | | |

# 资料五、军马检验检疫采样单样表

| 军马检验检疫采样单 | | | | | |
|---|---|---|---|---|---|
| 军马使役连队 | | 军马年龄 | | 健康状况 | |
| 样品名称 | | 采自（活体或尸体） | | | |
| 样品数量 | | 采样日期 | | | |
| 样品编号 | | | | | |
| 保存条件 | | | | | |
| 采样单位或个人 | | | | 联系电话 | |
| 连队联系人 | | | | 联系电话 | |
| 备注 | | | | | |

　　注：备注栏内应填写症状、病变、发病率、死亡率、疫苗接种等情况，检疫样品也可填写要求检疫对象或检疫方法或结果说明等。

## 资料六、OIE 必须通报的马疫病名录和中华人民共和国进境马检疫疫病名录

### OIE 必须通报的马疫病名录（2019 年版）

马病（11 种）：非洲马瘟、马传染性子宫炎、马媾疫、马脑脊髓炎（西部）、马传染性贫血、马流感、马梨形虫病、马疱疹病毒感染、马病毒性动脉炎、马鼻疽、委内瑞拉马脑脊髓炎。

### 中华人民共和国进境马检疫疫病名录

**一类传染病、寄生虫病：**

非洲马瘟 Infection with African horse sickness virus

**二类传染病、寄生虫病：**

马传染性贫血 Equine infectious anaemia

马流行性淋巴管炎 Epizootic lymphangitis

马鼻疽 Infection with Burkholderia mallei (Glanders)

马病毒性动脉炎 Infection with equine arteritis virus

委内瑞拉马脑脊髓炎 Venezuelan equine encephalomyelitis

马脑脊髓炎（东部和西部）Equine encephalomyelitis (East-ern and Western)

马传染性子宫炎 Contagious equine metritis

亨德拉病 Hendra virus disease

马腺疫 Equine strangles

溃疡性淋巴管炎 Equine ulcerative lymphangitis

马疱疹病毒 -1 型感染 Infection with equid herpesvirus-1 (EHV-1)

**其他传染病、寄生虫病：**

马流行性感冒 Equine influenza

马媾疫 Dourine

马副伤寒（马流产沙门氏菌）Equine paratyphoid (Salmonella Abortus Equi.)

# 资料七、各种动物的体温、呼吸和脉搏正常指标

| 动物种类 | 体温 /°C | 呼吸数 /(次 / min) | 脉搏 /(次 /min) |
|---|---|---|---|
| 猪 | 38.0 ~ 39.5 | 10 ~ 30 | 60 ~ 80 |
| 乳牛 | 37.5 ~ 39.5 | 10 ~ 30 | 60 ~ 80 |
| 黄牛 | 37.5 ~ 39.5 | 10 ~ 25 | 40 ~ 80 |
| 水牛 | 36.5 ~ 38.5 | 10 ~ 50 | 30 ~ 50 |
| 牦牛 | 37.6 ~ 38.5 | 10 ~ 24 | 33 ~ 55 |
| 绵羊 | 38.5 ~ 40.0 | 12 ~ 30 | 60 ~ 80 |
| 山羊 | 38.5 ~ 40.5 | 12 ~ 30 | 60 ~ 80 |
| 马 | 37.5 ~ 38.5 | 8 ~ 16 | 30 ~ 45 |
| 骆驼 | 36.0 ~ 38.5 | 6 ~ 15 | 30 ~ 60 |
| 鹿 | 38.0 ~ 39.0 | 15 ~ 25 | 36 ~ 78 |
| 兔 | 38.0 ~ 39.5 | 50 ~ 60 | 120 ~ 140 |
| 犬 | 37.5 ~ 39.0 | 10 ~ 30 | 70 ~ 120 |
| 猫 | 38.5 ~ 39.5 | 10 ~ 30 | 70 ~ 120 |
| 鸡 | 40.5 ~ 42.0 | 15 ~ 30 | 140 ~ 200 |
| 鸭 | 41.0 ~ 43.0 | 16 ~ 30 | 120 ~ 200 |
| 鹅 | 40.0 ~ 41.0 | 12 ~ 20 | 120 ~ 200 |

# 资料八、马体相关示意图

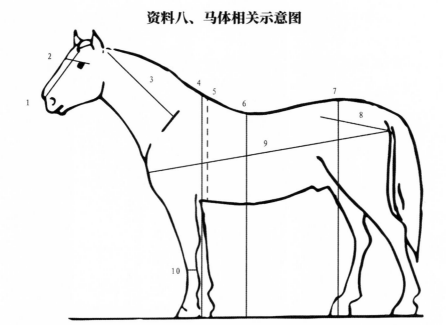

**马体尺测量部位示意图**

1.头长 2.额宽 3.颈长 4.体高 5.胸围 6.背高 7.尻高 8.尻长 9.体长 10.管围

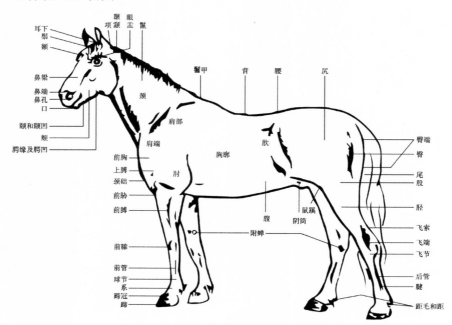

**马体各部位名称示意图**

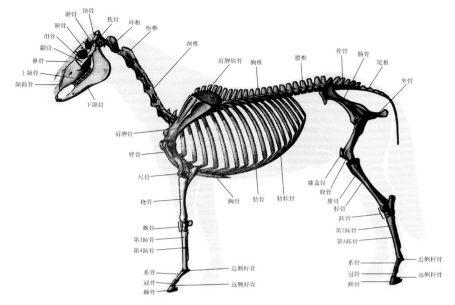

马体全身骨骼示意图（左侧）

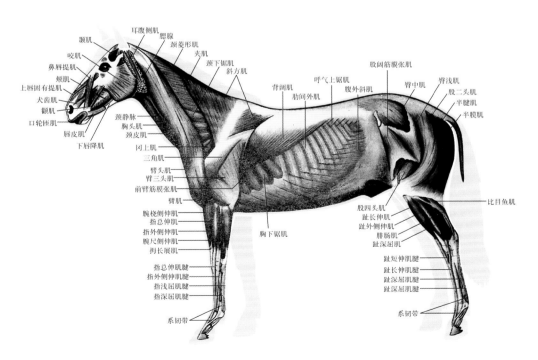

马体浅肌层视图

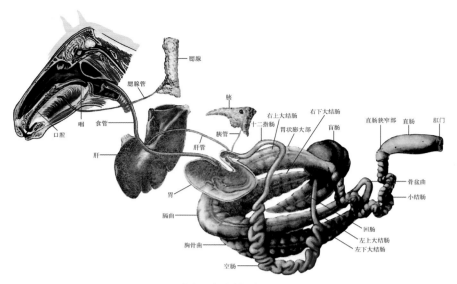

**消化系统模式图**

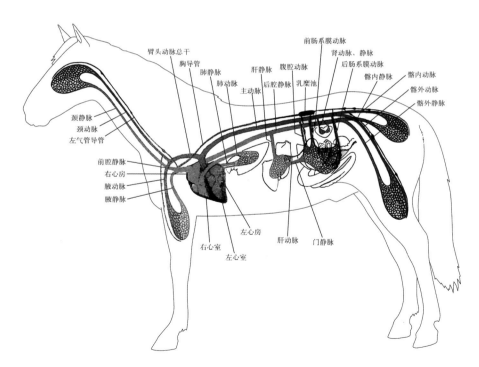

**循环系统模式图**

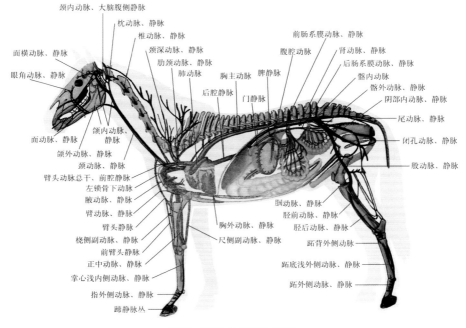

颈内动脉、大脑腹侧静脉
枕动脉、静脉
椎动脉、静脉
颈深动脉、静脉
肋颈动脉、静脉
肺动脉
胸主动脉
后腔静脉
门静脉
脾静脉
前肠系膜动脉、静脉
腹腔动脉
肾动脉、静脉
后肠系膜动脉、静脉
髂内动脉
髂外动脉、静脉
阴部内动脉、静脉
尾动脉、静脉
闭孔动脉、静脉
股动脉、静脉

面横动脉、静脉
眼角动脉、静脉
面动脉、静脉
颌内动脉
颌外动脉、静脉
颈动脉、静脉
臂头动脉总干、前腔静脉
左锁骨下动脉
腋动脉、静脉
臂动脉、静脉
臂头静脉
桡侧副动脉、静脉
前臂头静脉
正中动脉、静脉
掌心浅内侧动脉、静脉
指外侧动脉、静脉
蹄静脉丛

胸外动脉、静脉
尺侧副动脉、静脉
腘动脉、静脉
胫前动脉、静脉
胫后动脉、静脉
跖背外侧动脉
跖底浅外侧动脉、静脉
跖外侧动脉、静脉

**马体全身血管模式图**

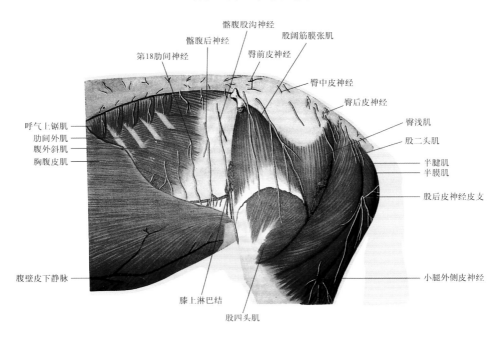

第18肋间神经
髂腹后神经
髂腹股沟神经
臀前皮神经
股阔筋膜张肌
臀中皮神经
臀后皮神经
臀浅肌
股二头肌
半腱肌
半膜肌
股后皮神经皮支

呼气上锯肌
肋间外肌
腹外斜肌
胸腹皮肌

腹壁皮下静脉
膝上淋巴结
股四头肌
小腿外侧皮神经

**马体腰腹部解剖视图**

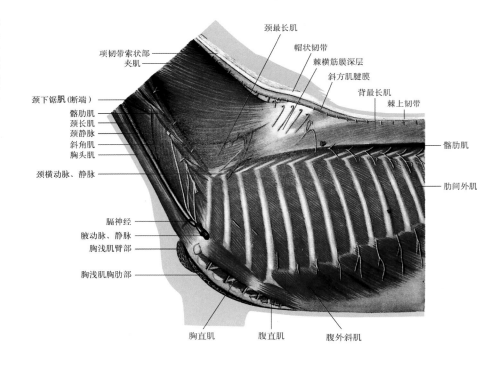

颈最长肌

项韧带索状部
夹肌

帽状韧带
棘横筋膜深层
斜方肌腱膜

颈下锯肌(断端)
髂肋肌
颈长肌
颈静脉
斜角肌
胸头肌

背最长肌
棘上韧带

颈横动脉、静脉

髂肋肌

膈神经
腋动脉、静脉
胸浅肌臂部

肋间外肌

胸浅肌胸肋部

胸直肌　　　腹直肌　　　腹外斜肌

## 马体颈后胸背部解剖视图

*（本章编者：孔雪梅）*

# 主要参考文献

1. 王建华. 兽医内科学 [M]. 第4版, 北京: 中国农业出版社, 2010.

2. 王洪斌. 兽医外科学 [M]. 第5版, 北京: 中国农业出版社, 2016.

3. 李清艳. 动物传染病学 [M]. 第1版, 北京: 中国农业科学技术出版社, 2012.

4. 杨光友. 兽医寄生虫病学 [M]. 第1版, 北京: 中国农业出版社, 2015.

5. 刘秀梵. 兽医流行病学 [M]. 第3版, 北京: 中国农业出版社, 2012.

6. 秦晓冰. 马疫病学 [M]. 第1版, 北京: 中国农业大学出版社, 2016.

7. 潘杰. 动物防疫与检疫技术 [M]. 第3版, 北京: 中国农业出版社, 2016.

8. 胡新岗, 蒋春茂. 动物防疫与检疫技术 [M]. 第1版, 北京: 中国林业出版社, 2012.

9. 黄爱芬, 王选慧. 动物防疫与检疫 [M]. 第1版, 北京: 中国农业大学出版社, 2015.

10. 曾元根, 徐公义. 兽医临床诊疗技术 [M]. 第1版, 北京: 化学工业出版社, 2013.

11. 李云章, 韩国才. 马场兽医手册 [M]. 第1版, 北京: 中国农业出版社, 2016.

12. 方炳虎, 刘爱玲. 现代兽医兽药大全 [M]. 第1版, 北京: 中国农业大学出版社，2014.

13. 单虎，李明义，沈志强. 现代兽医兽药大全 [M]. 第 1 版，北京：中国农业大学出版社，2011.

14. 余祖功. 兽药合理应用与联用手册 [M]. 第 1 版，北京：化学工业出版社，2017.

15. 单虎，李明义，沈志强. 兽药手册 [M]. 第 1 版，北京：中国农业大学出版社，2011.

16. 韩国才. 马学 [M]. 第 1 版，北京：中国农业大学出版社，2011.

17. 全国科学技术名词审定委员会，兽医学名词 [M]. 第 1 版，北京：科学出版社，2023.